高等学校文科类专业"十一五"计算机规划教材

根据《高等学校文科类专业大学计算机教学基本要求》组织编写

丛书主编 卢湘鸿

电子商务应用基础

（第2版）

曹淑艳 主编

华迎 林政 乔红 编著

清华大学出版社

北京

内 容 简 介

本书集作者多年来教学经验及国内外同类教材之精华,以大学文科类专业学生为主要教学对象,从应用和实用的角度介绍电子商务的基本概念和理论,从电子商务的商务运作过程出发,引出开展电子商务所涉及的各个方面,以便为文科专业背景的学生学习和了解信息时代电子商务新知识、新规律、新体验奠定良好的基础。本书内容包括电子商务的基本概念和基本框架、电子商务的经营模式与运作流程、电子商务的支撑环境(技术、安全与法律法规)、网络营销、电子支付、电子商务中的物流与供应链管理以及电子政务等。

本书配有丰富的案例和习题,可以帮助学生理解和掌握相关知识,配合教材提供相关的电子教案以便授课教师选用。

本书适用于大学文科类专业电子商务应用基础的教学和培训,对需要了解电子商务基本思想和基本流程以及简单应用的人员也有很高的参考价值。

图书在版编目(CIP)数据

电子商务应用基础/曹淑艳主编;华迎,林政,乔红编著. —2版. —北京:清华大学出版社,2009.4

(高等学校文科类专业"十一五"计算机规划教材)

ISBN 978-7-302-19358-6

Ⅰ. 电… Ⅱ. ①曹… ②华… ③林… ④乔… Ⅲ. 电子商务－高等学校－教材
Ⅳ. F713.36

中国版本图书馆 CIP 数据核字(2009)第 010949 号

责任编辑:谢 琛 王冰飞
责任校对:梁 毅
责任印制:孟凡玉

出版发行:清华大学出版社   地   址:北京清华大学学研大厦 A 座
         http://www.tup.com.cn   邮   编:100084
         社 总 机:010-62770175   邮   购:010-62786544
         投稿与读者服务:010-62776969,c-service@tup.tsinghua.edu.cn
         质 量 反 馈:010-62772015,zhiliang@tup.tsinghua.edu.cn
印 刷 者:北京市昌平环球印刷厂
装 订 者:北京国马印刷厂
经   销:全国新华书店
开   本:185×260   印 张:13.5   字 数:315 千字
版   次:2009 年 4 月第 2 版   印 次:2009 年 4 月第 1 次印刷
印   数:1~5000
定   价:23.00 元

序

随着社会的发展,能够满足社会与专业本身需求的计算机应用能力已成为各专业合格的大学毕业生必须具备的素质。

包括大文科(哲学、经济学、法学、教育学、文学、历史学、管理学)在内的各类专业与信息技术的相互结合、交叉、渗透,是现代科学发展的趋势,是不可忽视的新学科的一个生长点。加强大文科类各类专业的计算机教育,开设具有专业特色的计算机课程是培养能够满足社会与专业本身对大文科人才需求的重要举措,是培养跨学科、综合型的文科通用人才的重要环节。

为了更好地指导大文科各类专业的计算机教学工作,教育部高等教育司组织制订了《高等学校文科类专业大学计算机教学基本要求》(下面简称《基本要求》)。

《基本要求》把大文科本科的计算机教学设置如下:按专业门类分为文史哲法教类、经济管理类与艺术类等三个系列;按教学层次分为计算机大公共课程、计算机小公共课程和计算机背景专业课程三个层次;按院校类型分为研究型、教学研究型与教学型三个类型。

第一层次的教学内容是文科某一系列各专业学生都要应知应会的。教学内容由计算机基础知识(软、硬件平台)、微机操作系统及其使用、多媒体知识和应用基础、办公软件应用、计算机网络基础、信息检索与利用基础、Internet 基本应用、电子政务基础、电子商务基础、网页设计基础、信息安全等 16 个模块构筑。这些内容可为文科学生在与专业紧密结合的信息技术应用方向上进一步深入学习打下基础,对文科学生信息素质培养的基本保证,起着基础性与先导性的作用。

第二层次是在第一层次之上,为满足同一系列某些专业共同需要(包括与专业相结合而不是某个专业所特有的)而开设的计算机课程。教学内容,或者在深度上超过第一层次中某一相应模块,或者是拓展到第一层次中没有涉及到的领域。这是满足大文科不同专业对计算机应用需要的课程。这部分教学在更大程度上决定了学生在其专业中应用计算机解决问题的能力与水平。

第三层次,也就是使用计算机工具,以计算机软、硬件为依托而开设的为某一专业所特有的课程。更有利于创新精神和实践能力人才的培养。

进入"十一五"时期以来,在计算机教学改革中不断更新教育理念,对教育教学进行了深入研究,教改成果也越来越多。为了使大文科各专业人才在计算机知识与技能的应用方面能更好地满足信息社会与文科专业本身发展的需要,进一步提高各院校文科类专业计算机教学的整体水平,清华大学出版社根据教育部高教司组织制订的《基本要求》中的课程体系的要求,组织编写了本套由文科计算机教指委立项的高校文科类专业"十一五"计算机规划教材。本套教材按照文科类专业对计算机应用的不同层次的不同要求进行编写,覆盖文科专业在计算机应用中所需要的知识点。编写上以实用为主线,在案例上与本专业的需要相结合,让学生在学习过程中掌握计算机的知识和应用能力。教材在结构上将按照《基本要求》,分三个类别三个层次进行组织。相信这一重大举措,将产生一批优秀的文科计算机教材。

卢湘鸿

2008 年 8 月 8 日于北京

卢湘鸿　北京语言大学信息科学学院计算机科学与技术系教授、教育部普通高等学校本科教学工作水平评估专家组成员、教育部高等学校文科计算机基础教学指导委员会秘书长、全国高等院校计算机基础教育研究会文科专业委员会主任

前　言

近两年来,随着电子商务的迅猛发展,本书编写组成员积极参与课程建设与教学改革和教学研究活动,包括调研和分析文科学生的电子商务应用水平需求,分析电子商务应用案例,与其他院校进行交流,参加全国性文科计算机教育教学研讨会等,所有这些工作对文科一般专业电子商务课程的教学起到了很好的促进和推动作用。而信息技术的发展以及两年来的教学实践使本书编写组成员感到教材修订很有必要并积累了修改资料,同时修订教材也是信息社会电子商务飞速发展所要求的,而且此次修订得到了"普通高等教育十一五国家级规划教材"的立项支持。

本书编写组成员参与了教育部高等教育司组织制订的《普通高等学校文科计算机课程教学要求(2006 年版)/(2008 年版)》(简称《基本要求》)中《电子商务应用》课程大纲的编写工作,因而在本教材的第 2 版修订过程中,以《基本要求(2008 年版)》为指南,围绕《基本要求》中提出的教学目标和知识点,以文科专业学生为教学对象而编写。

通过本书,读者可在很短的时间内了解电子商务的全貌,从而对电子商务的流程、运行过程有一个清晰的认识。本书主要特色体现在以下几个方面:

- 反映电子商务发展的最新成果,时代感强;
- 内容侧重于应用和实用,突出应用和实际操作能力的培养;
- 案例丰富,简单易懂,突出信息技术对管理及商务的影响;
- 由财经类院校从事计算机应用及电子商务教学的教师撰写。

修订后的第 2 版共有 9 章,第 1 章介绍了电子商务的产生、发展、分类,以及电子商务过程解析,对电子商务发展存在的问题和支撑环境进行了探讨;第 2 章是电子商务基础设施介绍,从应用的角度讨论了电子商务的技术基础——计算机网络技术和数据库技术,并增加了数据仓库和数据挖掘等概念,对电子商务数据交换标准以及公共的商业服务基础设施进行了介绍;第 3 章以网络营销的特点、内容、与传统营销的关系为出发点,对网络营销实施流程进行介绍,并对其中的关键步骤——网络市场调研、网络营销促销和网络营销站点设计等分别进行了详细阐述和实例说明,给出营销案例说明网络营销应用及其效果;第 4 章较为系统全面地介绍了电子商务活动中不可避免的安全问题及解决措施,包括电子商务安全现状、电子商务安全需求,以及开展电子商务所需要的安全技术等;第 5 章电子商务中的物流与供应链管理,分别从物流管理和供应链管理本身的概念内涵出发,阐释两者对电子商务过程的重要支撑作用,以及新的信息通信技术发展为物流和供应链管理所提供的新思路、新方法和新技术;第 6 章讨论的是网上支付与网络银行,首先从网上支付与传统支付的区别入手,阐述电子商务支付的特点,着重讲述几种典型的网上支付解决方案,进而介绍网上支付与金融信息化之间的关系,网络银行建设的新发展,最后通过实例讲解企业网上银行和个人网上银行的主要功能;第 7 章是电子商务环境支撑——电子商务法律问题,在对第 1 版内容更新的基础上增加了电子商务知识产权内容;第 8 章是典型电子商务应用实例,结合电子商务的三种主要模式(B2B、B2C 和 C2C),本书引用了三个全新的电子商务典型网站:阿里巴巴(B2B)、京东商城(B2C)和腾讯拍拍网(C2C),分别从服务、产品和特色等方面对上述网站进行了分析;第 9 章对电子政务的概念和现状进行了简单介绍,以数字北京为案例对电子政务进行解析,并分析了电子政务的发展趋势和问题。通过这些内容的学习,让文科学生对电子商务有一个全方位的了解,对电子商务的流程有一个体会。

从上述内容可以看出电子商务是一综合性很强的学科,涉及的知识面宽,建议此门课采取分模块教学的方式,由几名教师各自讲解不同的模块,共同承担本课程的教学。

本书的第 1、2、7、8、9 章由曹淑艳编写,第 3 章由华迎编写,第 4 章由乔红编写,第 5、6 章由林政编写,由曹淑艳对全书进行统稿,对外经济贸易大学 2007 级产业经济学研究生朱雯婷参加了部分资料收集和文字修改工作,在此表示感谢。

电子商务是近年来兴起的学科,在本书编写过程中,作者借鉴了国内外一些内容相关的出版物和网上资料,由于编写体例的限制没有在文中一一注明,只在最后的参考文献中列出。在此谨向各位专家学者表示由衷的感谢。由于电子商务的不断发展和作者的水平有限,书中难免有不当或错误,欢迎同行与读者批评指正。

编　者

2008 年 10 月

目　录

第1章 电子商务概述

在介绍本章内容之前,先给出两个网站的网址,读者可按照网址上网浏览,以便增加感性认识:一个是互动出版网,一个是淘宝网,网址分别为 http://www.china-pub.com 和 http://www.taobao.com。图 1-1 为淘宝网的主页。

图 1-1 淘宝网主页

【例】 在淘宝网上进行"会员注册"

在淘宝网上进行"会员注册"和申请 E-mail 邮箱相类似,操作流程如下:

(1) 在首页上单击"免费注册",则进入"填写信息"页面,如图 1-2 所示。

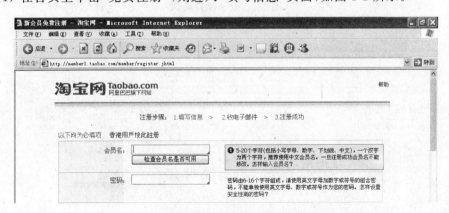

图 1-2 "填写信息"页面

(2) 填入一系列的选项后单击"提交",进入"收电子邮件"步骤,如图 1-3 所示。

(3) 进入自己的邮箱,接收淘宝发来的邮件,单击"确认"按钮则进入"注册成功啦"页

图 1-3　"收电子邮件"页面

面(见图 1-4、图 1-5)。

图 1-4　电子邮件确认

图 1-5　注册成功

此时就完成了淘宝网上的"会员注册",成为淘宝网的会员。

如果读者手头有空闲物品,不妨到淘宝网上看一看,也许会卖个好价钱。如果是在淘宝网上成功地卖出了您的物品,那么您就是进行了一次"消费者对消费者的电子商务"活动。

本书要讲述的内容就是基于因特(Internet)网的电子商务基础知识。

1.1 电子商务概述

1.1.1 电子商务的定义

什么叫电子商务?早在1997年的布鲁塞尔全球信息社会标准大会上曾提出了一个关于电子商务的较严密完整的定义:"电子商务是各参与方之间以电子方式而不是通过物理交换或直接物理接触完成业务交易"。这里的电子方式包括电子数据交换(EDI)、电子支付手段、电子订货系统、电子邮件(E-mail)、传真、网络、电子公告系统(BBS)、条码(Barcode)、图像处理、智能卡等。一次完整的商业贸易过程是复杂的,包括交易前的了解商情、询价、报价,发送订单、应答订单、应签订单,发送、接收送货通知、取货凭证、支付汇兑过程等。此外还有涉及行政过程的认证等行为,涉及了资金流、物流、信息流的流动。严格地说来,只有所有这些过程都实现了无纸贸易,即全部是非人工介入,而是使用各种电子工具完成,才能称之为一次完整的电子商务过程。

电子商务是应用现代信息技术在互联网络上进行的商务活动,其应用的前提和基础是完善的现代通信网络和人们的思想意识的提高以及管理体制的转变。国际商业机器公司首席执行官(IBM CEO)郭士纳(Louis V·Gerstner)曾指出电子商务涵盖了生产周期、速度、全球化、提高生产率、赢得新客户以及在机构间共享知识从而获取竞争优势的方方面面。IBM认为电子商务=Web+IT+Business。它所强调的是在网络计算环境下的商业化应用,是把买方、卖方、厂商及其合作伙伴在因特网(Internet)、企业内部网(Intranet)和企业外部网(Extranet)结合起来的应用。惠普(HP)认为,电子商务是指从售前服务到售后支持的各个环节实现电子化、自动化,它能够使我们以电子手段完成物品和服务等价值交换。

本书认为的电子商务是指交易当事人或参与人利用计算机技术和网络技术(主要是互联网)等现代信息技术所进行的各类商务活动,包括货物贸易、服务贸易和知识产权贸易。这里的"利用信息技术和计算机网络"和"进行商务活动"都具有丰富的含义。

首先,电子商务是一种采用最先进信息技术的买卖方式。交易各方将自己的各类供求意愿按照一定的格式输入电子商务网络,电子商务网络便会根据用户的要求,寻找相关信息并提供给用户多种买卖选择。一旦用户确认,电子商务就会协助完成合同的签订、分类、传递和款项收付等全套业务。这就为卖方以较高的价格卖出产品,买方以较低的价格购入商品和原材料提供了一条非常好的途径。

其次,电子商务实质上形成了一个虚拟的市场交换场所。它能够跨越时空,实时地为用户提供各类商品和服务的供应量、需求量、发展状况及买卖双方的详细情况,从而使买卖双方能够更方便地研究市场,更准确地了解市场和把握市场。

再次，对电子商务的理解，应从"现代信息技术"和"商务"两个方面考虑。一方面，"电子商务"概念所包括的"现代信息技术"应涵盖各种使用电子技术为基础的通信方式；另一方面，对"商务"一词应作广义解释，使其包括不论是契约型或非契约型的一切商务性质的关系所引起的种种事项。如果把"现代信息技术"看作一个集合，"商务"看作另一个集合，电子商务所覆盖的范围应当是这两个集合所形成的交集，即"电子商务"标题之下可能广泛涉及的因特网、内部网和电子数据交换在贸易方面的各种用途，如图1-6所示。

图1-6 电子商务是"现代信息技术"和"商务"两个集合的交集

最后，电子商务不等于商务电子化。真正的电子商务绝不仅仅是企业前台的商务电子化，更重要的是包括后台在内的整个运作体系的全面信息化，以及企业整体经营流程的优化和重组。也就是说，建立在企业全面信息化基础上，通过电子手段对企业的生产、销售、库存、服务以及人力资源等环节实行全方位控制的电子商务才是真正意义上的电子商务。

电子商务有广义和狭义之分，狭义的电子商务也称作电子交易（E-commerce），主要包括利用网络进行的交易活动；而广义的电子商务，则是包括电子交易在内的、利用网络进行的全部商业活动。因此，它还包括市场调查与分析、客户联系和物资调配等，亦称为电子商业（E-business）。从发展的观点看，在考虑电子商务的概念时，仅仅局限于利用Internet网络进行商业贸易是不够的，将利用各类电子信息网络进行的广告、设计、开发、推销、采购、结算等全部贸易活动都纳入电子商务的范畴则较为妥当。所以，美国学者瑞维·卡拉可塔和安德鲁·B·惠斯顿提出：电子商务是一种现代商业方法，这种方法以满足企业、商人和顾客的需要为目的，通过增加服务传递速度来改善服务质量，降低交易费用。今天的电子商务通过少数计算机网络进行信息、产品和服务的买卖，未来的电子商务则可以通过构成信息高速公路（I-Way）的无数网络中的任一网络进行买卖。

传统企业要进行电子商务运作，重要的是优化内部管理信息系统（MIS，Management Information System）。MIS是企业进行电子商务的基石，MIS本质上是通过对各种内部信息的加工处理，实现对商品流、资金流、信息流、物流的有效控制和管理，从而最终扩大销量、降低成本、提高利润。

1.1.2 电子商务的发展历程

1. 电子商务的产生

从技术的角度来看，人类利用电子通信的方式进行贸易活动已有几十年的历史了，例如，从用电报报文发送商务文件到采用更方便、快捷的传真机来替代电报，这一切均标志着商务活动的新纪元。但是由于这些都是通过纸面打印来传递和管理信息的，不能将信息直接转入到信息系统中，因此人们开始采用EDI（Electronic Data Interchange，电子数据交换）作为企业间电子商务的应用技术，这也就是电子商务的雏形。因此，我们认为世界上真正的电子商务研究始于20世纪70年代末。具体地讲，电子商务的发展、实施分为两步——其中EDI商务始于20世纪70年代中期，Internet商务始于20世纪90年代初期。随着互联网技术的成熟,到 90 年代末期,电子商务开始得到发展。托马斯·弗里德曼在《世界是平的》书中写道:"当比尔·克林顿在 1992 年当选美国总统时,除政府和学术机构之外没有什么人使用电子邮件。"他在 1999 年写《凌志车和橄榄树》一书时,"网络和电子商务才刚刚开始"。[①]

电子商务为什么从 20 世纪 90 年代开始兴起呢?主要原因是:

1) 区域性商贸业务发展的需要

当代社会是一个全球范围内分工合作、共同发展的社会。自 20 世纪 80 年代后期以来,世界先后出现了欧洲共同体、北美自由贸易区、东南亚经济联盟、西方七国集团等多个跨国、跨地区的经济和贸易集团。随着各国经济的区域化、全球化,各国商业和经济的发展越来越多地依赖于国际商务业务,跨国、跨地区的商贸文件、资金流通、物资流动日益变得频繁。由于国际商贸所涉及的内容繁多——包括海关、税收、结算、运输,等等——与内陆贸易有实质性的区别,而且各国之间对于这些业务的商务政策和处理方式又不同,这就造成了数据处理量的剧增。原有的一个个独立存在的商贸管理信息系统,已经远远不能适应国际商务业务发展的需要,只有开发新的电子商贸系统才能适应全球商贸发展的需要。

2) 管理信息系统的发展为电子商务提供了技术基础

用计算机和网络系统来处理商业、贸易、税收和财务信息,在国外已经有二三十年的历史,可以算是比较成熟的技术。原有的系统多数只是限于某个企业或者某些发达国家内部使用。随着日趋发展的国际贸易,海关、税收、保险、电子资金、进出口等业务纷纷加入到现有的商务业务中,使得原有的系统无法满足业务增长的需求。于是人们自然会想到如何将现有的商贸信息处理系统的业务,用到整个国际商务领域。

3) 国际互联网和电子数据交换技术为电子商务奠定了物质基础

20 世纪 80 年代末期,以国际互联网技术(Internet)和电子数据交换技术(EDI)为代表的全球网络技术迅猛发展,推动了现代通信技术的不断更新,为人们从事各种经济和管理活动提供了极大的便利。于是,借助于 Internet 和 EDI 技术的各种应用系统纷纷诞生了,例如,基于银行业务的自动银行系统,基于商贸往来资金汇兑业务的电子资金汇兑系统,以及基于电子数据交换技术的商业电子数据交换系统。这都为电子商务的发展奠定了物质基础。

2. 电子商务的发展史

电子商务始于网络计算。网络计算是电子商务的基础,没有网络计算,就没有电子商务。其发展形式多种多样,从最初的电话、电报到电子邮件以及其后的 EDI,都可以说是电子商务的某种发展形式。

电子商务的发展有其必然性和可能性。传统的商业是以手工处理信息为主,并且通过纸上的文字交换信息,但是随着处理和交换信息量的剧增,该过程变得越来越复杂,这不仅增加了重复劳动量和额外开支,而且也增加了出错机会,在这种情况下需要一种更加便利和先进的方式来快速交流和处理商业往来业务;另一方面,计算机技术的发展及其广泛应用和先进通信技术的不断完善及使用导致了 EDI 和 Internet 的出现和发展,全球社

---

① 托马斯·弗里德曼,P9,《世界是平的》,湖南科学技术出版社,2006 年 11 月第 1 版第 2 次印刷

会迈入了信息自动化处理的新时代,这又使得电子商务的发展成为可能。

在必然性和可能性的推动下,电子商务得到了较快发展,特别是近两年来其发展速度令世人震惊。虽然如此,电子商务的战略作用却是逐渐被全球各国所认识的,而且其今后的发展道路也是漫长的。

20 世纪 70 年代,美国银行家协会(American Bankers Association)提出的无纸金融信息传递的行业标准,以及美国运输数据协调委员会(Transportation Data Coordinating Committee,TDCC)发表的第一个 EDI 标准,开始了美国信息的电子交换。

随着美国政府的参与和各行业的加入,美国全国性的 EDI 委员会 X12 委员会于 20 世纪 80 年代初出版了第一套全国性的 EDI 标准,接着,20 世纪 80 年代末期联合国公布了 EDI 运作标准 UN/EDIFACT(United Nations Rules for Electronic Data Interchange for Administration,Commerce and Transport),并于 1990 年由国际标准化组织正式接受为国际标准 IDO9735。随着这一系列的 EDI 标准的推出,人们开始通过网络进行诸如产品交换、订购等活动,EDI 也得到广泛的使用和认可。

不过,EDI 始终是一种为满足企业需要而发展起来的先进技术手段,必须遵照统一标准,与普通老百姓一直无缘。而且,由于网络在那时仍没有得到充分发展,这使很多商务活动的电子化仅仅处于一种想法阶段。

直到 20 世纪 90 年代,随着基于万维网(WWW)的 Internet 技术的飞速发展,这些想法逐步成熟,Internet 网络开始真正应用于商业交易,这时电子商务才日益蓬勃起来,并成为 90 年代初期美国、加拿大等发达国家的一种崭新的企业经营方式。虽然一些企业已经采用了电子方式来进行数据、表格等信息的交换,如广为流行的电子数据交换(EDI),不过,EDI 始终是一种为满足企业需要而发展起来的先进技术手段,须遵照统一的标准,与普通公众一直是无缘的。随着互联网的出现和发展,电子商务才得以广泛发展。可以说,互联网技术的成熟、个人计算机互联性的增强能力的提高,是电子商务在今天成为继电子出版和电子邮件之后出现在 Internet 上的又一焦点的主要原因。近几年来,电子商务已经成为 Internet 应用中最关键的一部分。

在 1997 年底,世界瞩目的亚太经合组织非正式首脑会议(APEC)上,美国总统克林顿提出了一个议案,敦促世界各国共同促进电子商业的发展,这个议案已经引起全球首脑的关注。IBM、HP、SUN 等国际著名的信息技术厂商宣布 1998 年为电子商务年。他们在产品技术方面引领市场的同时,更认定电子商务是一个前所未有的大市场,纷纷向世界各地投资,积极投入到各地的电子商务建设上去。有识之士指出,在电子商务问题上,落后就可能会丢失巨大的商机。

在发达国家,电子商务的发展非常迅速,通过 Internet 进行交易已成为潮流。基于电子商务而推出的商品交易系统方案、金融电子化方案和信息安全方案等,已形成了多种新产业;给信息技术带来许多新的机会,并逐渐成为国际信息技术市场竞争的焦点。电子商务代表着一种趋势,它对人类社会进行着全方位的改造,在企业竞争、政府部门、公共研究机构、教育以及娱乐等方面改变着人类相互交往的方式,为人们展示了一个全新、璀璨的世界。

近几年,Internet 在世界各地都在以指数速度增长,亚洲 Internet 的平均增长率接近

35％,中国更是高达 100％。这都为电子商务的发展打下了坚实的基础。

欧盟各国和美国、新加坡政府都认为电子商务的发展是未来四分之一世界经济发展的一个重要推动力。政府鼓励企业积极投身于电子商务的实践,并推动其发展。在这些国家和地区里,规模不同的企业纷纷采用电子商务,既节约了很多费用,又开辟了更大的市场,扩大了销售和服务。

由于电子商务的出现,传统的经营模式和经营理念将发生巨大的变化。电子商务将会创造巨大的效益和机会。现实中的 Internet 及电子商务正在成为改变人类经济旧秩序的最大动力,可以说不论谁能抓住这次机遇,都将成为世界新的经济强人。

3. 中国电子商务发展

中国的电子商务活动也是方兴未艾,在 20 世纪 90 年代初开始实施了"金桥"、"金卡"、"金关"、"金卫"、"金税"等一系列"金字"工程,为电子商务的发展奠定了基础。

电子商务在中国的发展(基于网络),经历了三个阶段。

(1) 第一阶段(1989～1993 年),这一阶段主要是以 E-mail 为主要应用的互联网间接连接。

- 1987 年:第一封 E-mail 由兵器部钱天白发出。
- 1988 年:清华大学与加拿大共同开发的 UBC(X.25)(中科院高能所与北美、欧洲(X.25))。
- 1989 年:CRN 与德国 DFN 连通。
- 1990 年:中国顶级域名 CN 在 DDN-NIC 注册(钱天白,德国卡尔斯鲁厄大学)。
- 1993 年:高能所租用 AT&T 国际通信卫星(64K 专线接入美国 SLAC 国家实验室)。

(2) 第二阶段(1993～1995 年),这一阶段主要是与互联网的全功能直接连接,即开通 Internet。

- 1993 年:中关村地区科教示范网(NCFC)制定准用政策。
- 1994 年:NCFC 开通协议,与美国 NSFnet 直联。
- 1994 年:中科院网络中心建立中国顶级域名 CN 服务器,完成在 InterNIC 的注册,并在国外设立服务器副本。

(3) 第三阶段(1995 年至今),在这一阶段我国 Internet 建设已全面铺开。

- 1995 年:CHINA.NET 开通。
- 1998 年:四大网络在国内联通。

中国电子商务的发展紧紧依托中国互联网的发展。我国互联网络上网计算机数、用户人数、用户分布、信息流量分布、域名注册等方面情况的统计信息,对国家和企业动态掌握互联网络在我国的发展情况,提供决策依据有着十分重要的意义。1997 年,经国家主管部门研究,决定由中国互联网络信息中心(CNNIC)联合互联网络单位来实施这项统计工作。为了使这项工作制度化、正规化,从 1998 年起 CNNIC 决定于每年 1 月和 7 月发布"中国互联网络发展状况统计报告"。有兴趣的读者请去中国互联网络信息中心网站(WWW.CNNIC.NET.CN)去查询。

1.1.3　电子商务的分类

按照不同的标准,电子商务可划分为不同的类型。

1. 按照商业活动的运作方式分类

按这种方式分类,电子商务可分为完全电子商务和非完全电子商务。

前者是指完全可以通过电子商务方式实现和完成完整交易的交易行为和过程。换句话说,完全电子商务是指商品或者服务的完整过程都是在信息网络上实现的。它使双方超越地理空间的障碍来做电子交易,可以充分挖掘全球市场的潜力,即广义的电子商务(E-Business)。

非完全电子商务是指部分依靠计算机网络和电子商务系统来实现和完成交易行为及过程。此种方式下要依靠一些外部因素,如运输系统(物流),或到货付款等方式的帮助等,即狭义的电子商务。如本章开始讲到的网上购书即为此种类型。

2. 按照开展电子交易的范围分类

按这种方式分类,电子商务可分为三类:本地电子商务、远程国内电子商务、全球电子商务。

本地电子商务通常是指利用本城市或者本地区的信息网络实现的电子商务活动,电子交易的范围较小。本地电子商务系统是基础系统,没有它就无法开展国内电子事务和全球电子商务。因此,建立和完善它是实现全球电子商务的关键。

远程国内电子商务是指在本国范围内进行的网上电子交易活动。其交易的地域范围较大,对软硬件的技术要求较高,要求在全国范围内实现商业电子化、自动化,实现金融电子化,交易各方应具备一定的电子商务知识、经济能力和技术能力,并具有一定的管理水平。

全球电子商务是指在全世界范围内进行的电子交易活动,交易各方通过网络做生意。它涉及交易各方的相关系统,如买卖方国家进出口公司、海关、银行金融、税务、保险等系统。这种业务内容繁杂,数据来往频繁,要求电子商务系统严格、准确、安全、可靠。电子商务要想得到顺利发展,就得制定出世界统一的电子商务标准和电子商务协议,早期的电子商务采用EDI标准,在2000年5月,一种新的、基于Internet的电子商务全球化标准被推出,它就是ebXML,有兴趣的读者可去参考相关的书籍。

在这里需要指出的是,一旦电子商务交易在全世界真正地全面展开,就不存在本地、远程和全球之分,所有参与交易的各方,不论大小,其地位是平等的,交易的平台均是互联网,大家用同一种"语言(标准)"进行商务活动,就如同中国在2003年3月取消了外经贸部和经贸委之分,建成统一的商务部一样,任何企业,无论大小,均没有外贸、内贸区分,大家站在同一起跑线上,在互联网这个大平台上进行着平等的电子交易。

3. 当前常用的电子商务模式分类

近年来常用的电子商务模式有以下几种划分:

- 企业对企业的电子商务(Business-to-Business,B to B)。
- 企业对消费者的电子商务(Business-to-Consumer,B to C)。

- 消费者对消费者的电子商务(Consumer-to-Consumer,C to C)。
- 非商务的电子商务(No-business EC)。
- 传媒型电子商务。
- 企业内部的电子商务(Intra-business EC)。

1) 企业对企业(B to B)

在可以预见的将来,企业与企业之间的电子商务仍将是电子商务业务中的重头戏。就目前来看,电子商务最热心的推动者也是商家,因为相对来说,企业和企业之间的交易才是大宗的,是通过引入电子商务能够产生巨大效益的地方。

就一个处于生产领域的商品生产企业来说,它的商务过程大致可以描述为:需求调查——材料采购——生产——商品销售——收款(货币结算)——商品交割。当引入电子商务时这个过程可以描述为:以电子查询的形式来进行需求调查——以电子单证的形式调查原材料信息确定采购方案——生产——通过电子广告促进商品销售——以电子货币的形式进行资金接收——同电子银行进行货币结算——商品交割。

B to B 电子商务网站按贸易主体分为:

- 销售方控制(大中型企业),此类网站只是提供信息的卖主平台,是可通过网络订货的卖主平台,如联想、神州数码等。
- 购买方控制(大中型企业),此类网站是通过网络发布采购信息,反向拍卖。将采购信息搜集者,加入团体购买计划。如海尔、戴尔等。
- 中立的第三方控制(中小型企业),此类网站提供特定产业或产品的搜索工具,好似一个信息超市(获取卖主和产品信息的通道)或企业广场(包括众多卖主的店面)。如阿里巴巴、环球资源等。

上述前两者也被称为鼠标+水泥式电子商务,后者被称为中介型电子商务。

2) 企业对消费者(B to C)

如果用一句话来描述这种电子商务,可以这样说"它是以 Internet 为主要服务提供手段,实现公众消费和提供服务,并保证与其相关的付款方式的电子化。它是随 WWW 的出现而迅速发展的,可以将其看作是一种电子化的零售"。

B to C 电子商务对消费者的好处表现在:

- 突破地点限制。
- 突破时间的限制。
- 快速信息搜索。
- 货比三家。
- 个性化定制。

B to C 电子商务对商家的好处表现在:

- 缩减渠道成本。
- 补充线下店面不足,扩大市场覆盖面。
- 节约营销成本。
- 直接获取一线市场对产品意见的反馈。
- 扩大品牌的影响度。

- 树立良好企业形象。

B to C 电子商务典型代表网站有：当当网上书店、卓越网、亚马逊等。

3) 消费者对消费者(C to C)

消费者对消费者的电子商务,顾名思义,就是个人对个人的网上交易活动。与实体店比较,网上商店的好处很多,如不用担心店铺被偷;不用担心每月房租、水电费、管理费、治安费、卫生费等费用;不用担心店铺位置不好而没有顾客。而对于网上个体户来说,网上开店投资小、客源广、综合成本低、在家里便可赚钱。C to C 电子商务模式可以在一些知名电子商务网站上所提供的服务得以实现,如淘宝网、E-Bay 易趣和拍拍网等均提供 C to C 电子商务模式。我们上网最常见的广告就是淘宝网(http://www.taobao.com),在那里消费者和消费者之间可进行个人之间的买卖交易活动。

4) 非商务的电子商务(No-business EC)

政府在电子商务中有着重要作用。它是电子商务的使用者,属商业行为;又是电子商务的宏观管理者,对电子商务起着扶持和规范的作用;同时积极地将自身业务网络化,推出电子政务。No-business EC 主要指政府的电子政务服务,主要包括:

- 政府间的电子政务(Government to Government,G to G)。
- 企业与政府间的电子政务(Business-to-Government,B to G)。
- 消费者与政府间的电子政务(Consumer-to-Government,C to G)。

政府间的电子政务是指上下级政府、不同地方政府、不同政府部门之间的电子政务。

企业与政府之间的电子商务涵盖了政府与企业之间的各项事务,包括政府采购、税收、商检、管理条例发布等。例如,政府的采购清单可以通过 Internet 发布,公司可以以电子邮件的方式回应。这方面应用随着政府上网,电子政务的推广会迅速增长。

消费者与政府间的电子商务主要是指政府对个人的,主要是指政府通过电子网络系统为公民提供的各种服务。例如,社会福利基金的发放以及个人报税等。随着商家——消费者以及商家——政府电子商务的发展,各国政府将会对个人实施更为完善的电子方式服务。有关电子政务将在本书第 9 章讨论。

5) 传媒型电子商务

交易型的资讯中介商是非实体电子商务中最有创意与商机的项目,以交易为中心,创造出信息服务的大型网站,可以服务网络世界买卖者,也可以服务实体世界买卖者,是值得思考研究的电子商务方向。

6) 企业内部的电子商务(Intra-business EC)

企业内部的电子商务通常是该组织各部门和个人在内联网上进行的货物、服务和信息交换,范围可以覆盖组织内部的所有活动。企业资源计划系统(ERP)和供应链管理系统都是典型的企业内部电子商务系统。

1.1.4　传统商务与电子商务

电子商务包含着"电子"与"商务"两个方面的含义。"电子"是"商务"的工具或手段,为了更好地理解电子商务,首先简单了解一下传统商务的含义。

1. 传统商务

传统的商务活动是至少有买卖双方参加的有价物品或服务的协商交换过程,它包括买卖双方为完成交易所进行的各种活动。可以从买方和卖方的角度来考察交易活动。

1) 买方

传统商务中涉及买方的业务活动如图 1-7 所示。

买方的第一项工作是确定需要。这可能是非常简单的需要,如需要防雨用品;也可能是复杂需要,如需要宇航员在太空飞行时的防护用品。在实际工作中,大部分确定需要的工作难度介于上述两种极端情况中间。

接下来买方的工作是寻找或选择满足此需要的产品或服务,进行货比三家,进行供应商的选择。一旦买方选择了卖方,双方就开始谈判,进行交易价格、运输方法、质量保证和付款条件的磋商,等等具体细节问题。当买方认为收到的产品符合双方议定的条件时,就应该支付货款了。买卖完成后,买方还依购买的物品情况要求售后服务。

2) 卖方

对于上述买方的活动,卖方均有相应的业务与之对应,图 1-8 给出了卖方的主要活动。

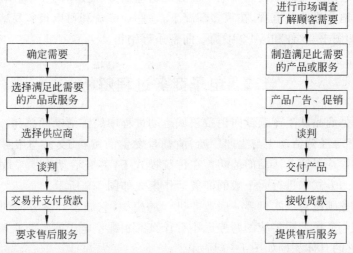

图 1-7　传统商务中涉及买方的业务活动　　图 1-8　传统商务中涉及卖方的业务活动

卖方通常是先进行市场调查来确定潜在客户的需要,然后进行制造满足市场需要的产品和服务的研究与开发工作。

卖方的目标是让潜在的客户知道自己的产品或服务的存在,即展开多种渠道的广告和促销活动,同客户及潜在客户沟通关于此产品或服务的信息。一旦客户对卖方的促销活动有了回应,买方选择了卖方,双方就开始对交易的条件进行谈判。经过谈判达成协议后,卖方就要向买方交付货物或提供服务,接收货款,提供销售发票。销售活动结束后,卖方常常要为产品提供持续的售后服务。

3) 业务活动与业务流程

根据上面的描述,不管是从买方还是从卖方的角度来看,每个商务过程都包含了大量不同的活动。例如,买方在安排所购商品的运输时,常常需要运输公司的运输服务,而这家运输公司并不是销售产品的公司,在交易中这项服务也属于买方安排运输活动的一部分。

另一个例子是,当卖方进行广告和促销活动时,企业可能会购买广告代理商、广告设计者和市场调查公司的服务。它也可能购买展览和广告中所用的物品。也有些企业用内部员工来完成这些活动。因此,对于这些企业来说,商务活动还包括内部员工的协调和管理。

商务活动的每个过程都可能有多项活动,这些活动反过来又被称为商务活动的过程。理解了商务活动的共同特征,就可以将在一个过程中运用良好的技术推广到其他过程中去。企业在进行商务活动时开展的各种业务活动通常称为业务流程,如资金转账、发出订单、寄送发票和运输商品等都是业务流程中的活动。

2. 电子商务

在过去的几十年里,企业使用了多种电子通信工具来完成各种交易活动:银行使用电子资金转账技术在全球范围内转移客户的资金,企业使用电子数据交换(EDI)技术发出订单、寄送发票,零售商针对各种商品做电视广告以吸引客户电话订货。

由于电子商务是个全新的领域,不同的机构对这个术语的定义也有些差别。例如,有人把使用互联网或 WWW 作为数据交换媒体的电子商务称为互联网商务。了解电子商务的关键在于理解企业是如何利用电子商务来适应商务和技术的变革。利用电子商务技术可以更有效地改进业务流程,在很多情况下,一些业务流程可以很容易地通过电子商务的方式进行,如图书、软件和 MP3 中的歌曲音乐等销售。

1.2 电子商务过程解析

商务活动是商品从生产领域向消费领域运动过程中经济活动的总和。商业企业在订货、销售和储存等经营活动中与生产厂商、消费者发生的贸易、交易与服务行为以及其间的信息传递过程均属商务活动的范畴。在传统模式下,商务活动往往采取面对面直接交易或书面交易的方式来进行。一般的商务运作模式如图 1-9 所示。

而电子商务则是对现实世界一般业务过程的模拟,它涉及到多方面的合作关系。那么电子商务的业务模型跟传统的商务运作有什么区别呢?电子商务的业务模型有别于传统商务运作,它的具体流程如图 1-10 所示。

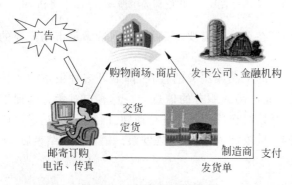

图 1-9 一般商务运作模式

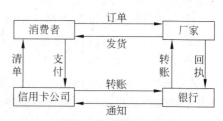

图 1-10 电子商务业务模型

1.2.1　电子商务模型

电子商务由电子商务实体、电子市场、交易事务等构成,其中涉及信息流、资金流、物流等基本要素。电子商务实体(简称 EC 实体)是指能够从事电子商务活动的客观对象,它可以是企业、银行、商店、政府机构、科研教育机构和个人等;电子市场是指 EC 实体从事商品和服务交换的场所,它由各种各样的商务活动参与者,利用各种通信装置,通过网络连接成一个统一的经济整体;交易事务是指 EC 实体之间所从事的具体的商务活动的内容,例如询价、报价、转账支付、广告宣传、商品运输,等等。

电子商务的任何一笔交易,包含着以下三种基本的"流"——即物流、资金流和信息流。其中物流主要是指商品和服务的配送和传输渠道,对于大多数商品和服务来说,物流仍然经由传统的经销渠道,然而对有些商品和服务来说,可以直接以网络传输的方式进行配送,如各种电子出版物、信息咨询服务、有价信息,等等。资金流主要是指资金的转移过程,包括付款、转账、兑换等过程。信息流既包括商品信息的提供、营销、技术支持、售后服务等内容,也包括询价单、报价单、付款通知单、转账通知单等商业贸易单证,还包括交易方的支付能力、支付信誉、中介信誉等。

对于 EC 实体来说,所面对的是一个电子市场,必须通过电子市场来选择交易的内容和对象。因此,电子商务的概念模型可以抽象地描述为每个 EC 实体和电子市场之间的交易事务关系,如图 1-11 所示。

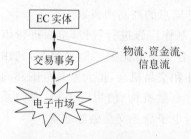

图 1-11　电子商务的概念模型

2000 年以后,无实体 EC 引起了人们的广泛注意。非实体 EC 分成两部分,数字产品、帮助实体销售的服务。网络经济是个通信革命,产品本身是数字、信息形式的,最能享受到网络革命的好处。载体成本、运输成本全部大幅下降,成本的大幅下降可以创造新经济。所以,书、影片、软件、金融等产品都有机会创造新经济,这类产品都有机会做非实体 EC。

除了数字产品外,服务实体产品销售的非实体 EC 更值得注意。电子商务要做两个极端,一个极端是物流、客户服务、资金流全部都做;另一个极端是物流、客户服务、资金流全部都不做,只做信息流。eBay 是这类非实体 EC 代表,它只提供交易空间与中介服务,交货、物流、客服、资金流都是消费者自己负责,eBay 不介入这些服务,它全力作好资讯中介商(info-media)的角色,作好资讯服务、中介公正服务,全力拥抱网络经济。这类服务是网络新创造出来的服务,大量的信息服务是实体世界所无法比拟的,这种新公司就很有价值。

1.2.2　电子商务流程

电子商务模式可以从消费者或从销售商两个方面考虑。从消费者来看,贸易活动指出了一个采购者在购买一个产品或服务时所发生的一系列的活动。从销售商来说,贸易模式定义了订货管理的循环,指出了系统内为了完成消费者的订单所采取的一切措施。

商务流程对于电子商务系统是十分重要的。商务流程是指企业在具体从事一个商贸交易过程中的实际操作步骤和处理过程。这一过程可细分为：事务流，即商贸交易过程中的所有单据和实务操作过程；物流，即商品的流动过程；资金流，即交易过程中资金在双方单位(包括银行)中的流动过程。现今社会的电子商务运作方式可用图1-12表示。

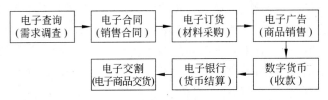

图 1-12 企业电子商务运作过程

1. 电子商务的通用流程

从交易过程看，电子商务可以分为以下四个阶段：

1）交易前的准备

这一阶段主要是指买卖双方和参加交易各方在签约前的准备活动。

买方根据自己要买的商品，准备购货款，制定购货计划，进行货源市场调查和市场分析，反复进行市场查询，了解各个卖方国家的贸易政策，反复修改订货计划和进货计划，确定和审批购货计划，再按计划确定购买商品的种类、数量、规格、价格、购货地点和交易方式等，尤其要利用 Internet 和各种电子商务网络寻找自己满意的商品和商家。

卖方根据自己所销售的商品，召开商品新闻发布会，制作广告进行宣传，全面进行市场调查和市场分析，制订各种销售策略和销售方式，了解各个买方国家的贸易政策，利用因特网和各种电子商务网络发布商品广告，寻找贸易伙伴和交易机会，扩大贸易范围和商品所占市场的份额。其他参加交易各方，如中介方、银行金融机构、信用卡公司、海关系统、商检系统、保险公司、税务系统、运输公司，也都为进行电子商务交易做好准备。

2）交易谈判和签订合同

这一阶段主要是指买卖双方对所有交易细节进行谈判，将双方磋商的结果以文件的形式确定下来，即以书面文件形式和电子文件形式签订贸易合同。电子商务的特点是可以签订电子商务贸易合同，交易双方可以利用现代电子通信设备和通信方法，经过认真谈判和磋商后，将双方在交易中的权利、所承担的义务，以及对所购买商品的种类、数量、价格、交货地点、交货期、交易方式和运输方式、违约和索赔等合同条件，全部以电子交易合同做出全面详细的规定。合同双方可以利用电子数据交换(EDI)进行签约，也可以通过数字签名等方式签约。

3）办理交易进行前的手续

这一阶段主要是指买卖双方签订合同后到合同开始履行之前办理各种手续的过程，也是双方贸易前的交易准备过程。交易中要涉及到有关各方，也可能要涉及到中介方、银行金融机构、信用卡公司、海关系统、商检系统、保险公司、税务系统、运输公司等，买卖双方要利用 EDI 与有关各方进行各种电子票据和电子单证的交换，直到办理完可以将所购商品从卖方按合同规定开始向买方发货的一切手续为止。

4）交易合同的履行和索赔

这一阶段是从买卖双方办完所有各种手续之后开始，卖方要备货、组货，同时进行报关、保险、取证、信用等，然后将商品交付给运输公司包装、起运、发货，买卖双方可以通过电子商务服务器跟踪发出的货物，银行和金融机构也按照合同处理双方收付款，进行结算，出具相应的银行单据等，直到买方收到自己所购商品，就完成了整个交易过程。索赔是在买卖双方交易过程中出现违约时，需要进行违约处理的工作，受损方要向违约方索赔。

2. 商务过程的实现

1）支持交易前的系统

支持交易前（Pro-transaction）系统主要是将商贸信息分类上网和组织查询——实际上就是通过网络和应用系统，提供商务信息资源的一个信息发布和查询系统。这类系统对于供应商来说，就是要建立自己的页面，并链接到同行业一些著名的网站上去，然后积极组织本企业的产品信息动态上网；对于需求商来说，则是需要上网搜索，到一些本行业著名网站中去查询所需要的产品信息。

这类系统由于只是向供需双方提供沟通信息的机会，并不参与后续的交易过程，因此不存在安全性、保密性、单证或者文件交换、法律地位等问题。所以从某种意义上来说，这是整个电子商务业务中最简单、最常见的一种——系统建立开销非常小，而中小企业和一般用户均可以使用。因而这类系统发展极快，是所有电子商务系统中发展最快、效益最好的一类——目前 Internet 上的各类电子商务系统大部分都是属于这一类。

2）支持交易中的系统

支持交易中（Transaction）系统主要是在买卖双方之间，交换商贸活动中的各种业务文件及单证。例如，直接索要报价单、洽谈商品价格等业务细节、填送订购单、支付购货费用、出具发货通知单等等一系列单证和票据交换。

这类系统如果从商务业务和技术发展的角度来看是大大地前进了一步，但是随之而来的问题和系统的复杂程度也大大增加了。这类系统一般对数据交换的可靠性会有很高的要求。在这里可靠性具体包括两个方面的内容：一是数据交换的准确性——这一点一般可以通过各种网络协议或者标准来保证；二是单证报文记录的不可更改性——一旦发生贸易纠纷，电子商务系统必须提供可以作为法庭证据的记录文件。

具体说来，可以从以下几个方面注意安全问题：系统必须从技术上确认用户的订货要求有无欺诈和恶作剧行为；其次是确认供应方是合法单位，并且保证他人不会盗取用户的银行卡信息从事非法活动。

这样看来，这类系统往往在运作机制上较为复杂，通常要求交易各方当事人先在指定的网络认证中心进行有效的、合法的注册。只有已经注册的用户才能从事网上交易活动，并且在交易过程中，系统将会提供动态联机认证和保密措施。

3）支持交易后的系统

交易后（Past-Transaction）系统主要涉及到银行、金融机构和支付问题，要求能够完成资金的支付、清算、承运等功能。这类系统由于涉及到银行、运输等部门，所以运行机制的复杂程度和系统开发的难度都会大大地增加，对数据交换的可靠性和安全保密性的要求也就更高了——不但要求资金绝对可靠，同时还要要求账号、数字化签名、开户银行等等严格保密。

3. 电子商务下的贸易方式

1）个人消费者的购物过程

决定要购买一个商品后，买卖双方必须通过一定方式经过若干次的交互后才能真正完成购买活动。商业交易是指买卖双方之间伴随着必要的支付行为的信息交换。可以通过银行完成现金付款，也可以通过信用卡认证来支付。

单一的商业模式并不适合每一个人，在线环境应有多种商业模式。一般来说，一个简单的商业协议需要下面的几个交互过程：

（1）买方与卖方就购买产品问题进行接触。这个对话可以在线交互完成——Web、E-mail、电话等。

（2）销售商报价。

（3）买方和卖方进行谈判（讨价还价）。

（4）如果满意，买方以双方同意的价格签署付款协定，将信息加密。

（5）卖方进入财务服务来验证加密后的付款细节。

（6）财务服务将付款细节解密，检查买方的余额及信用情况，扣除要转账的金额（财务服务需要与买方银行联系）。

（7）财务服务给卖方开绿灯，提交货物，并发送一个标准化的文件来描述交货的细节。

（8）收到货物后，买方签署和发送收据，卖方财务服务完成交易。在财务服务的最后，买方收到一个交易单。

2）企业与企业间电子商务交易过程

参加交易的买卖双方在做好交易前的准备之后，通常都是根据电子商务标准规定开展电子商务交易活动，电子商务标准规定了电子商务应遵循的基本程序，通常是以 EDI 标准报文格式交换数据（见图 1-13），简述如下：

（1）客户方向供货方提出商品报价请求，说明想购买的商品信息。

（2）供货方向客户方回答该商品的报价，说明该商品的报价信息。

（3）客户向供货方提出商品订购单，说明初步确定购买的商品信息。

（4）供货方对客户提出的商品订购单的应答，说明有无此商品及规格型号、品种、质量等信息。

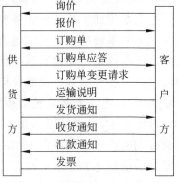

图 1-13　电子商务交易程序

（5）客户方根据应答提出是否对订购单有变更请求，说明最后确定购买商品信息。

（6）客户向供货方提出商品运输说明，说明运输工具、交货地点等信息。

（7）供货方向客户发出发货通知，说明运输公司、交货地点、运输设备、包装等信息。

（8）客户向供货方回复收货通知，报告收货信息。

（9）交易双方收发汇款通知，买方发出汇款通知，卖方报告收款信息。

（10）供货方向客户发送电子发票，买方收到商品，卖方收到货款并出具电子发票，完成全部交易。

1.3 电子商务发展存在的问题及其支撑环境

电子商务的发展面临着技术、社会、经济等方面的很多问题和障碍。尤其是在我国，由于我国的信息产业起步比西方国家晚，电子商务赖以存在和发展的运作机制和环境不够成熟，因此在我国发展电子商务必然会面对更加严峻的挑战。同时电子商务面临一种全新的电子环境，交易方式和支付方式都发生了根本性的变化。因此，电子商务的健康发展需要良好的支持环境。

1.3.1 电子商务中存在的问题和障碍

电子商务中存在的问题和障碍主要体现在以下几个方面。

1. 安全障碍

任何事物都有两面性，Internet 给人们带来方便的同时，也把人们引进了安全陷阱。目前，阻碍电子商务广泛应用的首要的也是最大的问题就是安全问题，

通过电子商务进行商务活动必然会涉及客户隐私和敏感信息的传输。通过 Internet 这样的开放式网络进行的商务活动，对安全体系的要求大大提高。尽管目前 Internet 上已经有一些安全技术措施如防火墙、加密、数字签名、身份认证等技术，但这些技术目前并不是很成熟，不能从根本上解决 Internet 的安全问题。

与发达国家相比，我国的 Internet 安全技术远远落后。目前我国缺乏成熟自主知识产权的信息安全技术产品，因此在信息安全方面很大程度上依赖于美国的技术，但是由于美国的国防政策限制，美国政府不允许将最先进的安全技术产品出口给中国。因此，当前我国的网络安全尤其是 Internet 的安全保证体系还很脆弱。

2. 法律障碍

由于在电子商务交易中交易的双方在一个虚拟的市场上进行交易，双方的信息交流方式完全依赖于网络。在这种模式下，不可避免地会出现利用电子商务从事非法活动的行为。

Internet 和电子商务都是信息技术推动的产物，世界各国都没有制定有关 Internet 的完整的法律，专门针对电子商务交易的法律还处于空白阶段。如何通过法律来保障交易双方的利益成为一个突出的问题。

目前随着电子商务交易中产生的纠纷的增加，对电子商务进行立法的呼声很高，但是最终制定出相对完善成文的法律还必须经历一个复杂的过程。

3. 标准不成熟

电子商务标准是保证电子商务安全稳定运作的基本框架。因此，电子商务标准的制定越来越受到重视。由于我国信息技术发展，特别是相关基础研究及产品开发相对信息技术发达国家尚有一定差距，因此电子商务相关标准的制定工作相对薄弱。目前除了一些 EDI 标准及部分相关网络标准是从国际相应标准等同或等效转换而来的外，由我国自主制定的、直接与电子商务相关的标准还很少。

目前中国科学院正在建立基于标准 XML 语言的 cn-XML 标准，旨在建立一个符合

中国企业自身特点的电子商务标准。

4. 经济可行性问题

电子商务相对于传统商务模式的优点之一就是较低的交易成本。传统的观点认为，随着规模的不断扩大，电子商务网站的盈利能力会不断增加。但是，亚马逊网络书店（Amazon.com）等大型电子商务网站的实践表明，随着电子商务网站的膨胀，用于基础设施、仓储、营销等方面的成本会以更快的速度增加。如何保持盈利能力已经成为一个关键性的问题。

5. 相关配套服务体系不够健全

和传统的商务模式一样，电子商务的运行必须有一套成熟的配套服务体系来辅助。这些服务体系包括电子支付系统、物流配送系统、售后服务系统、仲裁机构等。在目前的电子商务热潮中，虽然电子商务网站和服务商发展迅速，但提供相关服务的配套系统的建设远远落后于电子商务网站本身，成为阻碍电子商务被广泛接受的一个重要因素。

1.3.2 电子商务的重要支撑环境

电子商务运作所需要的支撑环境分为两大类：一类是信息技术支持环境，包括网络技术、数据处理技术、数据库技术、安全技术等；另一类是外部经营环境，包括政策法规环境、支付体系、信用体系、技术标准、物流配送体系、安全认证等。

从我国目前的电子商务活动的支撑环境看，重点要解决以下几个方面的问题：

1. 建立健全法律框架

电子商务涉及到许多方面的立法和法律修正问题，其中主要是涉及电子环境的立法，例如，有关信息安全的立法、有关在线交易的立法、在线信息内容的规范化等。如果没有健全的法律保障，电子商务就没有得以健康发展的基础，所以要发展电子商务，首先要及时地建设法律上的配套支撑环境。有关电子商务的法律问题将在本书第8章详细讨论。

2. 建立健全有关标准

电子商务的交易双方通过 Internet 相联系，各类信息的标准化十分重要。在电子商务建设和交易过程中，各方必须严格遵守有关标准。我国积极引进一些国际标准作为国家标准，推动我国电子商务发展与国际接轨。有关电子商务交易过程的相关标准将在有关各章介绍，例如，国际两大信用卡组织联合网上信用卡消费安全支付标准（SSL 协议和 SET 协议）将在第4章讨论。

3. 建立健全安全认证体系

在电子商务中，安全是头等重要的事情。电子商务安全包括信息的机密性、完整性、身份认证、不可抵赖等，利用安全技术可以满足上述要求，这些措施包括数字签名、时间戳等，而建立安全认证体系是实施这些措施的行之有效的方法。由中国人民银行牵头，我国商业银行联合成立了联合认证委员会为网上交易提供认证服务，以保证交易的合法性和可识别性。本书第4章将对电子商务安全问题做细致的讨论。

4. 建立健全现代化支付系统

安全、高效的支付系统是完成网上交易支付结算的基础。经过20多年的艰苦努力，我国的现代化支付系统建设已经取得了很大的进展，这对于我国开展电子商务活动无疑给予了强有力的支持。我国的一些商业银行也纷纷开通网上支付服务,如招商银行的"一网通",中国银行的电子钱包等。电子商务支付系统将在第 6 章详细讨论。

5. 建立健全虚拟交易市场

虚拟市场是由 Internet 上企业、政府组织和消费者组成的网上市场,网上市场的扩张速度和发展直接影响着电子商务的发展速度和前景。自从 1994 年 Internet 的商业化以来,世界 500 强公司纷纷建设电子商务网站。我国企业也设立商务站点开拓网上商机,政府推出电子政务服务,以.COM 和.GOV 注册的域名激增。网上消费者的购买潜力和消费能力正在不断地被开发,电子商务营销将在本书第 3 章详细讨论。

6. 建立健全物流配送系统

和传统的商务模式一样,电子商务的运行必须有一套成熟的物流配送系统来辅助。物流作为电子商务交易的重要环节,物流管理水平的现代化和物流服务的现代化对实现电子商务的高效率、高效益十分重要。关于电子商务物流管理将在第 5 章详细讨论。

以上几点是对电子商务发展至关重要的外部支撑环境。除此之外,政府有关职能部门的倡导和扶持对中国电子商务的发展也将起到积极的推动作用。

习 题 1

1.1 思考题

1. 依你的理解,电子商务的定义是什么?

2. 按照交易对象分类,电子商务可以分为几类?

3. 简述传统商务与电子商务的区别与联系。

4. 简述电子商务的通用流程。

5. 简述个人消费者的购物过程。

6. 简述企业与企业间的电子商务交易过程。

1.2 填空题

1. 电子商务是各参与方之间以_____方式而不是通过物理交换或直接物理接触完成业务交易。

2. 电子商务是_____和_____两个集合的交集。

3. 电子商务有广义和狭义之分,狭义的电子商务也称作_____,英文是_____;广义的电子商务被称作_____,英文是_____。

4. 企业要进行电子商务运作,其前提是企业内部的_____。

5. 按照交易对象分类,电子商务可以分为五类:_____、_____、_____、_____、_____。

1.3 上机题

1. 到淘宝网(http://www.taobao.com)去注册,使自己成为该网站的会员。

2. 到互动出版网(http://www.china-pub.com)去注册,然后以会员身份登录并查找"电子商务教程"一书。

第 2 章　电子商务基础设施

电子商务不仅影响着传统的交易过程,而且在一定程度上改变了市场的组成结构。传统上,市场交易链是在商品、服务和货币的交换过程中形成的。现在,电子商务在其中强化了一个因素,这个因素就是信息。于是就产生了信息商品、信息服务、电子货币等。人们做贸易的实质并没有改变,但是贸易过程中的一些环节因所依附的载体发生了变化,因而也相应地改变了形式。这样,从单个企业来看,它做贸易的方式发生了一些变化,从整体贸易环境来看,有的商业失去了机会,同时又有新的商业产生了机会,有的行业衰退,同时又有新的行业兴起,从而使得整个贸易呈现出一些崭新的面貌。

为了更好地理解电子商务环境下的市场结构,可以参考图 2-1 所示的电子商务一般框架,它简要地描绘出了这个环境中的主要因素。

图 2-1　电子商务一般框架

从图 2-1 中可知,电子商务一般框架由四个层次和两个支柱构成。四个层次分别是:网络基础设施、多媒体内容和网络宣传基础设施、消息和信息传播的基础设施、贸易服务的基础设施;两个支柱是:标准(技术标准、安全网络协议等)和环境(公共政策、法律及隐私问题等)。

由图 2-1 可以看出,电子商务应用由计算机网络、Internet 技术(提供多媒体内容和网络宣传、消息和信息传播等功能)、数据库与数据交换技术(提供信息的后台存储和商务过程中的技术交换)、公共商业服务(提供贸易服务过程的电子支付和安全/身份识别等)、标准和公共环境等基础设施构成。

2.1　计算机网络基础

电子商务最重要的基础当然是网络,离开了网络,电子商务也就只剩下"商务"没了"电子"本身的优势了。任何企业要想开展电子商务活动均离不开网络,网络技术是电子商务最基础的设施;企业要进行电子商务活动,首先要解决企业内部信息化问题,也就是说应该建立企业内部信息系统,创建内部网;其次是企业内网要连入互联网。这样才能构成电子商务所需的网络环境,这也是进行电子商务活动的重要的技术基础。本节介绍网络的基础知识。

2.1.1 计算机网络应用基础知识

1. 计算机网络的产生与发展

计算机网络是现代通信技术与计算机技术完美结合的产物。在计算机技术发展以前,数据通信技术已经得到了一定程度的研究与应用,如早期的电报、电传就是数据通信技术的初步应用。但是随着微电子技术、电子计算机技术的发展,极大地推动了数据通信技术的进步,从而导致一个全新的领域——计算机网络的出现。

计算机网络的发展大致分为四个阶段,按时间先后顺序分别是面向终端的计算机网络(主从结构)、多个计算机互联的网络、计算机互联网络(Internet)、宽带综合业务数字网。

1) 第一代计算机网络——面向终端的计算机网络

第一代计算机网络是面向终端的计算机网络。这样的系统中除了一台中心计算机(称为主机,Host),其余终端不具备自主处理功能。在这种方式中,主机是网络的中心和控制者,终端分布在各处与主机相连,用户通过本地的终端使用远程的主机。20 世纪 60 年代初美国航空公司与 IBM 公司联合研制的预订飞机票系统,由一个主机和 2000 多个终端组成,是一个典型的面向终端的计算机网络。

2) 第二代计算机网络——多个计算机互联的网络

第二代计算机网络是计算机通信网络。20 世纪 60 年代末出现了多个计算机互联的计算机网络,这种网络将分散在不同地点的计算机经通信线路互联。它由通信子网和资源子网(第一代网络)组成,主机之间没有主从关系,网络中的多个用户通过终端不仅可以共享本主机上的软、硬件资源,还可以共享通信子网中其他主机上的软、硬件资源,故这种计算机网络也称共享系统资源的计算机网络。第二代计算机网络的典型代表是 20 世纪 60 年代美国国防部高级研究计划局的网络 ARPANET(Advanced Research Project Agency Network)。面向终端的计算机网络的特点是网络上用户只能共享一台主机中的软、硬件资源,而多个计算机互联的计算机网络上的用户可以共享整个资源子网上所有的软、硬件资源。

3) 第三代计算机网络——计算机互联网

第三代计算机网络是 Internet,这是网络互联阶段。20 世纪 70 年代局域网诞生并推广使用,例如以太网。IBM 公司于 1974 年研制了 SNA(系统网络体系结构),其他公司也相继推出本公司的网络标准,此时人们开始认识到存在的问题和不足:各个厂商各自开发自己的产品、产品之间不能通用、各个厂商各自制定自己的标准以及不同的标准之间转换非常困难等。这显然阻碍了计算机网络的普及和发展。

1980 年国际标准组织 ISO 公布了开放系统互联参考模型(OSI/RM,Open system Interconnection / Reference Model),成为世界上网络体系的公共标准。它具有统一的网络体系结构,遵循国际标准化协议。遵循此标准可以很容易地使不同计算机及计算机网络实现网络互联。今天的 Internet 就是从 ARPANET 逐步演变过来的,ARPANET 使用的是 TCP/IP 协议,一直到现在,Internet 上运行的仍然是 TCP/IP 协议。

4) 第四代计算机网络——宽带综合业务数字网

第四代计算机网络是千兆位网络。千兆位网络也叫宽带综合业务数字网,也就是人们常说的"信息高速公路"。千兆位网络的发展,使人类真正步入多媒体通信的信息时代。

2. 计算机网络的分类与拓扑结构

1) 网络的拓扑结构

连接在网络上的计算机、大容量磁盘、高速打印机等部件,均可看作是网络上的一个结点,又称工作站。所谓网络的拓扑结构(Topology)是指各结点在网络上的连接形式。计算机网络中常见的拓扑结构有总线型、星型、环型、树型和混合型等。

(1) 总线型结构

在总线型结构中,各个工作站或称结点均与一根总线相连,如图 2-2 所示。每个结点采用广播式发送信息,信号沿着总线向两侧传播,并可以被其他所有结点收到。整个网络上的通信处理分布在多个结点上,减轻了网络管理控制的负担。这种结构的优点是:工作站连入网络十分方便;两工作站之间的通信通过总线进行,与其他工作站无关;系统中某工作站出现故障不会影响其他工作站之间的通信。因此,这种结构的系统可靠性比较高,是局域网中普遍采用的形式。缺点是:如果总线出现故障,整个网络将瘫痪。

(2) 星型结构

星型结构布局是将所有的工作站都直接连接到一中央结点上,如图 2-3 所示。当一个工作站要传输数据到另一个工作站时,都需要通过中央结点,它负责管理和控制所有的通信。中央结点执行集中式通信控制策略,相邻结点通信也要通过中央结点,因而星型结构是目前小型局域网中使用较为普遍的一种拓扑结构。优点是:增加新的工作站时成本低,一个工作站出现故障不会影响到其他工作站的正常工作。缺点是:中央结点不能出现故障,必须具有较高的可靠性,一旦中央结点出现故障,整个网络也会瘫痪。

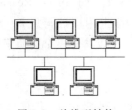

图 2-2　总线型结构

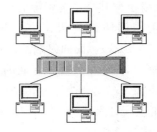

图 2-3　星型结构

(3) 环型结构

环型结构中各结点通过中继器连接到闭环上,多个设备共享一个环,如图 2-4 所示。任意两个结点间都要通过环路互相通信,可以单向或双向通信。环型网的特点是:信息在网络中沿固定方向流动,两个结点间仅有唯一的通路,大大简化了路径选择的控制;某个结点发生故障时,可以自动旁路,可靠性高,由于信息是串行穿过多个站点环路接口,当结点过多时,影响传输效率,使网络响应时间变长。但网络确定时,时间固定,实时性强;缺点是由于环路封闭故扩充不方便。环型网也是局域网常用的拓扑结构之一,适合于信息处理系统和工厂自动化系统。

（4）树型结构

树型结构是天然的分级结构。主结点（根结点）和分支结点可以是交换机或集线器，叶子结点（终端结点）是主机或打印机等外设，主机和交换机（集线器）之间用双绞线（类似电话线）连在一起，如图2-5所示。树型结构的优点是：与星型相比通信线路总长度短，成本较低，结点扩充灵活，寻径比较方便。但除叶子结点及其相连的线路外，分支结点或其相连的线路故障都会使网络局部受到影响，且一旦主结点发生故障会导致整个网络瘫痪。该结构适用于分级控制系统。

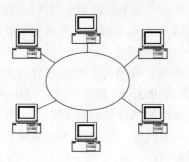 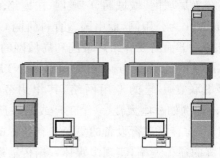

图 2-4　环型结构　　　　　　　图 2-5　多台交换机构成的树型结构

（5）混合型结构

混合型结构是将多种拓扑结构的局域网连在一起而形成的，如图2-6所示。混合拓扑结构的网络兼顾了不同拓扑结构的优点。

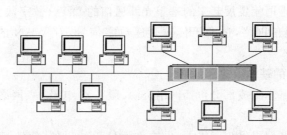

图 2-6　混合型结构

一般来说，拓扑结构会影响传输介质的选择和控制方法的确定，因而会影响网络上结点的运行速度和网络软、硬件接口的复杂程度。网络的拓扑结构和介质访问控制方法是影响网络性能的最重要因素，因此应根据实际情况选择最合适的拓扑结构，选用相应的网络适配器和传输介质，确保组建的网络具有较高的性能。

从网络拓扑结构角度分析，计算机网络在结构上包括两个部分。一部分是联结于网络上的供网络用户使用的计算机的集合，这些主机（host）或称结点，用来运行用户的应用程序，为用户提供资源和服务（资源子网）。另一部分是用来把主机联结在一起并在主机之间传送信息的设施，称为通信子网。通信子网由传输线路和转接部件构成。传输线路是实现信息实际传送的通道。转接部件是处理信息如何传送的处理机。这种处理机或者是专门用来选择线路和传送信息的专用计算机，或者就是借用的主机。从逻辑上看，网络是结点之间通过通道相联的一个连通域。网络的通信方式可以采取点对点信道通信，或者广播信道通信。例如,在点对点通信方式下,可以取星型、环型等;在广播通信方式下则可用总线连接、卫星连接、无线电连接等。

2) 计算机网络的分类

计算机网络是由各自独立的计算机(大型机、小型机、微机)用通信媒体互联起来的系统。对计算机网络可以从不同的角度进行分类。例如,从网络的物理结构按传输技术可分为点对点式网络和广播式网络。点对点式网络拓扑结构又分为星型、环型、树型、完全互联型、相交环型和不规则型;广播式网络又分为总线型、环型和卫星网;从网络的作用范围可分为局域网、城域网、广域网;按网络的使用范围可分为公用网和专用网,中国电信的China Net为公用网,而中国教育科研网Cernet就是专用网;按传输介质可分为有线网和无线网。下面简要介绍广域网和局域网的概念。

局域网(Local Area Network,LAN)是指用高速通信线路将某建筑区域或单位内的计算机联在一起的专用网络,其作用范围一般只有几公里;速度大于10Mbps,甚至1Gbps。例如一座大楼、一个工厂或是一所学校内部的网络。局域网通常是一个独立的设施,因而容易进行设备的更新和新技术的引用。局域网由于距离短,所以可以在全网获得很高的通信速率,实现多媒体数据传输等高水平应用。

广域网(Wide Area Network,WAN)又称为远程网,它的作用范围通常是几十到几千公里,其工作速度可从1.2Kbps到上百个Mbps。例如,连接一个城市、一个省,乃至全国、全世界的网络。广域网常常借用传统的公共通信网(例如电话网)来实现。由于这些传输网原先是用于传送声音信号地,这就使得广域网的数据传输率较低,误码率高,且通信控制比较复杂。近两年发展起来的基于光纤通信的DDN(数字数据网)、ISDN(综合业务数据网)等公共通信网络,适合于传输高速数字信号,对WAN的发展提供了很好的条件。

3. 计算机网络的基本组成

计算机网络的基本组成部分包括网络资源、服务器、工作站、网络设备、网络协议和网络操作系统。

资源是指被服务器提供到网络上,供工作站使用的硬件、软件、数据库等。资源可以是一个文件、文件夹、打印机、扫描仪等。

在网络上提供资源的计算机称为服务器,而在网络上使用资源的计算机称为工作站。

连接计算机与传输介质、网络与网络的设备称为网络设备。常用的设备有路由器、网络适配器、交换机、网桥、光电转换器等。

网络中为数据交换而建立的规则称为网络协议。常用的协议有TCP/IP协议、IPX/SPX协议等。

计算机网络操作系统是网络用户和计算机网络的接口。网络用户通过网络操作系统请求网络服务。网络操作系统的任务就是支持局域网络的通信及资源共享。网络操作系统则承担着整个网络范围内的资源管理,支持各用户间的通信。常用的网络操作系统有Windows NT、Net Ware、UNIX等。

4. 计算机网络的传输介质

计算机网络的传输介质就是计算机网络中信息发送端与信息接收端之间的信息通道

所使用的连接材料,它对网络数据通信的速率和质量有极大的影响。常用的网络传输介质有双绞线、同轴电缆、光纤和空间介质等。

1) 双绞线(Twisted pair)

双绞线是将两条绝缘铜线扭在一起制成的数据传输线。现在常用的双绞线一般都未加屏蔽层,它的抗干扰性能通常是靠制造工艺上的严格对称性来保证的。双绞线的优点是价格低廉,施工方便,易于安装实现结构化布线;缺点是传输数字信号的距离不能太长,几百米范围内尚可,因此在局域网中应用得很普遍。

2) 同轴电缆(Coaxial Cable)

同轴电缆是最传统的传输线,由内外两条导线构成,内导线是单股粗铜线或多股细铜线,外导线是一条网状空心圆柱导体,内外导线之间隔有一层绝缘材料,最外层是保护性塑料外皮,如有的家用室内电视天线(特性阻抗为75Ω)使用的就是同轴电缆。同轴电缆可以在较宽的频率范围内工作,抗干扰能力强,传输距离可达几公里,在计算机网络中被广泛采用(计算机局域网使用的同轴电缆的特性阻抗为50Ω)。

3) 光纤(Optical fiber)

光导纤维是由高折射率的细玻璃或塑料纤维外包低折射率的外壳构成(石英玻璃丝)。其基本工作原理是,在发送端通过发光二极管,将电脉冲信号转换成光脉冲信号,在光纤中以全反射的方式传输,在接收端通过光电二极管将光脉冲信号转换还原成电脉冲信号。

由于光波的频率范围很宽,所以光纤具有很宽的频带;光可以在光纤中进行几乎无损耗的传播,因此可以实现远距离高速数据传输;此外,由于是非电磁传输,无辐射,光纤的抗干扰能力强,保密性好,误码率低。但光纤传输系统价格较贵(光纤本身不贵,但光端设备复杂、价格较高),因此一般用作网络通信的主干线。

4) 空间介质

无线通信是计算机组网的重要手段之一,利用的是空间介质。各种不同频率的电磁波都可以在空间传播,例如,根据频率从低到高(波长则从长到短),有无线电广播用的长波(LW)、中波(MW)、短波(SW)、超短波,电视广播用的甚高频(VHF)、超高频(UHF),通信常用的微波、红外激光等。波长较长的电磁波可以沿着地面传播;波长较短的电磁波,例如,微波,则只能直线传播,而对于波长更短的红外线,其传播距离仅为可视范围之内。

微波又分为地面微波和卫星微波。地面微波是利用高频无线电波在空气中的传播来进行通信,发送站将数据信号载波到高频微波信号上定向发射,接收站将信号截下进行接收处理或转发。微波是直线传输的,具有高度的方向性,因此传输距离要受到地球表面曲率所造成的视线距离的限制,如果传输超过一定距离(最长不能超过50公里),就要通过中继站进行接力传输。

地面微波传输频带较宽,成本比同轴电缆和光纤低,但误码率高。微波传输安装迅速、见效快,易于实现,是在不能铺设线路条件下的远程传输,移动网络通信等场合中最经济、便利的通信手段。

卫星微波通信是利用地球同步卫星做微波中继站进行远距离传输。地球同步卫星位于地面上方 36 000 公里的高空,其发射角度可以覆盖地球的三分之一地区,三颗同步卫星就可以覆盖整个地球表面。通过地球同步卫星上的转发设备,将来自地面的微波信号发送给所覆盖的区域并转发给其他同步卫星,因此传输距离不受视线距离的限制,可以发送给全球任何一个区域。卫星通信传输的突出特点是具有一发多收的传输功能,覆盖面积大,传输距离远,并且传输成本不随传输距离的增加而提高,特别适合于广域网络远程互联。但卫星通信成本高,传输延迟较长,并且存在安全保密等方面的问题。

5. 计算机网络协议

在计算机网络中,有各种不同厂商生产的不同型号的计算机、终端设备和其他网络通信设备,为了实现这些异构机、异构网之间的相互通信,产生了网络协议的概念。网络协议是网络通信的语言,是通信的规则和约定(Protocol)。协议规定了通信双方相互交换的数据或控制信息的格式、所应给出的响应和所完成的动作以及它们的时间关系。

计算机网络系统功能强,规模庞大,因此计算机之间的通信是相当复杂的,协议的制订和应用也是极为烦琐、复杂和困难的。为了简化通信功能的设计和实现,计算机网络系统的设计像结构化程序设计一样,实行了高度结构化的分层设计方法,将复杂的通信功能分解成一组功能明确、相对独立并且易于操作的层次功能,各层执行自己所承担的任务,依靠各层功能的组合,为用户或应用程序提供与另一端点用户之间的通信,并且规定:

- 每一层向上一层提供服务。
- 每一层利用下一层的服务传递信息。
- 相邻层间有明显的接口。

同时在这个分层结构中,各层界限分明,避免功能上的重复,并可使某层的变更不至于影响其他层。分层结构中的每一层都有相应的协议,以指导本层功能的完成。网络的这种分层结构与各层协议的集合就构成了计算机网络的体系结构。

国际标准化组织 ISO(International Standard Organization)在 20 世纪 70 年代后期提出的开放系统互联参考模型 OSI(Open System Interconnection),简称为 ISO/OSI 参考模型,规定了一个七层的网络通信协议,七层的含义为:

- 物理层。通过物理介质传送和接收原始的二进制电脉冲信号序列(位流)。
- 数据链路层。将位流以报文分组为单位分解为数据包,附加上报头、报尾等信息,向网络层提供报文分组的发送和接收服务。
- 网络层。根据报文分组中的地址,提供连接和路径选择。
- 传输层。提供计算机之间的通信联系。
- 对话层。负责建立、管理和拆除进程之间的连接。
- 表示层。负责处理不同数据表达方式的差异,并提供相互转换。
- 应用层。直接和用户交互作用,具体取决于通信应用软件的特征。

2.1.2 局域网

1. 计算机局域网的概念与特点

计算机局域网,简称 LAN(Local Area Network),是在小范围内将许多数据通信设备以高速线路互联,进行数据通信的计算机网络。被连接的数据通信设备可以是微型机、小型机或中大型计算机,也可以是终端、打印机、大容量外存储器等外围设备。局域网一般可提供较高数据传输速率和较低误码率的数据通信。局域网的主要特点有:

- 覆盖地理范围比较小,如一栋楼、一个院落、一个社区,范围一般在几十公里以内。
- 通信速率较高,一般为 Mbps(每秒兆位)数量级,如光纤网可达 100Mbps,因而可以支持计算机之间的高速通信。
- 通常从应用角度属于一个部门所有,由于其小范围分布和高速传输,使它很适合于一个部门内部的数据管理。
- 成本低,便于安装和维护,可靠性高。特别是在微机局域网中,采用微型机作为网络工作站,以双绞线或同轴电缆作为传输介质,具有很高的性能价格比。

2. 介质访问控制方式

介质访问控制方式指网络中多结点之间信息传输的基本控制方式。由于局域网中不采用存储转发方式,而是以广播发送方式在一定的拓扑结构中进行传送,因此介质访问控制方式是局域网的通信协议和控制的基础。应用比较广泛的介质访问控制方式有以下几种。

1) CSMA/CD 方式

此方式是网络中各结点以竞争为基础随机访问传输介质的方法,原理类似于多个学生通过举手或按抢答器争取发言的机会。其基本控制原则是各结点通过抢占传输介质,取得发送信息的权利。各结点在发送信息前,监听信道是否被占用,只要信道空闲,就可以抢先占用信道发送数据;发送数据的同时,通过检测机制检测是否同时有其他结点正在占用信道发送数据,如果没有,则抢占成功,继续发送数据,如果有,则说明发生了碰撞,本次抢占失败,停止发送数据,等待下次机会。

2) 令牌访问控制方式

原理类似于多个学生通过击鼓传花的方式轮流获得发言机会。一个被称为令牌的标志信息在各结点中轮流传递,依次给每个结点在接到令牌时获得发送数据的机会。令牌有"闲"、"忙"两个状态,"闲"表示信道中没有信息发送,获得令牌的结点可以发送数据,"忙"表示信道中正在传输信息,获得令牌的结点不能发送数据。

3) FDDI 光纤介质访问控制方式

FDDI(Fiber Distributed Data Interface)指光纤分布数据接口,是用于以光纤为传输介质的高速局域网的介质访问控制方式。该方式在原理上与令牌访问控制方式相似,只是由于采用光纤传输介质,有较高的数据传输速率要求,而进行了一些修改和调整。基于FDDI 的高性能光纤令牌环网,速率可达 100Mbps,传输距离可达上百公里,可连接上千个结点,是具有很高性能的计算机局域网络。

3. 局域网的硬件组成

局域网一般由传输介质、网络适配器、网络服务器、网络(用户)工作站和网络软件等组成。

局域网使用的传输介质主要是双绞线、同轴电缆和光纤。此外,还有一些传输介质附属设备,主要指将传输介质与传输介质、通信设备进行连接的网络配件,如线缆接头、T 型接头、终端适配器等。

网络适配器是网络系统中的通信控制器,通过网络适配器将网络工作站连接到网络上。微机局域网中的网络适配器通常是一块集成电路板,安装在微机主机的扩展槽内,通过网络配件与传输介质相连。因此网络适配器也称为网卡。

网络服务器是网络的运行和资源管理中心,通过网络操作系统对网络进行统一管理,支持用户对大容量硬盘、共享打印机、系统软件、应用软件和数据信息等资源的存取和访问,网络的功能都是通过网络服务器来实现的。网络服务器可以是高性能微机、工作站、小型机或中大型机,一般具有通信处理、快速访问和安全容错等能力。

网络工作站是网络的应用前端,用户通过网络工作站进行网络通信、共享网络资源和接受各种网络服务。网络工作站一般采用微型计算机,除了进行网络通信外,工作站本身也具有一定的数据处理能力。

网络软件包括网络协议软件、通信软件和网络操作系统。网络软件功能的强弱直接影响到整个网络的性能。协议软件主要用于实现物理层和数据链路层的某些功能,如网卡中的驱动程序。通信软件用于管理多工作站的信息传输。网络操作系统管理整个网络范围内的任务管理和资源的管理与分配,监控网络的运行状态,对网络用户进行管理,并为网络用户提供各种网络服务。

4. 局域网软件系统

1) 网络操作系统

网络操作系统是局域网最重要的系统软件,它要提供安全、高效的对服务器的管理,提供和协调各网络工作站对网络的存取和对网络资源的共享服务。目前应用最为广泛的局域网操作系统是 Novell 公司的 NetWare 和 Microsoft 公司的 Windows NT Server。

(1) NetWare 局域网操作系统。NetWare 是目前仍广泛使用的局域网操作系统,它是美国 Novell 公司的产品。NetWare 为其用户提供的主要服务有文件/打印服务,即文件共享和打印资源共享;数据库服务,可按逻辑方式和关系方式存储或共享信息;通信系统/网际服务,它包括局域网的各个用户之间、局域网与局域网之间、局域网与广域网之间的服务。

(2) Windows NT 网络操作系统。1993 年 7 月 Microsoft 公司发布了 Windows NT 和 Windows NT Advance Server。此后,许多用户应用了 Windows NT 这一新的操作系统来开展工作。它功能强,易操作,可靠性高。1994 年 10 月,Microsoft Windows NT 3.5 正式发布,由此 Windows NT 分成两个全新的产品:Windows NT Workstation 和 Windows NT Server。运行 Windows NT Server 的计算机既可作为一个客户机使用,也可作为一台服务器使用,而 Windows NT Workstation 是 NT 的工作站版本,它能与其他计算机一起建立对等网络,从而成为一个工作组的成员。

2) 网管软件

这种软件用于监视和控制网络的运行情况,包括设备和线路的好坏、网络流量及拥挤程度,可进行虚拟网络的配置等。这对于较大网络是十分必要的,否则网络出现故障或性能降低将无从下手进行解决。使用这种软件要求网上设备是可网管的,或称为智能的。常用的网管软件平台有 HP 的 Openview、IBM 的 Netview 等。

3) 网络应用软件

网络应用软件常常是利用应用软件开发平台开发出来的。常用的开发平台是基于客户机/服务器(Client/Server)工作模式的各种数据库管理系统,如 Oracle、Sybase、SQL Server、Foxpro 等;办公自动化管理系统为 Notes/Domino 系统等;以及在将局域网建成 Intranet(企业内部网)之后,采用的网页/浏览器(Web/Browser)工作方式。它们所使用的软件,如 Netscape 的 Navigator 和 Microsoft 公司的 IE(Internet Explorer)等就是网络应用软件。

网络应用软件的开发是非常重要的,网络硬件再好,若缺少应用,就像高速公路上没有车辆在跑那样,会造成极大的浪费。

5. 局域网中计算机的相对地位

局域网中按计算机的相对地位分为对等式和客户机/服务器两种基本形式。

1) 对等网络模式

在对等网络模式中,没有设置专门为客户机访问的文件服务器,连在网上的计算机既是客户机又是服务器,网上的每一台计算机以相同的地位访问其他计算机和处理数据,如图 2-7 所示。在一个不多于 20 台计算机的小公司和小机关可采取此种方式,但速度较慢,保密性差,维护困难。

2) 客户机/服务器网络模式

现在大多数局域网采取客户机/服务器模式,它是由一台或多台单独的、高性能和大容量的大、中、小型计算机作为中心服务器,另外与多台客户机以一种拓扑结构相连。图 2-8 是一个星型客户机/服务器网络模式示意图。客户机/服务器网络模式中的主要组成部分如下:

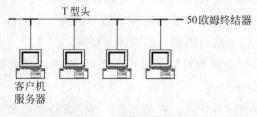

图 2-7　对等网络模式

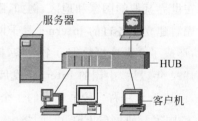

图 2-8　星型客户机/服务器网络模式

(1) 服务器。服务器有文件服务器和通信服务器。现在流行软服务器的说法,像 WWW 服务器和电子邮件服务器等。这些软服务器都是基于硬服务器之上的,因此,我们这里讲的服务器是指硬服务器。一般用高档计算机作为服务器。服务器是局域网中的核心设备,它有大容量的内存和硬盘以及高速 CPU。服务器上装有网络操作系统(UNIX,Windows NT,Netware,Linux)、用户共享软件以及用户的软件资源。它是网上的软件共享资源,也是互联网上的有源结点。有时服务器还兼做互联网中的路由器。为了服务器中的资源不被破坏,一般要有专人管理。

(2) 客户机。客户机包括 PC、图形工作站、小型机等。客户机也称为网络工作站,是局域网的主要组成部分,用户通过它访问服务器上的软件资源以及共享网上的邮件资源。工作站和终端的主要区别是,终端只包括显示器和键盘,无数据处理和存储能力;而工作站本身就是一台独立的计算机,它具有数据存储和处理的能力。为了网络安全或节省经费,可使用无盘工作站。客户机除安装 PC 的操作系统外,还要装上与本地服务器通信的软件。

（3）网卡。网卡即网络适配器,是客户机/服务器模式必需的设备。它是服务器和工作站与传输媒体相连的设备,要插在服务器和工作站的扩展槽内。服务器和工作站使用的网卡性能指标不一定相同,选择网卡首先要考虑速度,然后才是价格。

2.2 Internet

近年来,Internet 发展极快,不但直接影响到经济的发展,而且影响到人们的生活和工作方式。

2.2.1 Internet 概述

Internet 是互联网之意,它是连接世界各地成千上万个计算机网络的网络,也称为网际网络。Internet 是国际上最大的互联网,全世界所有的局域网、城域网、广域网都可加入 Internet。

Internet 的发展经历了一个过程,但它发展得很快。Internet 的原型是 ARPANET——美国国防部高级研究计划局计算机网,如今美国的 Internet 已是世界 Internet 的骨干网。

在世界其他的国家和地区,例如,欧洲、加拿大、日本、中国等,也都在 20 世纪 80 年代以后先后建立了各自的 Internet 骨干网。这些骨干网又通过各种途径与美国的 Internet 相连,形成了今天连接数十万个网络,拥有上亿个用户的庞大的国际互联网。

1994 年以后,中国的 Internet 发展很快,目前已拥有 8 个骨干网络,上网用户呈指数上升,已达千万左右。较早建设的 4 个网络如下所述:

- 国家科研网（NCFC）。网络中心设在中国科学院。它通过各种通信线路联通北京及全国各地的科研院所。
- 中国教育和科研计算机网（CERNET）。网络中心设在清华大学。它主要通过高速数据专线 DDN、SDH 和微波,联通全国的大专院校,以及有条件的中小学和幼儿园。
- 中国公用计算机互联网（CHINANET）。是原邮电部建设的商业网络,现由信息产业部经营管理。该网吸引了大量社会上的用户入网,大多数用户主要采用低速的拨号入网方式使用网络。
- 中国金桥网（GBNET）。由原电子部、原广播电影电视部等联合建立,现也由信息产业部经营管理。该网大力推行由电缆调制解调（cable modem）通过有线电视（CATV）电缆上网,可获得较高的传输速率。

以上 4 个网络均有自己的出口联通美国的 Internet,而且也在北京实现了互联,避免了国内属于不同网络的用户进行通信时要绕到美国的情况。

2.2.2 网络互联和 TCP/IP 协议

1. 常用网络互联设备有：中继器、网桥、路由器、网关等

1）中继器（Repeater）

中继器也称重发器。它是计算机网络中最简单的设备，用来连接相同拓扑结构的局域网。它的作用是清除噪音，放大整型信号，增加网段以延长网络距离。它工作在 OSI 参考模型的第一层（物理层）。

2）网桥（Bridge）

网桥用于连接不同网络拓扑结构的网段。它可以进行协议转换，隔离网段，减少网络信息堵塞，使互联起来的局域网变成单一的逻辑网络，并具有自选路径的能力。它工作在 OSI 参考模型的第二层（数据链路层）。

3）路由器（Router）

路由器是比网桥更复杂的端口设备。它用于拓扑结构较复杂的网络互联，与介质无关，而与协议有关。它对异构网的互联能力较强，既可用于广域网互联，也可用于局域网互联。路由器工作在网络层，它根据路由表传送信息。现在市场上已有支持多种协议的复合路由器以及网桥／路由器结合的桥接路由器。它工作在 OSI 参考模型的第三层（网络层）。

4）网关（Gateway）

网关又称协议转换器，是最复杂的网络互联设备，用于在不兼容的协议之间进行信息转换。和路由器一样，网关既可用于广域网互联，也可用于局域网互联。但网关一般难以安装和维护，只有在没有其他选择时（处理根本不兼容的协议）才选用。比较典型的是用于银行专用网和 Internet 网之间的支付网关。一般用一台高档计算机作为网关。网关运行在 OSI 模型传送层及以上的高层。

2. 网络互联协议 TCP/IP

TCP/IP 是指一整套数据通信协议，其名字是由这些协议中的其中两个协议组成，即传输控制协议（Transmission Control Protocol，TCP）和网际协议（Internet Protocol，IP）。它是当今最流行、应用最广泛的事实上的工业标准。几乎所有的工作站和基于 UNIX 的小型机都采用 TCP/IP 作为网络通信协议，在 PC 及大型机上，也有基于 TCP/IP 的网络通信软件，因此使之成为异型机联网的基础。

TCP/IP 协议最早是由斯坦福大学两名研究人员于 1973 年提出的。1973 年，TCP/IP 被 UNIX4.2BSD 系统采用。随着 UNIX 的成功，TCP/IP 逐步成为 UNIX 机器的网络标准协议。后来随着 UNIX 系统在 ARPANET 上的应用，TCP/IP 很快地被广泛接受，并用于沟通 ARPANET 与其他系统之间的联系，ARPANET 逐渐发展成因特网，TCP/IP 就成为因特网的标准连接协议，连接到 Internet 的所有计算机都运行 IP 软件，并且其中绝大多数还运行 TCP 软件，否则就无法使用 Internet。

1）网际协议 IP

网际协议 IP 定义了 Internet 数据分组的格式，Internet 分组称为 IP 数据包，简称 IP 包。每台利用 Internet 通信的计算机，都必须把数据打成一个个 IP 包进行传送。

2) 传输控制协议 TCP

尽管 IP 软件能够使计算机发送和接收数据,但没有解决通信中可能出差错的问题,TCP 就是用来解决这一问题的。TCP 能检测到数据包在传输中是否丢失,如果丢失就重新传一次;TCP 能检测到一些未按顺序到达的数据包(例如,选择了别的路由造成延时),把顺序调整正确;TCP 还能检测到一个数据包多个副本达到目的地的情况,把多余的滤除。TCP 与 IP 巧妙地协同工作,保证了 Internet 上数据的可靠传输。

3. IP 地址和域名系统

连到 Internet 上的计算机主机或互联设备(如路由器)都由 Internet 管理机构分配给唯一的地址,称为 IP 地址,以便在这个庞大的全球性网络中能够准确地定位该计算机。IP 地址由 4 个字节组成,表示为用点号分隔的 4 个十进制数,例如,202.204.175.4。由于每个数用于表示一个字节的内容,所以,每个数都不可能大于 255。

用数字表示 IP 地址非常直截了当,但却很难记忆,因此人们用由字母组成的域名(domain name)来对应 IP 地址,通常称为网址,并且使用一个称为域名服务器(DNS,domain name server)的系统来实现域名与实际 IP 地址的对应。例如,域名 mit.edu 对应 IP 地址 18.181.0.31,是美国麻省理工学院的网址。域名 uibe.edu.cn 对应 IP 地址 202.204.175.4,是对外经济贸易大学校园网的网址。

2.2.3 连入 Internet 的方法

要连入 Internet,除了计算机必须运行 TCP/IP 软件外,主要是解决通信线路的选择问题,这方面的技术发展很快,下面就常用的技术进行讨论。

普通用户连入 Internet,常常是指连至 Internet 服务提供商(Internet Service Provider,ISP)。ISP 有直接与 Internet 连接的计算机,并且能对用户提供域名解释等各种服务。用户连至 ISP 时,除了软件之外,必须选择通信线路。目前有如下几种方法。

1. 利用网络线直连上网

这是指离 ISP 网络中心距离不太远的情况,用户计算机可以作为网络上一个直接连接的工作站,以 10Mb/s 甚至更高的速率上网。在这种连接方式中,用户计算机需要分配一个确定的 IP 地址。

2. 利用电话线拨号上网

这是最普通的远程用户的上网方式。这种方式需要一个小设备调制解调器(modem)。它的作用是将计算机的数字信号调制为模拟信号,以便在低速的电话线上传送。连接时,将电话线插在 modem 上,再用一根 R-232 电缆将 modem 连至计算机的串行 I/O 接口上,如采用 modem 卡,则可以直接插入计算机中。在这种方式下,使用专门协议,即串行 IP 协议 SLIP(Serial Line IP)或点对点协议 PPP(Point to Point Protocol)进行通信,传输速率可达 14.4kb/s,33.6kb/s,56kb/s。

3. 利用电话线以 ADSL 方式上网

ADSL(非对称数字用户线)是最新研究成功的一种利用低速电话线来实现同时传送电话的模拟信号和计算机的高速数据的技术。ADSL 采用不对称传输的方法,下行的带宽较宽,上行的带宽较窄,这符合一般用户使用 Internet 的实际需要。目前的水平可达到下行 8Mb/s,上行为 1Mb/s,这既可满足单向传送宽带多媒体信号,又可以进行交互的需要。这种方式也需要一对 ADSL 调制解调器,并且在电话交换局端,要有专用设备将数据信号和模拟话音信号分离出来分别处理。由于 ADSL 是基于铜线的,所以,如果用户与交换局之间使用了光纤,则无法使用。

4. 利用有线电视 CATV 同轴线上网

CATV 同轴线已连接了全国的 7700 万用户。目前已改造为 HFC(即光纤和同轴电缆混合网)方式,用户端仍为同轴线。同轴线的带宽很宽,可达 800MHz。用频分方法传送数十个电视节目后,仍有很大的带宽盈余(因为每个电视节目只占 6MHz 带宽),可以利用来传送计算机数据。目前已有设备可实现利用一个电视频道(6MHz)传送 30Mb/s 的下行数据,而用另外的频率传送 2.56Mb/s 的上行数据(占用 2MHz 模拟带宽)。这种方案要求有线电视网要改造为可双向传输的,因为以前电视广播只有下行,是单向的。目前有人在研究利用有线电视同轴线实现"三网合一"(即电视网、电话网、计算机网合一)的方案,很具吸引力。但目前计算机上电视网的基本设备——电缆调制解调器(cable modem)价格还较高(2000～3000 元),并且使用有线电视线时,小区内的用户共享有限的带宽,有时仍会感到拥挤。

5. 采用微波扩频无线方式上网

在一些线路难以到达的地方,或是移动的场合,可以采用无线方式入网。目前最切实可行的是微波扩频通信方式。用这种方式,可以用很小的微波天线来实现数百米甚至数公里内计算机的上网连接,而传输速率可达 2Mb/s,新产品将可能达到 10Mb/s。目前这种产品的价格约几万元。

6. 光纤到户的方案

恐怕这是可以完全解决问题的方案,因为前面几个方案都是因为计算机网络力量和资本还不够雄厚,不得不考虑利用已有的三线(电话线、电视线、电力线)来"附带"传送数字信号。其实,无论如何,这些方案都难以解决高速数据传送所需的带宽问题。当条件成熟时,最后的解决方案一定是光纤到户。它反过来可能在作为数据线的同时,还将取代现在的电话线和电视线。关键的问题是计算机、电话、电视几个不同行业的人要联手建设,并要研究出一般家庭能接受的廉价的光纤网接入设备。可以肯定的是,电话、电视也将走数字化之路,成为 IP 电话、IP 电视,像计算机数据一样,统一在网上传送。

2.2.4 Internet 的应用技术

Internet 由于连接了世界范围的数十万个网络,提供了世界范围的快速电子通信和世界范围的硬件、软件及信息资源的共享,因此,有十分广泛的应用。目前最常用的 Internet 的应用技术有如下几种。

1. 浏览和发布信息

Internet 最成功的应用是其上的万维网(WWW)。WWW 以 Web 页面方式组织自己的信息库。该页面用一种超文本标记语言 HTML(Hypertext Markup Language)进行编排,可以包含文字、图形、图像、活动图像、声音等各种媒体,表现方式十分生动活泼。用于介绍一个企业或单位的 Web 页式信息库的首页,通常称为主页(home page),它是通向其他信息页的门户。Web 页的传输,采用超文本传输协议 HTTP,所以,访问一个 Web 站点时,可以在浏览器屏幕的 URL(统一资源定位器)位置上以如下方式输入,直接访问其 IP 地址:http://166.111.9.2。也可以以如下形式访问:http://www.tsinghua.edu.cn。

实际上,WWW 上的每一个网页都有自己独立的 URL 地址,如果已经知道某个网页的 URL,就可不经过其他网页而直接打开该页。例如,用 http://news.sina.com.cn/就可以直接打开新浪网的新闻网页。

浏览分布于世界各地的 Web 站点,可以得到许多丰富多彩的信息;反过来,建立自己的 Web 站点,认真制作自己的 Web 网页,也可以有效地在网上向全世界发布信息,宣传自己。目前应用比较广泛的浏览器是 Microsoft 公司的 IE(Internet explorer),Netscape(网景)公司的 Navigator(导航器)也曾广泛应用。

2. 电子邮件

电子邮件(E-mail)是 Internet 网上最为普及的应用。通过网络,可以将信息发至任何地方的收件人,只要对方也已经联网。时间快、成本低是电子邮件的显著特点。

3. 信息检索

Internet 上的信息几乎是无穷无尽的。如何从这浩瀚的信息中找到自己所需要的信息,是一件不容易的事,有人把这工作称为"数据挖掘"或"信息发现"。人们研究了许多种工具软件,可以进行各种各样的信息搜索,十分有效。以下是其中的几个搜索工具:

- Yahoo。其主页地址是 http://www.yahoo.com。Yahoo 是最常用的查找搜索工具,它按主题建立分类索引(例如,艺术、教育、商业……),查找起来非常方便。
- Lycos。主页地址是 http://lycos.cs.cmu.edu。Lycos 可能是迄今为止最大的 Web 页数据库,利用它可以找到与某个主题相关的几乎所有 Web 页。
- Infoseek。主页地址是 http://guide.infoseek.com。Infoseek 的附加数据库所包含的数据量多得令人难以置信,而且永远保持最新。它的搜索工具搜索精度较高,是工作中经常进行调查研究的极好帮手。

在进行信息搜索时,经常需要输入关键词,在多关键词的情况下,词与词之间可以用"与"(AND)、"或"(OR)等连接形成检索式,使检索精度更高。

4. 网上讨论

网上讨论有 BBS(电子公告板)系统、USENET 新闻讨论组,用户可以在网上就自己感兴趣的专题发表各种意见,进行热烈的讨论。网上讨论是 Internet 应用中最热闹的区域。

5. IP 电话和 IP 视像会议

利用 Internet 可以通国际长途电话,其价格十分低廉,就像是市内电话一样。只要在 PC 上(CPU 486 以上)安装声卡、扬声器、麦克风,且双方都运行同样的电话软件,例如,都使用 Iphone,使用 28.8kb/s 以上的 modem 进行拨号连接,就可以通过 Internet 通长途电话了。声音通过麦克风变成模拟电信号,经声卡转变为数字信号,再通过压缩,打成 IP 数据包发至网上传送,到了对方再进行解压、还原。

IP 电话是发展方向,最近已实现计算机——电话、电话——电话之间利用 Internet 进行通话,使用更方便了。

利用 Internet 开视像会议也极为有用。网络将分散在各地、远在千里之外的会议成员的视像和声音传到 PC 的显示器和扬声器上,缩小了距离,减少了费用。利用 Internet,比使用专用的视像会议系统要方便、廉价许多。这一直是 Internet 多媒体应用的重点研究课题之一。

2.2.5　企业内部网（Intranet）

企业内部网也称为 Intranet,是将 Internet 技术应用于企业或组织内部信息网络的产物,其主要特点是企业信息管理以 Internet 技术为基础。企业信息系统在企业内部网络上以 WWW 方式向企业内部的用户（员工等）提供各种信息资源,而企业内部的用户只要通过 WWW 浏览器软件就可以访问企业内部网上的所有信息资源。由于企业信息系统是以数据库为基础的,因此通过 WWW 浏览方式访问企业数据库将是 Intranet 的一个主要技术特征。同时,在 Intranet 中,企业内部的文件、会议、报告等传统信息交流方式也将被电子邮件、电子公告牌等方式所取代,从而导致了全新、高效的企业经营管理方式。Intranet 提供了全球范围共享信息的解决方案,它能够把分散在世界各地工作的公司的员工连接在一起,共享企业的信息资源,实现远程办公,赋予了员工不限地点工作的权利。由于基于 Internet 技术的企业内部网在信息管理与服务方面比传统的数据管理有十分突出的优越性,用户的操作十分简单,信息系统的维护与管理相对方便得多,因此 Intranet 成为管理信息系统的一个十分主要的技术基础和发展趋势。

Intranet 采用专门的安全软件防止企业外部对网络的侵犯,我们把防止来自企业外部侵权的专门的安全软件称为防火墙。众多的企业组织建立企业内联网主要出于以下几个理由:

- 首先,既然因特网已经把全世界千百万人都连接起来,那么为什么不把因特网内部化以利于公司的内部沟通呢?
- 其次,因为防火墙提供了至关重要的安全措施,能够防止外部人侵犯公司的内部网,并能获得放在内部网上的公司战略信息和敏感信息。
- 最后,公司还可设立防火墙限制公司内部员工的访问权限,使之不能随便访问外部及内部的与本职工作无关的因特网站站点,以免耽误、影响本职工作。

2.3　数据库与数据仓库

除了计算机网络外,电子商务的另一基础设施是数据库。在第 1 节开始处曾讲到,企业要进行电子商务活动,首先应该建立企业内部信息系统。那么企业信息系统的支撑环境是什么? 企业信息系统的信息存放在何处? 答案只有一个:数据库（或数据仓库）。数据库技术同样是进行电子商务活动的重要的技术基础。本节简要介绍数据库的基础知识。

2.3.1　数据库基本概念

可以用从图书馆借书实例来理解数据库。

在图书馆借书处有一些图书的检索卡片箱,借书前要在这里找到所需书籍的号码,然后告诉工作人员,由工作人员从书库中找到所借的书。检索卡片有书名、作者、内容提要、分类、定价等信息。如果将这些信息使用计算机来进行管理,就构成了一个简单的数据库。

每张卡片是数据库中的一个"记录",它记录着一本特定书的书名、作者、内容提要、分类和定价等资料。所有这样的卡片就形成了一个数据"表",包含了图书馆内所有书的资料。记录对应卡片,表对应着相同性质的卡片的集合。数据库里的所有表都是相互有关联的。各式各样的有关联的表放在一起就组成了数据库,例如,书籍索引表、工作人员通信表、借阅人员情况表,等等。

数据库从最初的数据文件的简单集合发展到今天的大型数据库管理系统已经成为我们日常生活中不可缺少的组成部分。如果不借助数据库的帮助,许多简单的工作将变得冗长乏味,甚至难以实现。尤其是像银行、院校和图书馆这样的大型组织更加需要依靠数据库系统实现其正常的运作。在 Internet 上,从搜索引擎到在线商场,从网上聊天到邮件列表,都离不开数据库。

数据库中的数据从整体来看是有结构的,即所谓数据的结构化。按照实现结构化所采取的不同联系方式,数据库的整体结构可区分为三类数据模型,即层次型、网络型和关系型。其中前两类又合称为"格式化模型"。

早期的数据库系统都采用格式化模型。1969 年,美国 CODASYL 委员会提出的 DBTG 系统(网络型)就是格式化模型的典型代表。1970 年,美国 E. F. Codd 提出了关系模型的概念,首次运用数学方法来研究数据库的结构(把每个数据库文件看作一个关系)和数据操作(看作关系运算),将数据库的设计从以经验为主提高到以理论为指导。不仅如此,关系模型采用人们惯常使用的表格形式为存储结构,易学易用,使它从一开始就吸引了公众的注意,成为广大用户特别是计算机用户乐于接受的数据模型。常用的关系型数据库有 ORACLE、SYBASE、DB2、SQL Server、Access 等。

2.3.2　常用数据库简介

1. ORACLE

ORACLE 是一种适用于大型、中型和微型计算机的关系数据库管理系统,它使用 SQL(Structured Query Language)作为它的数据库语言。1987 年被 ISO 定为国际标准。目前所有关系数据库管理系统如 ORACLE、SYBASE、DB2、INFORMIX、SQL Server 等均采用 SQL 作为基础工具语言。

SQL 主要包括数据定义、数据操作(包括查询)和数据控制等三方面功能。SQL 是一种非过程化程度很高的语言,用户只需说明"干什么"而无须具体说明"怎么干"即可。其语言简洁、使用方便、功能强大,集联机交互与嵌入于一体,能适应广泛的使用环境。ORACLE 数据库由三种类型的文件组成,即数据库文件、日志文件和控制文件。

数据字典是由 ORACLE 自动建立并更新的一组表,这些表中记录用户的姓名、描述表和视图以及有关用户权限等信息。数据字典是只读的,只允许查询,也就是说数据字典是一种数据库资源,每个用户都可以访问数据字典。DBA 可通过数据字典来监视 ORACLE RDBMS 的使用,并帮助用户完成其应用。ORACLE RDBMS 本身也要利用数据库字典来管理和控制整个数据库。

2. SYBASE

SYBASE 是美国 SYBASE 公司在 20 世纪 80 年代中期推出的客户机/服务器结构的关系数据库系统，也是世界上第一个真正的基于 Client/Server 结构的 RDBMS 产品。

SYBASE 数据库按权限由高到低，可将用户分为四种不同的类型，分别为：系统管理员、数据库属主、数据库对象属主和其他一般用户。当第一次安装 SYBASE SQL Server 时，会自动建立系统管理员账户。系统管理员具有整个系统的最高权力，同时被赋予系统管理角色、系统安全员角色和操作员角色，有权执行所有 SQL 命令，也是系统数据库 Master 的属主，可访问所有数据库和数据库对象。

3. DB2

DB2 是 IBM 公司开发的关系数据库管理系统，它有多种不同的版本，如：DB2 工作组版（DB2 Workgroup Edition）、DB2 企业版（DB2 Enterprise Edition）、DB2 个人版（DB2 Personal Edition）和 DB2 企业扩展版（DB2 Enterprise-Extended Edition）等，这些产品其基本的数据管理功能是一样的，区别在于支持远程客户能力和分布式处理能力。

个人版适用于单机使用，即服务器只能由本地应用程序访问。工作组版和企业版提供了本地和远程客户访问 DB2 的功能（当然远程客户要安装相应客户应用程序开发部件），企业版包括工作组版中的所有部件外再增加对主机链接的支持。企业扩展版允许将一个大的数据库分布到同一类型的多个不同计算机上，这种分布式功能尤其适用于大型数据库的处理。

DB2 可运行在 OS/2、Windows NT、UNIX 操作系统上，通常将运行在这些平台上的 DB2 产品统称为 DB2 通用数据库，这主要是强调这些产品运行环境类似，并共享相同的源代码。DB2 通用数据库主要组件包括数据库引擎（Database Engine）应用程序接口和一组工具。数据库引擎提供了关系数据库管理系统的基本功能，如管理数据、控制数据的访问（包括并发控制）、保证数据完整性及数据安全。所有数据访问都通过 SQL 接口进行。

4. SQL Server

SQL Server 是 Microsoft 公司开发的一个关系数据库管理系统，以 Transact-SQL 作为它的数据库查询和编程语言。T-SQL 是结构化查询语言 SQL 的一种，支持 ANSI SQL—92 标准。

SQL Server 采用二级安全验证、登录验证及数据库用户账号和角色的许可验证。SQL Server 支持两种身份验证模式：Windows NT 身份验证和 SQL Server 身份验证。7.0 版支持多种类型的角色，"角色"概念的引入方便了权限的管理，也使权限的分配更加灵活。

SQL Server 为公共的管理功能提供了预定义的服务器和数据库角色，可以很容易为某一特定用户授予一组选择好的许可权限。

SQL Server 可以在不同的操作平台上运行，支持多种不同类型的网络协议，如 TCP/IP、IPX/SPX、Apple Talk 等。SQL Server 在服务器端的软件运行平台是 Windows NT、Windows9x，在客户端可以是 Windows3x、Windows NT、Windows9x，也可以采用其他厂商开发的系统，如 UNIX、Apple Macintosh 等。

2.3.3　数据仓库与数据挖掘

1. 数据仓库

近年来,随着数据库技术以及 Internet 的应用和发展,逐渐形成了海量数据,人们试图对数据库中的海量数据进行再加工,以便形成一个综合的、面向分析的环境,从而更好地支持决策和分析,这样便形成了数据仓库技术。数据仓库弥补了原有的数据库的缺点,将原来的以单一数据库为中心的数据环境发展为一种新型的综合环境。IBM、Oracle、Microsoft 和 SAS 等知名公司都纷纷推出自己的数据仓库解决方案用于满足市场的需求。

数据仓库概念的创始人 W. H. Inmon 对数据仓库的定义是:数据仓库就是面向主题的、集成的、不可更新的(稳定性)、随时间不断变化(不同时间)的数据集合,用以支持经营管理中的决策制定过程,数据仓库中的数据面向主题是指在一个在较高层次上将数据归类的标准,每一个主题对应一个宏观的分析领域,这与传统数据库面向应用(检索查询等)相对应。数据仓库的集成特性是指必须经过数据加工和集成,然后才能进入数据仓库。数据仓库的稳定性是指数据仓库反映的是历史数据的内容,而不是日常事务处理产生的数据,数据经加工和集成进入数据仓库后是极少或根本不修改的。数据仓库是不同时间的数据集合,它要求数据仓库中的数据保存时限能满足进行决策分析的需要,而且数据仓库中的数据都要标明该数据的历史时期。

数据仓库最根本的特点是物理地存放数据,而且这些数据并不是最新的、专有的,而是来源于其他数据库的。数据仓库的建立并不是要取代数据库,它要建立在一个较全面和完善的信息应用的基础上,用于支持高层决策分析,而事务处理数据库在企业的信息环境中承担的是日常操作性的任务。数据仓库是数据库技术的一种新的应用,而且到目前为止,数据仓库还主要是用关系数据库管理系统来管理其中的数据。

2. 数据挖掘

1995 年,在加拿大蒙特利尔召开了第一届知识发现和数据挖掘国际学术会议,数据挖掘一词被很快流传开来。人们将存储在数据库中的数据看作是形成知识的源泉,形象地将它们比喻成矿石。而数据挖掘就是从大量的、不完全的、有噪声的、模糊的、随机的数据中,提取隐含在其中的、人们事先不知道的,但又是潜在有用的信息和知识的过程。

数据挖掘是一门交叉学科,它汇聚了数据库、人工智能、统计学、可视化、并行计算等不同学科和领域,近年来受到各界的广泛关注。通过数据挖掘,可以从大量数据中,发现隐藏于其后的规律或数据间的关系,从而服务于决策。根据信息存储格式,用于挖掘的对象有关系数据库、面向对象数据库、数据仓库、文本数据源、多媒体数据库、空间数据库、时态数据库、异质数据库以及 Internet 等。

3. 数据挖掘和数据仓库的关系

数据仓库和数据挖掘是相互补充的。数据仓库用于存储数据,而不是把它变为信息,而后者正是数据挖掘所要做的。数据挖掘和数据仓库协同工作,一方面,可以迎合和简化数据挖掘过程中的重要步骤,提高数据挖掘的效率和能力,确保数据挖掘中数据来源的广泛性和完整性。另一方面,数据挖掘技术已经成为数据仓库应用中极为重要和相对独立的方面和工具。

2.4 数据描述与数据交换

在电子商务的发展历程中,数据交换技术一直占据着重要的地位,比较成熟的技术是电子数据交换技术(EDI)。随着 Internet 的发展,基于 Internet 的数据交换,XML/EDI 呈良好的发展态势。2001 年 5 月,全球电子商务标准语言(ebXML)——一种新的技术标准被正式批准可用于互联网商务应用程序。本节分别对 EDI 技术,XML/EDI 和 ebXML 加以简单介绍。

1. EDI

EDI(电子数据交换,Electronic Data Interchange)是起源于 20 世纪 70 年代,在 20 世纪 80 年代得到迅速发展的一种电子化数据交换工具,是一种利用计算机进行商务往来信息进行处理的标准。EDI 将运输、保险、银行和海关等行业的贸易信息,用一种国际公认的标准格式,通过计算机通信网络,使各有关部门、公司与企业之间进行数据交换与处理,并完成以贸易为中心的全部业务过程。

EDI 系统(发送信息方)需要按照国际通用的、标准化、规范化的文件格式(或消息格式——也称作报文)发送信息,接收方也需要按国际统一规定的语法规则,对消息进行处理,并引起其他相关系统的 EDI 综合处理。整个过程都是自动完成的,无需人工干预,减少了差错,提高了效率。现在联合国和交通部,都有对各种电子报文的格式定义,联合国标准常被称为 EDIFACT。当然,根据实际情况,企业和企业的贸易伙伴之间也可以约定一个报文格式定义,进而让该格式定义得到 EDI 系统支持,但是这样在通用性方面就会大打折扣,所以最好使用联合国和交通部相关标准。

EDI 以电子方式完成企业间的商务通信,消除了对纸张的需要、节省了人力并且简化了过程,这样节省了手工过程需要花费的大量时间。但是 EDI 有一个非常大的问题是它需要一个专网进行数据传输,对于大多数企业来说太昂贵了,使用和维护它的成本太高。

2. XML 与 XML/EDI

可扩展标记语言(eXtensible Markup Language,XML)提供一种描述结构化数据的方法。HTML 标记主要用于控制数据的显示和外观,而 XML 标记用于定义数据本身的结构和数据类型。它使用一组标记来描绘数据元素。每个元素封装的数据可能十分简单,也可能十分复杂。使用者可以定义一组无限制的 XML 标记。例如,可以定义一些 XML 标记来声明订单中的数据,如商品、单价、数量、发货地址,等等。

由于 XML 比 EDI 简单得多,很容易地找到熟悉它的开发人员,XML 可在企业之间的交换数据中发挥重要作用,EDI 成本和维护问题的部分解决方案是使用 XML/EDI 技术。

XML/EDI 技术设计的初衷就是要把 XML 与 EDI 联合起来,同时又保留各自在电子商务方面的优势,允许各种组织为全球用户配置更为智能、更为便宜和具有更高可维护性的系统。1997 年 7 月,特定的 XML/EDI 工作组通过互联网成立,它的目标在于制定和发展开放的、应用 XML/EDI 技术的下一代电子商务标准。

3. ebXML

ebXML 代表着 Electronic Business XML。在 2001 年 5 月中旬，ebXML 被正式批准可用于互联网商务应用程序。ebXML 的目标是：要让世界上任何一个地方的公司或企业，无论其规模大小，都可以通过互联网进行电子商务。ebXML 标准制订者的口号是："建立全球统一的电子市场(Creating a single global electronic market™)"。

实际上，ebXML 这项电子商务标准并非完全是独立研究出来的成果，而是建立在 EDI 和 XML 这两大标准之上，充分利用了前人的研究成果与千万个企业的实践经验，ebXML 是基于 XML 的一组相关规范，它试图让不同规模和不同地区的企业可以通过交换 XML 的消息来合作和进行商业活动。ebXML 定义了描述商务中相关信息的 XML 语法和词汇表，更重要的是它定义了实现商务活动的一个较完整的体系结构，希望统一商业过程，成为一个电子商务框架，进而实现一个全球电子市场。

ebXML 使用业务过程规范(Business Process Specification，BPS)中的特定词汇表来定义公司如何开展业务，并且几乎所有信息都存储在 ebXML 注册中心中，注册中心采用 XML 文档保存关于潜在贸易伙伴的信息，它使用特定词汇表来标识公司愿意且能够参与的业务过程、公司可以扮演的角色以及有关公司能力的技术信息。

通过 ebXML 企业可以寻找贸易伙伴进而达成商业协议。例如，在 ebXML 注册中心中搜索可以发现并通过特定接口(如 HTTP)提供新闻剪辑的企业，而且该企业愿意在线接受采购订单。找到贸易伙伴只是第一步，接着贸易双方的系统可以简便地通过使用协作、协议、协定一起工作以完成适当的事务，协作、协议、协定指定发生什么协作以及具体细节。

2.5 电子商务的其他基础设施

除了计算机网络、数据库和数据交换，电子商务还涉及其他方面的基础设施。

2.5.1 公共的商业服务基础设施

在线商务活动本身存在一些缺陷，例如，在线结算工具不足、信息安全不足等，这已经引起了人们的广泛关注。公共的商业服务(即贸易服务)基础设施就是要消除这些缺陷，这一基础设施包括为在线购买和销售过程提供便利的各种方法(含电子付款、安全/身份识别等)。

在线商务中，买方需要向卖方发送电子结算(如某种形式的电子支票或数字现金)信息和汇款信息，当付款和汇款信息得到卖主确认并被接受后，结算就实际发生了。为完成在线结算并确保安全送达，结算服务基础设施需要开发加密和认证的方法来保证网络上的信息安全。加密是指除指定的接收者外，其他人都无法解密信息；认证是指确认客户的身份。除一般的结算服务外，电子商务还需要其他与结算相关的服务，如汇兑、现金管理、附有履行条件的支付、投资与经纪、财务信息和报告、结算和支付。安全交易和安全在线结算工具(如数字现金和电子支票)的开发是目前电子商务开发中最活跃的领域之一。我们在后面章节还会就安全和支付来做详细的介绍。

2.5.2　其他重要的支持层

除了与商务过程本身密切相关的一些基础设施外,电子商务要想真正地融入到现实的商务活动中去,还需要一些其他方面的支持。其中公共政策和技术标准是所有电子商务应用及基础设施的两个最重要的支柱。

1. 公共政策

与电子商务有关的公共政策涉及法律及隐私权等问题,主要表现在信息访问权、隐私和信息定价等问题。目前,传统商务活动已经有了成体系的法律法规和政策,但电子商务的基本政策和立法问题还没有得到完全解决。信息访问方面的问题包括访问信息的成本、制定保护消费者免遭欺诈和保护消费者隐私权的法律,以及对全球信息访问进行监控和审查、防止信息盗版和色情信息的传播等。各种各样的新问题还在不断出现,随着进入在线市场的人越来越多,问题也会变得越来越复杂,提出好的解决方案已经成为立法者的当务之急。

2. 技术标准

技术标准指的是文件(数据)、安全和网络协议的技术标准,是对信息出版工具、用户界面和信息传输的具体规定。为了确保整个网络的兼容性,就必须采用同样的标准。这个问题就像铁路系统两根轨道之间的不同距离给铁路运输带来的麻烦、电力系统标准(110伏,220伏)与视频信号标准(Sony BETA、VHS)对电器和视频产品带来的限制等一样严重。因此,制定全球统一的商务标准不仅是必要的,也是紧迫的。本章对文件(数据)和网络协议的技术标准进行了简要介绍,后面第4章还将对安全技术进行探讨。

习　题　2

2.1　思考题

1. 计算机网络分为哪几代?
2. 什么是网络的拓扑结构? 常见的网络拓扑结构有哪几种?
3. 简述局域网的组成与模式。
4. 常用的通信介质、网络互联设备各有哪些?
5. 什么是网络协议? IOS/OSI 七层网络通信协议的含义是什么?
6. 什么是 TCP/IP 协议? 它主要的应用领域是什么?
7. 简述联入互联网的方法。
8. 数据库在电子商务中起什么样的作用? 举例说明常用的数据库有哪些?
9. 什么是数据仓库? 数据仓库的集成特性和稳定性分别是什么含意?
10. 什么是数据挖掘? 简述数据挖掘和数据仓库的关系。
11. 简述电子商务的其他基础设施。
12. 简述电子商务的一般架构组成。
13. 什么是电子数据交换(EDI)?
14. 简述 EDI、XML/EDI、ebXML 的区别和联系。

2.2 选择题

1. 计算机网络的发展大致分为_____个阶段。

    A. 5   B. 4   C. 3   D. 2

2. 信息社会的基础就是计算机和使之互联的_____。

    A. 计算机网络   B. 服务器   C. 客户机   D. 管理信息系统

3. 计算机网络系统由主计算机系统(host)、终端设备(terminal)、_____和通信线路四大部分构成。

    A. 资源子网   B. 通信子网   C. 网关   D. 通信设备

4. 总线结构的特点是_____。

    A. 系统中某结点出现故障不会影响其他结点之间通信

    B. 中央结点出现故障导致整个网络瘫痪

    C. 信息是串行穿过多个站点环路接口

    D. 主结点和分支结点呈层次结构

5. 计算机局域网简称为_____。

    A. LAN   B. WAN   C. MAN   D. 互联网

6. 局域网一般由_____组成。

    A. 传输介质(光纤、电缆等.   B. 网络适配器和网络服务器

    C. 网络(用户)工作站和网络软件   D. 上述三者都是

7. ISO/OSI 参考模型,规定了一个_____层的网络通信协议。

    A. 9   B. 8   C. 7   D. 6

8. TCP/IP 协议是指_____。

    A. 传输控制协议   B. 传输控制协议和网间协议

    C. 网间协议   D. 系统网络结构和数字网络体系结构

2.3 填空题

1. 计算机网络的发展大致分为四个阶段,第三代计算机网络是_____。

2. 计算机网络中常见的拓扑结构有总线型、_____、环型、_____、树型和混合型等。

3. 星型拓扑结构的特点是将所有的工作站都直接连接到_____上。

4. _____拓扑结构的特点是分级结构。

5. 从网络的作用范围来分类,计算机网络可分为_____、_____、_____三种。

6. 计算机网络在结构上包括两个部分,即资源子网和_____子网。

7. 网络操作系统的任务是承担着整个网络范围内的_____管理。

8. 国际互联网 Internet 采用_____协议。

9. 电子商务的两个基本技术支撑是_____和_____。

10. 数据仓库的建立并不是要取代数据库,它要建立在一个较全面和完善的信息应用的基础上,用于支持_____。

第3章 电子商务中的网络营销

3.1 网络营销概论

网络营销是 20 世纪末出现的市场营销新领域,它是一种以互联网及相关技术为主要手段的一种新型营销手段,尽管历史较短,但已经在企业经营策略中发挥着越来越重要的作用,网络营销的价值也越来越多地为实践应用所证实。可以看到,在网络环境下,企业开展网络营销是今后的趋势,更重要的是对企业改善销售环境、提高产品竞争能力和市场占有率具有非常重要的现实意义。

在互联网和电子商务时代,虽然营销市场的主要因素起了很大的变化,网络营销相对于传统市场营销,在许多方面存在着明显的优势,对传统营销造成了巨大的冲击,但营销的核心使命和目的是不变的——吸引和保留客户。

与许多新兴学科一样,"网络营销"目前不仅没有一个公认的、完善的定义,而且在不同时期、从不同角度对网络营销的认识也有一定的差异。网络营销的同义词包括:网上营销、互联网营销、在线营销、电子营销、网路行销等。从广义上说,网络营销是指以互联网为手段开展的各种营销活动;从狭义上说,网络营销以现代营销理论为基础,是企业整体营销战略的一个组成部分,通过互联网技术和手段促进产品、服务和理念的交换,吸引新客户,留住老客户,最大限度满足客户需求,以达到开拓市场、增加盈利为目标的经营过程。

网络营销在国外有许多翻译,如 Cyber Marketing、Internet Marketing、Network Marketing、e-Marketing,等等。不同的单词词组有着不同的含义:

- Cyber Marketing 主要是指网络营销是在虚拟的计算机空间(Cyber,计算机虚拟空间)进行运作。
- Internet Marketing 是指利用互联网及相关技术,实现营销目标。
- Network Marketing 是在网络上开展的营销活动,同时这里的网络不仅仅是指 Internet,还可以是一些其他类型的网络,如增值网 VAN 等。
- e-Marketing 是通过电子交流技术的使用来实现市场营销的最终目标。含义范围涉及更广,触及到网络、互动数字电视和移动营销,同时也结合了技术方式,如数据库营销和 CRM 等来共同实现市场营销目标。因此,E-Marketing 同时包含了内在和外在的观点,即考虑如何利用信息交流技术提高内在和外在的市场营销的流程和交流途径。

开展网络营销必须时刻牢记三个重要理念:盈利(Profit)——企业存在的根本目的、客户(Customer)——企业利润的来源、创新(Innovation)——新时代获取竞争优势的来源。

3.1.1　网络营销的特点

因为互联网具有营销所要求的某些特性,使得网络营销呈现出以下一些突出特点。

1. 全球性

网络的连通性,决定了网络营销的跨国性;网络的开放性,决定了网络营销市场的全球性。在此以前,任何一种营销理念和营销方式,都是在一定的范围内去寻找目标客户。而网络营销,是在一种无国界的、开放的、全球的范围内去寻找目标客户。市场的广域性,文化的差异性,交易的安全性,价格的变动性,需求的民族性,信息价值跨区域的不同增值性及网上顾客的可选择性不仅都给网络经济理论和网络营销理论研究,提供了广阔的发展空间和无尽的研究课题,而且这种市场的全球性带来的是更大范围成交的可能性,更广域的价格和质量的可比性。而越是可比性强,市场竞争就越发激烈。

网络的全球互联共享性和开放性,决定了网络信息的无地域,无时间限制的全球传播性。由此也决定了网络营销效果的全球性。

2. 整合性

在互联网上开展营销活动,可以完成从商品信息的发布到交易操作的完成和售后服务的全过程,这是一种全程营销。另一方面,在网络营销的过程中,将对多种资源进行整合,将对多种营销手段和营销方法进行整合,将对有形资产和无形资产的交叉运作和交叉延伸进行整合。这种整合的复杂性、多样性、包容性、变动性和增值性具有丰富的理论内涵。

3. 经济性

网络营销使交易双方能够通过互联网进行信息交换,代替传统的面对面交易,可以减少印刷与邮递成本,进行无店面销售而免交租金,节约水电与人工等销售成本,同时也减少了由于多次交换带来的损耗,提高了交易效率。

资源的广域性,地域价格的差异性,交易双方的最短连接性,市场开拓费用的锐减性,无形资产在网络中的延伸增值性,以及所有这一切对网络营销经济性的关系和影响,都将极大地降低交易成本,给企业带来经济利益。

4. 交互性

企业通过互联网可以和客户进行双向互动式沟通:收集市场信息、向顾客展示商品目录、进行产品测试与消费者满意度调查等。论坛,blog,web2.0,网络营销客服软件的出现,网站在线提交表单、留言,QQ、MSN、EMAIL 的双向交流,使得顾客可以在产生某种产品需求欲望的时候就能够有针对性地及时了解产品和服务信息,由此商家能够快捷地了解消费者需求,通过提供良好在线客服增强客户信赖感,以提高成交率。

5. 个性化

在互联网上进行的营销活动具有一对一、非强迫性、消费者主导和循序渐进式的特点,这是一种低成本与个性化的促销方式,企业通过信息提供与交互式沟通,与消费者建立起一种长期的、相互信任的良好合作关系。互联网所具备的一对一营销能力,正迎合了定制营销与直复营销的未来趋势。

6. 技术性

建立在以网络与通信技术（ICT）作为支撑的互联网基础上的网络营销，使企业在实施网络营销时必须有一定的技术投入和技术支持，提升信息管理部门的功能。

3.1.2　网络营销的内容

网络营销涉及的范围较广，所包含的内容较丰富，主要表现在以下两个方面：

第一，网络营销要针对新兴的网上虚拟市场，及时了解和把握网上虚拟市场的消费者特征和消费者行为模式的变化，为企业在网上虚拟市场进行营销活动提供可靠的数据分析和营销依据。

第二，网络营销依托网络开展各种营销活动来实现企业目标，而网络的特点是信息交流自由、开放和平等，而且信息交流费用低廉，信息交流渠道既直接又高效，因此在网上开展营销活动，必须改变传统营销手段和方式。

主要在 Internet 上进行营销活动的网络营销，虽然基本的营销目的和营销工具与传统的营销是大体一致的，但在实施和操作的过程中与传统方式有着很大区别，具体来讲，网络营销包括下面一些主要内容。

1. 网络市场调研

主要利用 Internet 交互式的信息沟通渠道来实施调研活动。它包括直接在网上通过问卷进行调查，还可以通过网络来收集市场调查中需要的二手资料。利用网络调研工具，可以提高调查效率和加强调查效果。Internet 作为信息交流渠道，由于它的信息发布来源广泛、传播迅速，使它成为信息的海洋，因此在利用 Internet 进行市场调研时，重点是如何利用有效工具和手段实施调查和收集整理资料。获取信息不再是难事，关键是如何在信息海洋中获取想要的资料信息和分析出有用的信息。

2. 网络市场和网络消费者行为分析

网络市场是一个虚拟的网络消费市场概念，是基于利用现代化通信工具和电子计算机、多媒体、互联网等信息技术手段，在消费者与生产商之间、不同生产商之间和不同消费者之间形成的一个信息、商品、交流、服务交易平台。随着互联网络继续盛行，利用无时间限制、无区域界限的 Internet 来销售商品或提供服务，成为买卖渠道的新选择，网络市场成为 21 世纪最有发展潜力的新兴营销渠道。

网络市场是网络营销的主要个体消费者集合，也是推动网络营销发展的主要动力，它有着与传统市场群体截然不同的特性，它的现状决定了今后网络营销的发展趋势和道路。因此，要开展有效的网络营销活动就必须对网络消费者的群体特征、需求特征、购买动机、购买行为模式、购买决策过程等进行深入分析，以便采取相应对策。

3. 网络营销战略制定

网络营销战略是企业整体战略的重要部分，如何确定企业网络营销战略，对于企业在其战略体系中建立有利于企业及其产品的市场特色、限定竞争对手、满足顾客的偏好、提高企业竞争力具有重要意义。企业网络营销战略的重点体现在客户关系再造、定制化营销、建立网上营销伙伴。网络营销战略制定过程包括网络市场细分（Segmentation）、网络目标市场选择（Targeting）和目标市场定位（Positioning），因此也称为网络 STP 战略。

4. 网络客户体验设计

网络客户体验是指用户通过网络界面和企业交互过程中感知的方方面面,如用户访问一个网站或者使用一个产品时的全部体验;他们的印象和感觉,是否成功,是否享受,是否还想再来/使用;他们能够忍受的问题,疑惑和 BUG 的程度。

客户体验设计包括功能目标要素、个人感知要素、经历场景要素、刺激反应要素、感观要素、感性/理性要素、相关要素等七个原则。客户体验设计是一种"用户中心设计"(User-Centered Design)理念,以最终用户的需求为核心和出发点进行网站设计,以此提高客户满意度和忠诚度。

5. 网络营销站点(界面)设计

网站是网络营销企业和客户进行交互的界面,界面设计直接影响网络客户体验、用户的吸引率、保持率、转换率,以及用户的评价及反馈。网络营销站点设计包括站点规划、网站模式选择、内容设计、界面设计等方面。

6. 网络营销策略制定

网络营销策略是企业网络营销战略的具体实施和体现,具体包括以下内容。

1)产品和服务策略

网络作为有效的传播渠道,既可以成为有形产品的分销渠道,也可以成为无形产品(如数字产品和服务)的载体,改变了传统产品的营销策略。作为网上产品和服务营销,必须结合网络特点,重新考虑产品的设计、开发、包装和品牌等传统产品策略。

2)网络营销价格策略

网络作为信息交流和传播工具,从诞生开始实行的便是自由、平等和信息免费的策略。因此,在制定网上价格营销策略时,必须考虑到 Internet 的交互性和个性化对企业定价影响,特别是网络动态定价策略。

3)网络渠道策略

Internet 对企业营销渠道的影响,一方面体现在削弱了传统中间商的作用,另一方面,Internet 本身也是营销渠道。美国 Dell 公司借助 Internet 的直接特性建立的网上直销模式获得巨大成功,改变了传统渠道中的多层次的选择、管理与控制问题,最大限度地降低了营销渠道中的费用。企业无论是建立网络直销渠道还是把 Internet 作为传统渠道的辅助,都要考虑营销渠道的整合。

4)网络促销策略

Internet 作为一种双向互动沟通渠道,最大优势是可以实现沟通双方突破时空限制直接进行交流,而且简单、高效、费用低廉。因此,在网上开展促销活动是最有效的沟通渠道,但网上促销活动开展必须遵循网上信息交流与沟通规则,特别是遵守必要的网络礼仪。网络广告作为最重要的促销工具,主要依赖 Internet 第四媒体的功能,目前网络广告作为新兴的产业得到迅猛发展。网络广告作为在第四类媒体发布的广告,具有传统的报纸杂志、无线广播和电视等传统媒体发布广告无法比拟的优势,即网络广告具有交互性和直接性。

7. 网络营销管理与控制

网络营销作为在 Internet 上开展的营销活动,它必将面临许多传统营销活动无法碰到的新问题,如网上销售的产品质量保证问题,消费者隐私保护问题,以及信息安全与保护问题,等等。这些问题都是网络营销必须重视和进行有效控制的问题,否则网络营销效果可能适得其反,甚至会产生很大的负面效应。

3.1.3 网络营销与传统营销整合

称网络营销与传统营销的整合为整合营销(Integrated Marketing),就是利用整合营销的策略来实现以消费者为中心的传播统一性和双向沟通,用目标营销的方法来开展企业的营销活动。整合营销包括了传播统一性、双向沟通和目标营销三个方面的内容。

1. 传播的一致性

指企业以统一的传播资讯向消费者传达,即用一个声音来说话(Speak with One Voice)。

2. 双向沟通

与消费者的双向沟通,是指消费者可与公司展开富有意义的交流,可以迅速、准确、个性化地获得信息、反馈信息。

整合营销已从理论上离开了在传统营销理论中占中心地位的 4P's 理论,逐渐转向以 4C's 理论(见图 3-1、图 3-2)为基础和前提,其所主张的内在关系都是围绕消费者为中心展开的观点。

图 3-1 4P 向 4C 的转化

图 3-2 4C 理论示意图

先不急于制定产品策略(Product),而以研究消费者的需求和欲望(Consumer Wants and Needs)为中心,不再以企业意愿生产产品,而是生产销售消费者需要的产品。暂时把定价策略(Price)放到一边,而研究消费者为满足其需求所愿付出的成本(Cost)。忘掉渠道策略(Place),着重考虑给消费者提供方便(Convenience)以购买到商品。抛开促销策略(Promotion),着重于加强与消费者的沟通和交流(Communication)。

3.2 网络市场调研

市场调研是营销链中的重要环节,没有市场调研,就把握不了市场。网络调研就是利用因特网发掘和了解顾客需要、市场机会、竞争对手、行业潮流、分销渠道以及战略合作伙伴等方面的情况,以科学的方法,系统地、有目的地收集、整理、分析和研究所有与市场有关的信息,特别是有关消费者的需求、购买动机和购买行为等方面的信息,从而把握市场现状和发展态势,有针对性地制定营销策略,取得良好的营销效益。

3.2.1 网络市场调研的特点

网络市场调研可以充分利用互联网的开放性、自由性、平等性、广泛性、直接性、无时间和地域限制等特点,展开调查工作。网络市场调研具有以下特点。

1. 网络信息的及时性和共享性

网络的开放性和快速传播性,使得只要连接到网络上并愿意接受调研的网民都可以随时接触到不同形式的网络调查。同时,任何网民都可以参加投票和查看结果,这保证了网络信息的及时性和共享性。

2. 网络调研的便捷性与低费用

网上调查可节省传统调查中所耗费的大量人力、物力和时间。在网络上进行调研,只需要一台能上网的计算机即可。调查者只需在企业站点上大量发出电子调查问卷供网民自愿填写,然后通过统计分析软件对访问者反馈回来的信息进行整理和分析。在这种情况下,人工的所需部分就下降到相当低的程度,也避免通过人工所要遇到的不同方面的阻挠、不便、时间长、敷衍回答等问题。

3. 网络调研的交互性和充分性

网络的最大特点是交互性。在网上调查时,被调查对象可以在任何时间里完成不同形式的调研,也可以及时就问卷相关的问题提出自己更多的看法和建议,可减少因问卷设计的不合理而导致的调查结论偏差等问题。同时,被调查者还可以自由地在网上发表自己的看法,没有任何限制的问题。

4. 调研结果的可靠性和客观性

由于公司站点的访问者一般都对公司产品有一定的兴趣,所以这种基于顾客和潜在顾客的市场调研结果是比较客观和真实的,它在很大程度上反映了消费者的消费心态和市场发展的趋向。首先,被调查者是在完全自愿的原则下选择参与不同类型的调查,那么调查的针对性更强;其次,调查问卷的填写是自愿的,不是传统调查中的"强迫式",填写者一般都对调查内容有一定兴趣,回答问题相对认真些,所以问卷填写可靠性较高;最后,网上调查可以避免传统调查中人为错误(如访问员缺乏技巧,诱导回答问卷问题)所导致调查结论的偏差,被调查者是在完全独立思考的环境下接受调查,不会受到调查员及其他外在因素的误导和干预,能最大限度地保证调查结果的客观性。

5. 网络调研无时空、地域限制

网络市场调查可以 24×7 模式进行,这与受区域制约和时间制约的传统调研方式有很大的不同。

利用互联网这些特点进行市场调研的优势是非常明显的,不难发现这是一个快速省钱的方法。同时由于消费者的反馈信息相对真实,那么经过对这些信息的分析所得到的结果必然会更加精确,从而能够更大程度地帮助生产商或经销商发现商机、找准经营方向、做出正确决策等。

6. 网络调研可检验性和可控制性

利用 Internet 进行网上调查收集信息,可以有效地对采集信息的质量实施系统的检验和控制。这是因为:第一,网上调查问卷可以附加全面规范的指标解释,有利于消除因对指标理解不清或调查员解释口径不一而造成的调查偏差;第二,问卷的复核检验由计算机依据设定的检验条件和控制措施自动实施,可以有效地保证对调查问卷 100% 的复核检验,保证检验与控制的客观公正性;第三,通过对被调查者的身份验证技术可以较为有效地防止信息采集过程中的舞弊行为。

3.2.2 网络调研的步骤和方法

1. 明确调查主题与目的

进行网络市场调查,首先要明确调查的主题是什么?调查的目的是什么?谁有可能在网上查询你的产品或服务?什么样的客户最有可能购买你的产品或服务?在你这个行业,哪些企业已经上网?他们在干什么?客户对竞争者的印象如何?具体要调查哪些问题事先应考虑清楚,只有这样,才可能做到有的放矢,提高工作效率。

2. 确定市场调查的对象

网络市场调查的对象,主要分为:企业产品的消费者、企业的竞争者、企业合作者。

3. 制定调查计划

制定有效的调查计划,包括资料来源、调查方法、调查手段、抽样方案和联系方法五部分内容。

(1)资料来源,市场调查首先须确定是收集一手资料(原始资料)还是二手资料,或者两者都要。在因特网上,利用搜索引擎、网上营销和网上市场调查网站可以方便地收集到各种一手和二手资料。

(2)调查方法,网络市场调查可以使用的各种方法。

(3)调查手段,网络市场调查可以采取在线问卷和软件系统两种方式进行。在线问卷制作简单,分发迅速,回收也方便,但须遵循一定的原则。

(4)抽样方案,即要确定抽样单位、样本规模和抽样程序。抽样单位是确定抽样的目标总体;样本规模的大小涉及到调查结果的可靠性,样本须足够多,必须包括目标总体范围内所发现的各种类型样本；在抽样程序选择上，为了得到有代表性样本，应采用概率抽样的方法，这样可以计算出抽样误差的置信度，当概率抽样的成本过高或时间过长时，可以用非概率抽样方法替代。

（5）联系方法，指以何种方式接触调查的主体，网络市场调查采取网上交流的形式，如 E-mail 传输问卷、BBS 等。

4. 设计并投放调查表

5. 收集各种信息

利用互联网收集一手资料和二手资料，可同时在全国或全球进行，收集的方法也很简单，直接在网上点击、递交或下载即可。

6. 回收调查表

7. 分析收集到的所有信息

信息收集结束后，接下去的工作便是信息分析。信息分析的能力和手段相当重要，因为很多竞争者都可从一些知名的商业站点看到同样的信息。如何从收集到杂乱的数据中提炼出与调查目标密切相关的信息，并在此基础上对有价值的信息作出迅速反应，是把握商机、战胜竞争对手并取得经营成果的制胜法宝。

8. 提交报告

调研报告的填写是整个调研活动的最后阶段。报告不是数据和资料的简单堆砌，调查员不能把大量的数字和复杂的统计技术扔到管理人员面前，而应把与网络市场营销关键决策相关的主要调查分析结果写出来，并按调查报告正规格式书写。

3.2.3 网络直接调研

网络直接调研指的是特定目的在因特网上收集一手资料或原始信息的过程。直接调研的方法有四种：观察法、专题讨论法、问卷调查法、实验法，网上用的最多的是专题讨论法和在线问卷法。

1. 专题讨论法

专题讨论可通过 Usenet 新闻组（Newsgroup）、电子公告牌（BBS）或邮件列表（Mailing Lists）讨论组进行。第一步，确定要调查的目标市场；第二步，识别目标市场中要加以调查的讨论组；第三步，确定可以讨论或准备讨论的具体话题；第四步，登录相应的讨论组，通过过滤系统发现有用的信息，或创建新的话题，让大家讨论，从而获得有用的信息。

2. 在线问卷法

在线问卷法即请求浏览其网站的每个人参与它的各种调查。在线问卷法可以委托专业调查公司进行，具体做法是：

（1）向若干相关的讨论组邮去简略的问卷。

（2）在自己网站上放置简略的问卷。

（3）向讨论组送去相关信息，并把链接指向放在自己网站上的问卷。

3.2.4 网络市场间接调研

网络市场间接调研指的是网上二手资料的收集。因特网虽有着海量的二手资料，但要找到自己需要的信息,首先必须熟悉搜索引擎(Search Engine)的使用,其次要掌握专题性网络信息资源的分布。

在因特网上查找资料主要通过三种方法:利用搜索引擎、访问相关的网站,如各种专题性或综合性网站、利用相关的网上数据库。

1. 利用搜索引擎查找资料

搜索引擎是互联网上使用最普遍的网络信息检索工具,搜索引擎的种类包括:

(1)主题分类检索。主题分类检索即通过各搜索引擎的主题分类目录(Web Directory)查找信息。

(2)关键词检索。用户通过输入关键词来查找所需信息的方法,称关键词检索法。使用关键词法查找资料一般分三步。

① 明确检索目标,分析检索课题,确定几个能反映课题主题的核心词作为关键词,包括它的同义词、近义词、缩写或全称等。

② 采用一定的逻辑关系组配关键词,输入搜索引擎检索框,单击检索(或 Search)按钮,即可获得想要的结果。

③ 如果检索效果不理想,可调整检索策略,结果太多的,可进行适当的限制,结果太少的,可扩大检索的范围,取消某些限制,直到获得满意的结果。

2. 访问相关的网站收集资料

如果我们知道某一专题的信息主要集中在哪些网站,可直接访问这些网站,获得所需资料。与传统媒体的经济信息相比,网上市场行情一般数据全,实时性强。

3. 利用相关的网上数据库查找资料

在因特网上,除了借助搜索引擎和直接访问有关网站收集市场二手资料外,第三种方法就是利用相关的网上数据库(即 Web 版的数据库)。

(1)Dialog 系统 www.dialog.com。

(2)ORBIT 系统。

(3)ESA-IRS 系统。

(4)STN 系统 www.stn.com。

(5)FIZ Technik 系统。

(6)DATA-STAR 系统。

(7)DUN & BRADSTREET 系统。

(8)DJN/RS 系统。

3.2.5　网络调查问卷

网上调查是一个蓬勃发展的新行业,人们越来越认识到,在线调查是一个了解顾客的很好的渠道,但前提是必须设计一个好的调查问卷。只有设计正确的调查问卷,才能得到正确的反馈信息。设计高质量的在线调查表不是一件容易的事情,需要遵循一些基本但关键的步骤。

在线调查问卷制作步骤如表 3-1 所示。

表 3-1　在线调查问卷设计

事前准备	调查目的的确认与明确化	调查目的的确认 原有资料、信息的分析 设定假说 汇总、分析方法的确定
调查问卷的设计	决定调查项目和提问项目	决定调查项目 决定提问项目
	设定问题项目的制作	提问形式、回答形式的推敲 设定问题方案内容的推敲 措辞用字的检查 决定回答项目
	提问顺序的推敲	
	进行预备测试(模拟试验)	
事后的检查	调查问卷的完成	根据预备测试进行修正、印刷、校对,调查问卷的完成

1. 网上问卷设计一般程序

- 彻底了解调研课题主题。
- 决定问卷具体内容和需要什么数据资料。
- 逐一列出各种数据资料来源。
- 自己放在被调研者的地位。
- 按照逻辑思维,将提问次序排列。
- 决定提问方式。
- 写出问题,注意一个问题包含一项内容。
- 每个问题都要考虑怎样对调研结果进行恰当分类。
- 审查提出的各个问题,消除倾向性语言和其他疑点。
- 提问题的语气。
- 得到的数据资料是否有帮助,如何交叉分析。
- 以少数应答人为实例,对问卷进行小规模预演。
- 审查预演结果。

2. 网上调查问卷设计中应注意的问题

网络市场调查中邮发给调查对象的调查表,由问候语、问题项目单、回答栏、编码栏四个部分构成。问候语应向调查对象讲明调查的宗旨、目的和使用方法等内容,并请求当事人予以协助。

问题设计应力求简明扼要,可有可无的问题或者没有太多实际价值的资料无须出现在调查表中。一般所提问题不应超过 10 项。

所提问题不应有偏见或误导,避免使用晦涩、纯商业以及幽默等容易引起人们误解或有歧义的语言。同时,不要把两种及两种以上的问题放在一个问题中,例如,"您认为这个网站是否易于浏览且有吸引力?"这样的问题将使回答者在不完全肯定时无法选择。

不要诱导人们回答。不要采用让人们按照提问者一开始就定下的思路(方向)回答的方法。例如,当听到"这种酱油很润口吧"的提问时,回答者往往会带着润口的先入观而去尝尝,并回答说"是"。在此场合,不如问"这种酱油是润口还是很辛辣"为好。

问题应是能在记忆范围内回答的。当看到"您一年前购买的蛋黄酱(用蛋黄、橄榄油和柠檬汁等制成)是哪一家生产商的产品"的提问时,恐怕大多数人都不会记得。所以,必须尽力避免一般被认为超出回答者记忆范围的提问。

提问的意思和范围必须明确。当看到"最近您从这家电器商店购买了什么家电产品"的提问时,首先使回答者感到不明确的是"最近"是指什么时间段。在此场合,应明确时间段,如"三个月之内"等。

以过滤性的提问方法来展开问题。不要一开始就把问题搞得很细,而是层层细分、展开,进行提问,这样较好。例如,在有两个以上答案时,提问者总是向选择第一个答案的人一步步追问,层层细分。过滤性提问可以限定向有兴趣的人提问,同时也可以排除对此不关心的人,并可以分析各项提问之间的相关联系。

避免引起人们反感或很偏的问题。必须避免提引起人们反感的问题,也不要提很偏的问题,只有回答者能够予以冷静的判断和回答的问题,才能得到有效的调查结果。

调查表中的所有问题都应设计得能够得到精确答案。首先要明确通过调查要达到什么目的,所有问题要围绕主题。

问卷问题结构安排的一般原则:先易后难、先熟悉后陌生、先客观后主观。

问卷设计完成要做好测试,常用的测试方法是:焦点小组,一对一询问等。

问卷设计要注意提高用户参与度和完成率,可用技巧包括问卷长度合理、分块分阶段提问、善用奖励。

增强问卷互动效果,提高参与者兴趣,如可用小程序、即时显示、图表等方法。

3.2.6 网络市场调研实例——Yahoo 的用户分析调研

Yahoo 作为第一家网上搜索引擎 www.yahoo.com,是最大的一家涉及信息流量、广告、日常起居的大型公司,公司承担着向广告客户提供准确的信息流量的责任,但作为一家销售驱动的商业典范,公司的目标要向广告商提供更为精确的网上用户统计信息,以及为 Yahoo 的用户提供更为详细的个人信息。

Yahoo 的欧洲网站在 1997 年的第一季度便接待了 70 名广告商。Yahoo 又宣布 IBM 公司作为三大因特网广告商之一,已经选择 Yahoo 首创多语种因特网广告节目。Yahoo 在欧洲的主要广告商还包括英国航空公司、Opal 公司、Nescafe 公司、Peugeot 公司和 Karstadt 公司。

Yahoo 授权英国营销调研公司完成此项目,该公司提供抽样调研软件及服务设备。大陆研究和 Quantime 公司设计了一个两阶段调研计划。第一阶段,收集德国、法国及美国的 Yahoo 商业用户及一般用户访问 Yahoo 网站的数据,了解其上网动机及主要网上行为。这就要求 Yahoo 做到所有的调研及回答过程都必须使用被访者的本国语言。同时,还要求被访者提供其 E-mail 地址以备第二阶段调研的再次联系,在这一阶段中将进行深度调研。该阶段的主要问题就是吸引、督促被访者参与、完成调研,以确保收集到最佳信息。在第一阶段中,仅两周的时间便接到了 1 万份来自这三个国家的回答完整的结果,这意味着调研已经接触到目标群体。

第一阶段,收集数据。Yahoo 第一阶段的调研包括 10 个问题,涉及到被访者的媒体偏好、教育程度、年龄、消费模式,等等。设计 Yahoo 因特网使用软件的主要目的就是使其保持与 Quantime 公司已有 CATI 设备的一致性。因为使用的是同种语言,因此,因特网调研在逻辑上与 CATI 调研相似。复杂的循环及随机程序能保证所收集数据的稳定性。而且,前面问题的答案可供后面的问题使用,以使调研适合每一位被访者,并有效鼓励其合作。约有 10% 的被访者没有完成全部问卷。造成这种情况的原因可能有很多(厌烦、断线、失去耐心,等等),但由于这些费用几乎近于零,所以没有造成什么损失。在第二阶段中,对已留下 E-mail 地址的人进行深度调研时,可以在其上次中断的地方进行重新访问。这样做虽然使第二阶段的问卷相对长了些,但中途断线率降到 5%～6%。这在某种程度上得到了个人 E-mail 收发信箱的激励,并赢得了 1/5 的电子组织者的支持。

在有关因特网使用情况的其他研究中,80% 的被访者为男性,60% 为受雇者,35% 的受访者年龄在 25～35 岁之间。这项调查还揭示了一个奇怪的现象,虽然占一半的因特网使用者使用目的为公事、私事兼而有之,但使用者主要还是用于商业。而在其余的使用者中,利用其进行休闲娱乐及其他私人活动的人数约为其他类型使用者的 2 倍。

第二阶段,深度调研。第一阶段所调查的是激活调研窗口并完成基本调研的网上使用者,而第二阶段则对那些在第一阶段中留下了 E-mail 地址并同意继续接受访谈的人进行。这些被访者将收到一份 E-mail 通知,告之他们调研的网址。第二阶段的询问调研要较第一阶段长,它会涉及到一系列有关生活方式的深度研究问题。由于调研公司已经认识了这些被访者,因此公司要求受访者进行登记,这样做能够准确地计算回答率。如果需要的话,公司还将寄出提醒卡,以确保每位参访者只进行一次回答。实际上,在发出 E-mail 通知后的一周内,调研者便收到了预期的样本数目,根本无须提醒。

3.3　网络营销促销

3.3.1　网络促销的特点

网络促销是指利用现代化的网络技术向虚拟市场传递有关产品和服务的信息,以启发需求,引起消费者购买欲望和购买行为的各种活动。它突出地表现为以下三个明显的特点:

(1)网络促销是通过网络技术传递产品和服务的存在、性能、功效及特征等信息的。它是建立在现代计算机与通信技术基础之上的,并且随着计算机和网络技术的不断改进而改进。

(2)网络促销是在虚拟市场上进行的。这个虚拟市场就是互联网。互联网是一个媒体,是一个连接世界各国的大网络,它在虚拟的网络社会中聚集了广泛的人,融合了多种文化。

(3)互联网虚拟市场的出现,将所有的企业,不论是大企业还是中小企业,都推向了一个世界统一的市场。传统的区域性市场的小圈子正在被一步步打破。

3.3.2　网络促销与传统促销的区别

虽然传统的促销和网络促销都是让消费者认识产品,引导消费者的注意和兴趣,激发他们的购买欲望,并最终实现购买行为,但由于互联网强大的通信能力和覆盖面积,网络促销在时间和空间观念上,在信息传播模式上以及在顾客参与程度上都比传统的促销活动发生了较大的变化。

1. 时空观念的变化

以产品流通为例,传统的产品销售和消费者群体都有一个地理半径的限制,网络营销大大地突破了这个原有的半径,使之成为全球范围的竞争;传统的产品订货都有一个时间的限制,而在网络上,订货和购买可能在任何时间进行。这就是现代最新的电子时空观(Cyber Space)。时间和空间观念的变化要求网络营销者随之调整自己的促销策略和具体实施方案。

2. 信息沟通方式的变化

多媒体信息处理技术提供了近似于现实交易过程中的产品表现形式;双向的、快捷的、互不见面的信息传播模式,将买卖双方的意愿表达得淋漓尽致,也留给对方充分思考的时间。在这种环境下,传统的促销方法显得软弱无力。

3. 消费群体和消费行为的变化

在网络环境下,消费者的概念和客户的消费行为都发生了很大的变化。上网购物者是一个特殊的消费群体,具有不同于消费大众的消费需求。这些消费者直接参与生产和商业流通的循环,他们普遍大范围地选择和理性地购买。这些变化对传统的促销理论和模式产生了重要的影响。

4. 对网络促销的新理解

网络促销虽然与传统促销在促销观念和手段上有较大差别,但由于它们推销产品的目的是相同的,因此,整个促销过程的设计具有很多相似之处。所以,对于网络促销的理解,一方面应当站在全新的角度去认识这一新型的促销方式,理解这种依赖现代网络技术、与顾客不见面、完全通过电子邮件交流思想和意愿的产品推销形式;另一方面则应当通过与传统促销的比较去体会两者之间的差别,吸收传统促销方式的整体设计思想和行之有效的促销技巧,打开网络促销的新局面。

3.3.3 网络促销的形式

传统营销的促销形式主要有四种:广告、销售促进、宣传推广和人员推销。网络营销是在网上市场开展的促销活动,相应形式也有四种,分别是:网络广告、销售促进、站点推广和关系营销。其中网络广告和站点促销是网络营销促销的主要形式。

网络广告类型很多,根据形式不同可以分为旗帜广告、电子邮件广告、电子杂志广告、新闻组广告、公告栏广告等。网络营销站点推广就是利用网络营销策略扩大站点的知名度,吸引网上流量访问网站,起到宣传和推广企业以及企业产品的效果。站点推广主要有两类方法,一类是通过改进网站内容和服务,吸引用户访问,起到推广效果;另一类通过网络广告宣传推广站点。前一类方法,费用较低,而且容易稳定顾客访问,但推广速度比较慢;后一类方法,可以在短时间内扩大站点知名度,但费用不菲。网络销售促进就是企业利用可以直接销售的网络营销站点,采用一些销售促进方法如价格折扣、有奖销售、拍卖销售等方式,宣传和推广产品。关系营销是通过借助互联网的交互功能吸引用户与企业保持密切关系,培养顾客忠诚度,提高顾客的收益率。

3.3.4 网络促销的作用

网络促销的作用主要表现在以下几个方面。

（1）告知功能。网络促销能够把企业的产品、服务、价格等信息传递给目标公众，引起他们的注意。

（2）说服功能。网络促销的目的在于通过各种有效的方式，解除目标公众对产品或服务的疑虑，说服目标公众坚定购买的决心。例如，在同类产品中，许多产品往往只有细致的差别，用户难以察觉。企业通过网络促销活动，宣传自己产品的特点，使用户认识到本企业的产品可能给他们带来的特殊效用和利益，进而乐于购买本企业的产品。

（3）反馈功能。网络促销能够通过电子邮件及时地收集和汇总顾客的需求和意见，迅速反馈给企业管理层。由于网络促销所获得的信息基本上都是文字资料，信息准确，可靠性强，对企业经营决策具有较大的参考价值。

（4）创造需求。运作良好的网络促销活动，不仅可以诱导需求，而且可以创造需求，发掘潜在的顾客，扩大销售量。

（5）稳定销售。由于某种原因，一个企业的产品销售量可能时高时低，波动很大。这是产品市场地位不稳的反映。企业通过适当的网络促销活动，树立良好的产品形象和企业形象，往往有可能改变用户对本企业产品的认识，使更多的用户形成对本企业产品的偏爱，以达到稳定销售的目的。

3.3.5 网络广告

互联网作为继报刊、广播、电视之后的"第四媒体"，由于其独特的交互性和个性化特征，在营销传播方面表现出其他媒体无法比拟的优势和潜力，催生出一种新型的网络营销传播方式——网络广告。

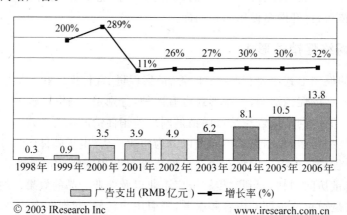

图 3-3　中国网络广告规模

网络广告的出现使得网络服务商看到了商机，网络广告正以迅雷不及掩耳之势，渗透到现代生活的各个方面，展示出魅力无穷的网上商机，成为广告界的热点和网络上的焦点。

1. 网络广告的特点

网络广告凭借其互联网具有的不同于传统媒体的交互性、多媒体和高效等独有特性，具有传统媒体广告所无法比拟的优势，主要体现在以下几个方面。

1）网络广告具有可定向性和交互性

这是网络广告最重要的特点和优点。与网络广告不同，传统广告（报纸、杂志、电视、广播、户外广告等）都具有强迫性，为了吸引受众的视觉和听觉，它们总是千方百计地排除其他信息的干扰，从而将有关信息强行灌输到受众大脑中，以便最终在受众头脑中形成一个较为深刻与良好的形象，并最终促成购买。在传统广告的信息沟通过程中，传统媒体广告的信息传递是单向的，商家通过 Push（推）的方式把广告内容"推送"给用户，广告受众始终处于一种被动的地位，有时没有购买欲望却只能被动接受广告信息，有时有更多的信息要求，但却不能与企业进一步交流。

网络广告则是一种真正意义上的双向信息交流，而且顾客在这个信息交流过程中占主导地位，这就是网络广告的交互性。网络用户对某一商品产生兴趣时，可以通过点击网络广告，进一步详细了解产品信息，甚至可以直接与商家进行互动交流，是一对一的直接沟通，而商家也可以随时得到宝贵的用户反馈信息。网络广告是一种交互式的与受众进行双向沟通的"活"广告，受众可以对感兴趣的广告通过 Internet 深入了解更多信息。网络广告主要通过 Pull（拉）的方式吸引受众注意，受众可自由选择、自由查询，避免了传统 Push（推）式广告中受众注意力集中的无效性和被动性。

网络实际是由一个一个的团体组成的，这些组织成员往往具有共同爱好和兴趣，无形中形成了市场细分的目标客户群。网络广告的受众多为主动的信息寻找者，看广告的人多为对这类产品有购买欲望的潜在消费者，因而网络广告具有较强的定向性，网络广告的投放可有的放矢，并可以为不同受众推出不同的广告内容。尤其是对电子商务站点，用户大都是企业界人士，网上广告就更具针对性了。网络广告的准确性包括两个方面：一是广告主投放广告的目标市场的准确性，广告主可以将特定的商品广告投放到有相应消费者的站点。而信息受众也会因广告信息与自己专业相关而更加关注。另一方面体现在广告受众的准确性上。网络客户浏览站点时，可根据自己的需要、特点、喜好，选择是否接收，接收哪些广告信息。往往消费者都会选择真正感兴趣的广告，一旦产生点击，其心理上已经首先认同，在随后的双向交流中，广告信息可以更有效地进入到消费者心中，实现对消费者的诱导。

网络广告的定向性和交互性提高了网络广告的效率，这是因为一方面网络广告的定向性使得网络广告在到达目标客户方面的能力优于传统广告，通过网络广告，广告主不仅能够提高对目标客户的选择能力，而且可以促进企业由大众沟通模式向个体沟通模式转变；另一方面，网络广告的交互性不但吸引了大量客户，也提高了客户对信息的了解程度和广告的说服力。

2）信息量大

传统广告可发布的信息量十分有限，极其有限的时间（电视、广播）和空间（报纸、杂志与路牌）使得广告主根本无法充分展示他们的商品，不得不绞尽脑汁挖掘商品卖点，以期能通过简短的广告信息把准确的核心信息传递给用户，以吸引用户购买。

从理论上讲,网络广告可发布的信息量是无限的。网络广告的载体基本上是多媒体、超文本文件。通过链接,网络广告的信息量得到极大扩展。网络广告的这种特性使得它的内容可以极为翔实,通过超级链接,一则广告可以包括有关企业的各项信息,如企业概况、产品介绍、新产品信息、企业各项促销和公关活动等内容。

3）灵活便捷性

传统媒体广告从策划、制作到发布需要经过很多环节的配合,制作成本高,投放周期固定,一旦发布后信息内容就很难改变,如果必须改动,往往要付出很大代价,因而难以实现广告信息的及时更改。

而网络广告在这方面则具有很大优势,而网络广告制作周期短,网络编程技术的发展,也使得广告设计人员能够按照需要及时方便地变更广告内容。其次,网络广告的信息可快捷地反馈,受众可以直接与商家进行沟通,商家可以从广告的统计情况及时了解网络广告的效果。网络广告的这种优势,使得企业可以根据自己营销策略的改变及时地对网络广告进行调整。

4）成本低

作为新兴媒体,网络媒体的成本远低于传统媒体,网络广告由于有自动化的软件工具进行创作和管理,能以低廉的成本根据需要设计、制作、变更广告内容。根据有关机构统计,网络广告的平均成本仅为传统广告的 3%。低廉的广告费用,使得很多资金短缺、没有能力进行大规模传统广告投放的企业,能够通过互联网宣传自己的企业与产品。若能直接利用网络广告进行产品销售,则可节省更多的销售成本。

5）形式丰富,感观性强

网络是伴随着新科技发展起来的。随着网络编程技术和多媒体技术的不断发展,网络广告的形式也不断翻新,越来越丰富多彩。网络广告以多媒体或超文本格式文件为基本载体,集成动态影像、文字、声音、图像、表格、动画、三维空间、虚拟现实等各种表现形式,传送多感观信息,可以让顾客身临其境般地亲身体验感受到广告所表现的商品或服务的特征。与传统媒体相比,网络广告在传播信息时,可以在视觉、听觉甚至触觉方面给消费者以全面的震撼。例如,一名客户可以在网上从不同角度来观察产品,甚至可以查看商品的内部结构;很多网络广告拥有和电视广告一样的立体效果,既有音响音效,又有可视动态图像。而传统广告由于受技术、媒体的时间和版面限制,其内容形式比较单一;网络广告则基本不受这样的限制,可以将广告做得十分详尽,以满足想进一步详细了解情况的用户的需要。广告创作人员可以根据广告创意需要进行任意的组合创作,从而有助于最大限度地调动各种艺术表现手段,制作出形式多样、生动活泼,能够激发消费者购买欲望的广告。网络广告灵活多样的形式,大大提升了它的吸引力与说服力。

6）传播范围广

电视、广播、报纸、杂志、灯箱路牌等传统媒体,往往会受到地域限制,如,如果在北京有线电视台投放广告,则只有在北京的用户可以看到,这种状况使得广告主选择传统媒体时传播范围受到较大限制。

与通过传统媒体发布广告相比,网络广告的传播范围极其广泛,不受时间和空间的限制。通过 Internet 可以把广告传播到 Internet 网络所覆盖的 150 多个国家的 1.3 亿多用户中,突破了传统广告只能局限于一个地区、一个时间段的弊端。通过国际互联网络,网络广告可以将广告信息 24 小时不间断地传播到世界各地。受众无论在世界任何一个角落,只要具备上网条件,都可以在任意时间随意浏览广告。如一名身处美国的用户可以轻松地通过 Internet 浏览到一家中国企业为其产品所做的网络广告。网络在覆盖传播范围上的优势是传统媒体所无法比拟的。

7）受众数量可准确统计

一般而言,利用传统媒体作为载体来做广告,很难准确统计究竟有多少人接受到了该广告的信息,广告的效果评价与控制反馈比较困难。以报纸为例,虽然报纸的读者数量可知,但到底有多少读者阅读过刊登在报纸上的广告,却只能通过估计推测出来,想要精确地加以统计可能性很小。而电视、广播、路牌等媒体广告的受众人数,就更加难以估计。传统广告的这种状况使得广告主很难准确地对自己所选择的媒体的优劣进行准确的评估,造成了大量广告费用使用效率低下的不良局面。

网络广告在统计受众数量方面具有优势。通过 Internet 发布网络广告,通过权威公正的访客流量统计系统能容易地、及时地监视广告的浏览量、点击率等指标,广告主可以统计出多少人看到了广告,其中有多少人对广告感兴趣,进而进一步了解了广告的详细信息,及时了解用户和潜在用户的情况,并且还可以得到有关这些用户所在地区分布和浏览点击广告的时间分布。这些精确数据对广告主正确评估广告效果大有帮助,广告主能够更好地跟踪广告受众的反应,实时评估广告的投放效果,并由此调整广告的设计、投放策略及目标受众,避免了传统广告的难以统计和监控性。

8）计价方法更为科学

传统广告的计价标准一般是根据广告发布的版面、篇幅、时间段、时间长度、次数等因素来确定,但是这种计价方法往往与广告的实际效果脱节,对广告主来说并不十分合理,而网络广告的计价是依据广告被浏览或点击的次数来进行的(请参见后面内容),因而对广告主来说更加合理。

表 3-2 不同媒体发布广告比较

	纸 介 媒 体	电 视	互联网网站
时间	制作周期长,播报时间限制大	制作周期长,播报时间限制大	制作周期短,24 小时无间断接纳读者,突破时间限制
空间	版面限制大	画面限制大	突破空间限制,自由度大
反馈效果	及时反应能力弱	及时反应能力弱	交互式服务,反馈手段便利、及时,可提供细致的追踪报告
检索能力	差	无	独特的检索手段,保证资源多次利用
宣传形式	文字、画面	画面、声音	多媒体技术,文字、画面、声音相结合,实现动态、有趣的宣传
读者群素质	一般	泛而杂	大专以上学历近 80%
读者投入度	一般	一般	高度集中
可统计性	不强	不强	强,统计结果及时、准确
价格	中	高	低

2. 网络广告的类型

提起网络广告,大家往往会想到网页上的各种图片动画广告和弹出窗口,其实这些只是网络广告中的一部分,网络广告形式丰富多彩。广义上讲,网络广告是在互联网上发布的所有以广告宣传为目的的信息,如基于网页显示的各种图片和多媒体格式的广告、电子邮件广告、搜索引擎关键词广告,等等。为了对网络广告进行深入研究,需要对网络广告进行分类,存在多种分类方法。例如,根据网络广告面向的目标受众的性质,可分为面向大众的网络广告(如企业站点、横幅广告等),和面向个人的网络广告(如许可 E-mail、互动电视等)。最为常见的是根据网络广告的表现形式进行分类,但鉴于不同的网络广告形式之间在表达手段、显示模式等方面存在一定的交叉性,因此目前并没有非常统一的分类方法,对网络广告的形式划分存在一定的混乱现象。这里,结合美国网络广告署(Internet Advertising Bureau,IAB)发布的数据,介绍几种主要的网络广告形式。

1) 企业站点/主页(Websites,Homepage)

企业主页是网络广告的最基本形式,同时企业主页也是其他形式网络广告的基础。许多 Web 站点的存在就是为了广告和促销自己的公司或产品,这些称为宣传站点(brochure sites),如同宣传册子。

企业站点的优势是营销人员控制着公司或产品向客户传播或差异化的方式。虽然其影响范围可能很大,但公司需要依赖于其他广告形式将客户带到自己的站点。

2) 按钮广告

按钮广告是网络广告最早的形式。早期的按钮广告通常是一个链接着公司主页的公司标志(Logo),并注明"Click me"字样,希望网络浏览者主动来点选;现在的按钮广告表现手法更为多样(见图 3-4)。最常用的按钮广告尺寸有 4 种:125×125(方形按钮),120×90,120×60,88×31(像素)。

按钮广告的不足在于其被动性和有限性,它要求浏览者主动点选,才能了解到有关企业或产品更为详尽的信息。由于尺寸偏小,其表现手法相对较简单。

3) 横幅广告(Banner)

横幅广告,又称旗帜广告,是最重要的一种网络广告形式,主要是指广告主在浏览量较大的站点上发布广告,它是将传统的离线广告技术转移到网络上的一个范例,其本质是电子广告牌(见图 3-4)。横幅广告允许广告主用极简练的语言、图片、动画介绍企业产品或宣传企业形象,一般来讲,这种广告都有超级链接,浏览者通过点击横幅广告可以进入广告主的主页。大多数广告主通常都想通过横幅广告,以众多的网络信息干扰吸引浏览者注意力,使其在短时间内对广告所宣传的产品或事件产生兴趣。横幅广告作为到广告主自己站点的入口,具有很强的广告优势。

最常见的横幅广告尺寸是 468×60 和 468×80(像素);目前还有 728×90(像素)大尺寸型,可参考交互式广告局站点(Interactive Advertising Bureau,www.iab.net)对其标准及格式的定义。横幅广告表现形式以往多以 jpg 或者 gif 格式为主,随着网络的发展,swf格式也比较常见。横幅广告的定价方法有多种,常用的包括 CPM、点击率、固定费用等。尽管对横幅广告效果存在争议,它仍然是最常见的在线广告类型,而且被证明在提升品牌识别方面十分有效。

文字链接广告

横幅广告

浮动广告

按钮广告

按钮广告

图 3-4　几种不同的网络广告形式

　　网络服务商在继续对横幅广告进行改进，一个趋势是使用更大的横幅，如通栏广告和垂直的摩天大楼式广告。通栏广告实际是横幅广告的一种升级，比横幅广告更长，面积更大，更具有表现力，更吸引人，常见的通栏广告尺寸 590×105，590×80（像素）等。横幅广告的另一趋势是允许在横幅广告框里和客户交互而不离开原来的站点。

　　4）插播式广告（Interstitials）

　　插播式广告是在两个网页出现的空间中插播的网络广告总称，就像电视节目中两集影视剧中间的广告一样。插播式广告页面被传递给访问者，但实际上并没有被访问者明确请求过。插播式广告有不同的出现形式，有的出现在浏览器主窗口播放，有的新开一个小窗口，有的利用流媒体和富媒体，也有一些是尺寸比较小、可以快速下载的内容。从广义上讲，插播式广告家族包括弹出式广告（Pop-up windows）、弹入式广告（Pop-under windows）、过渡式插入广告（Inline Interstitials）和智能插播式广告（Superstiitials）。

　　弹出式广告（Pop-up windows）是最常见的类型（见图 3-5），是在新页面下载时弹出的一个小的浏览窗口广告。与其他类型插播式广告相比，它们尺寸趋于更小且表现手法没有那么丰富，但是它们易于选择目标而且没有同类的干扰性强。弹入式广告（Pop-under windows）与此类似，只是弹出窗口隐藏在打开的新页面之下，直到最顶上窗口被关闭、移走或尺寸调整，才能被注意到。

　　过渡式插入广告（Inline Interstitials）是在两个网页间隙中出现在浏览器主窗口中的一种插播式广告：当用户点击网页上的链接，首先出现的是一个广告页面，而不是他所请求的那个页面，在一定的时间后（通常为 5～10 秒），用户请求的页面才会出现（也有一些广告允许用户在广告页面显示的过程中继续点击自己期望的页面，加速广告结束）。在这个广告页面上，将会出现广告主的有关信息，如果广告内容有足够的吸引力，很有可能将

图 3-5 弹出式广告

用户引到网站上去，从而达到广告的预期目的。

智能插播式广告(Superstitial)在 Inline Interstitials 基础上发展起来的，可以在一定程度上减少对用户带来的不便和反感情绪，因为采用了"智能下载"技术，只有在用户的带宽许可的情况下，才将广告置入浏览器的缓存中，当用户对一个新页面发出请求时，从缓存中调出该广告页面，因此可以节约用户的下载时间。也正是因为这种独特的功能，Superstitials 可以显示比较大的广告，最大规格可以达到 550×480 像素，字节数可以达到 100K，广告的播放时间较长，可以达到 20 秒。由于种种优点，这种类型的广告效果在各种插播式广告中应该是最明显的。

尽管插播式广告被抱怨干扰用户访问目标且页面下载速度变慢，但这种形式还是十分受广告主欢迎，因为它们在品牌回忆方面表现出色而且比横幅广告有更高的点击率。

5) 分类广告(Classifieds & listings)

分类广告类似于报纸、杂志中的分类广告，是一种专门提供广告信息服务的站点，在站点中提供按照产品、企业、行业等方法进行分类检索的深度广告信息。分类广告之所以受到欢迎，就在于其形式简单、费用低廉、发布快捷、信息集中等优点，而且查看分类广告的人一般对信息有一定的主动需求，这也是分类广告的价值所在。这种广告形式对于那些想详细了解广告信息的访问者提供了一种快捷有效的途径。由于在线分类广告的影响范围广，它拉走了报纸分类广告中收入的很大一部分。

分类广告常见的发布途径包括：专业的分类广告服务网站(见图 3-6)、综合性网站开设的相关频道和栏目、网上企业黄页、部分行业网站和 B2B 网站的信息发布区、网上跳蚤市场、部分网络社区的广告发布区等。一般来说，专业性的分类网站通常功能比较完善，分类也比较全面，用户很容易在适合自己的类别发布广告，同样，用户查找信息也比较方便，从而保证了分类广告信息的效果。综合性网站的分类广告栏目可以从众多的网站访问者中吸引一部分人的注意,行业网站和 B2B 综合网站则容易直接引起买卖双方的关注,广告效果甚至略胜一筹。

craigslist	us cities	united states		canada	asia	europe	int'l cities
help pages	atlanta	alabama	missouri	alberta	bangladesh	austria	amsterdam
login	austin	alaska	montana	brit columbia	china	belgium	athens
	boston	arizona	nebraska	manitoba	india	czech repub	bangalore
factsheet	chicago	arkansas	nevada	n brunswick	indonesia	denmark	bangkok
avoid scams	dallas	california	n hampshire	newf & lab	israel	finland	beijing
	denver	colorado	new jersey	nova scotia	japan	france	barcelona
your safety	detroit	connecticut	new mexico	ontario	korea	germany	berlin
best-ofs	honolulu	delaware	new york	pei	lebanon	great britain	buenos aires
	houston	dc	n carolina	quebec	malaysia	greece	delhi
job boards	las vegas	florida	north dakota	saskatchwn	pakistan	hungary	dublin
	los angeles	georgia	ohio	**ca cities**	philippines	ireland	hong kong
movie	miami	guam	oklahoma	calgary	singapore	italy	london
	minneapolis	hawaii	oregon	edmonton	taiwan	netherlands	madrid
t-shirts	new york	idaho	pennsylvania	halifax	thailand	norway	manila
foundation	orange co	illinois	puerto rico	ottawa	UAE	poland	mexico
	philadelphia	indiana	rhode island	quebec	vietnam	portugal	moscow
net neutrality	phoenix	iowa	s carolina	toronto		russia	paris
system status	portland	kansas	south dakota	vancouver	**americas**	spain	rio de janeiro
terms of use	raleigh	kentucky	tennessee	victoria	argentina	sweden	rome
	sacramento	louisiana	texas	winnipeg	brazil	switzerland	seoul
privacy	san diego	maine	utah	more ..	caribbean	turkey	shanghai
	seattle	maryland	vermont		chile	UK	singapore
about us	sf bayarea	mass	virginia	**au/nz**	colombia	**africa**	sydney
	st louis	michigan	washington	australia	costa rica	egypt	tel aviv
	wash dc	minnesota	west virginia	micronesia	mexico	south africa	tokyo
© 1995-2007 craigslist, inc	more ..	mississippi	wisconsin	new zealand	panama		zurich
			wyoming		peru		
					venezuela		

图 3-6 网络分类广告站点 Craigslist

如图 3-6 所示为独占美国网络分类广告鳌头的著名网络分类广告站点 Craigslist 首页。世界权威的流量统计站点 Alexa 上显示,Craigslist 2006 年的网站流量是 2005 年的 5 倍。同时它已经扩展到约 200 个城市。根据 Alexa 排名,Craigslist 是全美第 7,全球第 25 的网站,每月有一千万独立访问和 30 亿页面浏览。而且 Craigslist 是最早的通过口碑营销成功进行推广的网站之一。

6) 电子邮件广告(E-mail)

电子邮件广告就是企业以电子邮件形式将广告直接发送给网民,通常采用邮件列表和群发技术。这种网络广告最大的问题就是广告会被网民当作垃圾邮件(spam)直接删除,使用户产生反感。许可营销(Permission Marketing)可以有效避免这一问题——在发送邮件前得到用户许可,并允许用户在邮件中选择"退订"取消接收电子邮件广告,使得营销关系更加个性化。

电子邮件广告对吸引新客户不是十分有效,但被视作保留客户并提高销售额的最有效的工具。约 75% 的网络营销人员和广告服务商认为"E-mail 是目前响应率最高的营销形式"。企业将 E-mail 看作与客户建立忠诚关系的关键,以便提高其转移成本。

7）关键词广告（Key Words Ads）

关键词广告不同于基于网页发布的网络广告或者电子邮件广告，其所依附的载体是搜索引擎的检索结果，虽然关键词广告也显示在网页上，但这个网页的内容和上面的关键词广告都不是固定的，只有当用户使用某个关键词检索时才会出现，这就决定了关键词广告具有一定的特殊性。详细内容在第二章搜索引擎和关键词营销中已做介绍，这里不再深入介绍。

关键词广告之所以从 2001 年之后开始高速发展，增长速度远远高于网络广告的其他形式和整体发展水平，与整个网络领域的发展状况是相一致的，这反映了以下几个方面的问题：

（1）在经历了互联网泡沫破裂期间对网络营销的怀疑之后，企业开始重新认识网络营销的价值，以网站推广为基础的网络营销日益受到企业重视，而传统的基于免费搜索引擎登录的推广手段已经无法满足企业的要求，因而需要更有效的推广方法，借助于企业对于搜索引擎营销已经形成的认识，适时地推出这种关键词广告，成为企业开展网络营销的一个契机。

（2）关键词广告是利用搜索引擎进行网站和产品推广的一种手段，之所以备受欢迎，表明企业对网络营销的期望不仅仅限于品牌形象方面，更希望能切实地为销售提供帮助。

（3）传统的 Banner 广告在推广效果、价格、广告投放便利性等方面难以满足企业的需求，因而并没有成为广大中小企业常用的网络营销手段，这也为关键词广告创造了市场机遇，关键词广告仍将保持高速发展势头。

目前，最有影响力的付费关键词广告是 google 的关键词广告 Google AdWords，如图 3-7 所示 Google Adwords 首页页面。

8）文字链接广告（Text Link）

文字链接广告采用文字标识的方式，点击后可链接到相关网页，也称链接广告（见图 3-4）。该方式点中率高，价格低，效果好，通常用于分类栏目中。链接广告往往在热门站点的 Web 页上放置，可以直接访问其他站点的链接，通过热门站点的访问，吸引一部分流量到链接的站点。

9）浮动广告（Floating Icon）

浮动广告是一种在网页中浮动出现的小型图片广告（见图 3-4），随着网页滚动条的移动而移动，或随机在网页中上下左右浮动。浮动广告目前在许多网站的主页上很流行，这种广告形式被浏览者点击的可能性增加，但广告图片遮挡住网页的一少部分内容，给浏览者带来不便。

10）赞助式广告（Sponsorship）

据网络广告署（Internet Advertising Bureau，IAB）统计，Web 站点赞助式广告占整个在线广告市场的 25%。确切地说，赞助式广告是一种广告投放传播的方式，而不仅仅是一种网络广告的形式。赞助式广告一般是以横幅或链接形式显示，通常在 Web 页面顶端或底端，可能是通栏广告、弹出式广告等形式中的一种，也可能是包含多种广告形式的打包计划，甚至以冠名等方式出现的广告形式。常见的赞助式广告包括内容赞助式广告，

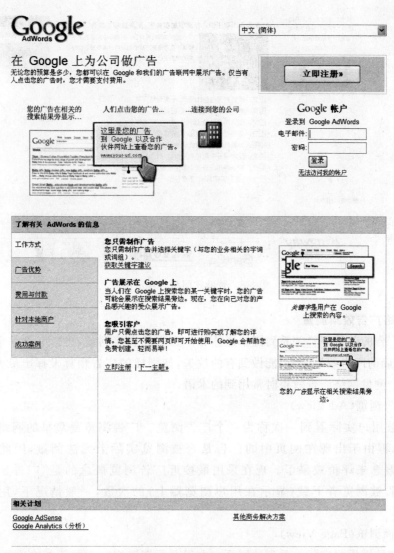

图 3-7　Google Adwords 页面

节目/栏目赞助式广告,事件赞助式广告,节日赞助式广告等。

如图 3-8 所示为 2008 中超联赛官方网站上,金威啤酒的广告图标以赞助式广告形式出现。

11) 其他新型网络广告形式

除了以上几种主要的网络广告形式,实践中还有很多灵活的形式,随着网络的发展和用户需求的不断变化增加,很多新的网络广告形式不断出现,如互动游戏式广告、声音广告、画中画广告、擎天柱广告、全屏广告等,这些网络广告大多是一些主要网络广告形式的改进或延伸,更加充分有效传递企业和产品信息,提高点击率,促进企业形象和产品推广。

赞助式
广告

图 3-8　赞助式网络广告示例

3．网络广告效果测量

网络广告的效果评价关系到网络媒体和广告主的直接利益,也影响到整个行业的正常发展,准确的广告效果测量,能做到有的放矢,使同样的广告预算发挥出最大威力。以下介绍几个测量网络广告效果时常用到的术语。

1)广告浏览(Ad View)

广告被用户实际看到一次称为一个广告浏览。广告浏览是最早的网络广告定价基础之一,但由于出现在网页中的广告是否被浏览实际上无法测量,因此现在已经不用这一概念来评价效果了。现在采用最接近广告浏览概念的是"广告显示",指的是网络广告被浏览者下载(显示在用户浏览器上)的次数,一般情况下,用浏览时间来衡量。

2)页面浏览(Page View)

页面浏览即用户实际上看到的网页。由于页面浏览实际上并不能准确测量,因此现在采用的最接近页面浏览的概念是"页面显示"。

3)广告点击(Ad Click)

广告点击是用户对广告的反应形式之一,指的是在某一网络广告上用户点击次数的合计。通过广告点击引起当前浏览内容重新定向到另一个网站或者同一网站的其他网页。

4)点击率(Click-through Rate)

网络广告被点击的次数与被下载的次数之比(广告点击/广告浏览量),也称作广告点击率(Ad Click rate)。

5)点击(Hit)

记录从某一个网页提取信息点的数量。在网页上,每一个图标、超级链接点都可以产生 Hit,因而一篇网页的一次浏览,会由于该页面所含图标数量,以及浏览器设置的不同,可以产生不同次数的 Hit。因此,用一定时间内产生的 Hit 数量来比较不同网站的访问量是不准确的。

6)印象(Impression)

印象也称为广告收视次数,是指含有广告的页面被显示的次数,同"页面显示"。通常,一个浏览者有可能创造十几个甚至更多的 Impression。

7)访问(Visit)

浏览者进入一个网站进行的一系列点击即是访问。通常,当浏览者在超过系统规定的时间内没有进行再次点击的话,就发生了"超时",他的下一次点击将被视为一次新的访问。

8)重复访问数量(Return Visits)

用户在一定时期内回到网站的平均次数。

9)重复访问者(Repeat Visits)

在一定时期内不止一次访问一个网站的独立用户。

10)独立用户数(Unique Users)

在单位时间内访问某一站点的所有不同浏览者的数量,通常通过网站注册功能或 cookies 等方法来验证并识别唯一用户。

11)流量(Traffic)

来到一个网站的全部访问和/或访问者的数量。

12)送达(Reach)

有两方面含义:

(1)在报告期内访问网站的独立用户,以某类用户占全部人口的百分比表示;

(2)对于一个给定的广告所传递到的总的独立用户数量。

4. 网络广告定价模式

网络广告是近年来随着网络的兴起和普及成长起来的新型广告模式,在定价和收费模式上有别于传统广告。现实业务中,网络广告定价方法和模式有多种,例如,CPA、CPC、CPM、包月制等,其中 CPM 是比较科学的网络广告成本计算方法。

1)每次行动成本 CPA(Cost-per-Action)

每次行动成本(CPA)即根据每个访问者对网络广告所采取的行动收费的定价模式。对于用户行动没有特别的定义,包括形成一次交易、获得一个注册用户,或者对网络广告的一次点击等。广告主为规避无效广告费用带来的风险,一般只在广告产生销售效果之后,才依据交易次数付给广告站点广告费用,这种计费通常要比一般广告价格高。

2)每次点击成本 CPC(Cost-per-Click)

根据广告被点击的次数收费。如关键词广告一般采用这种定价模式。

3)千次印象成本 CPM(Cost per Thousand Impressions)

网络广告每显示 1000 次(印象)的费用,CPM 是最常用的网络广告定价模式之一。例如,一个 Internet 出版商为一横幅广告收费 10 万元,保证 50 万人印象,则 CPM 为 20 元;如果一个横幅广告(Banner)的单价是 1 元/CPM,则意味着每 1000 人次看到这个广告,广告主就要向广告商付费 1 元,依此类推,达到 10 000 访问人次,需要支付的广告费是 10 元。表 3-3 为某网络广告商为不同形式广告和在不同位置发布的广告价格表。

表 3-3　某网站网络广告定价

页面	广告类型	规格(像素)	位置	价格
首页	大横幅(HB1)	468×60	第一屏	$20/CPM
	小横幅(HB5)	233×30	第三屏	$12/CPM
	大图标(HB3)	150×150	左侧栏目	$15,000/月
	文字链接(HW1-3)	右侧8个字以内	头条 Banner	$1000/周
	小图标(HB2)	60×60	第一屏	$12,000/月
邮件页面	大横幅(MB1)	468×60	第一屏	$22/CPM
	大图标(MB2)	60×60	头条 Banner 右侧	$4500/月
	大图标(MB3)	60×60	空间占用简图下方	$3000/月
	文字链接(MW1-3)	7个字以内	头条 Banner 右侧	$482/周
	每周放送		收件页面	$482/周
其他页面	大横幅	468×60	第一屏	$22/CPM
	图标	60×60	头条 Banner 右侧	$3000/月
	文字链接	7个字以内	头条 Banner 右侧	$200/周
	网络导航		站点链接	$120/周

4) 每次交易成本 CPO(Cost-per-order)

每次交易成本 CPO 也被称为 Cost-per-transaction,即根据每个订单/每次交易来收费的方式。

5) 定向用户的千次印象成本 CPTM(Cost per Target Thousand Impressions)

"定向(Targeting)"是指对受众的筛选和过滤,也就是说网络广告的出现是根据广告主对浏览者提出的要求来决定的。通常较为先进的网络广告管理系统可以提供多种形式的定向方式,例如,在一天或一周中的不同时间,出现不同性质企业的广告,以便使广告的效果更好;根据浏览者所处地区的不同来选择不同的广告播放;依据浏览者所使用的浏览器或操作系统选择不同的 Banner 格式,来选择广告展示,等等。CPTM 与 CPM 的区别在于:CPM 是所有用户的印象数,而 CPTM 只是经过定向的用户的印象数。

6) 固定费用(Fixed Cost)

固定费用类似于场地租赁费用,即是指按照广告在某一媒体的播放时间计费,如包月费用、包年费用,和广告被点击和浏览的次数无关。

由上可知,每种网络广告定价模式都有其各自的特点,对于广告主来说,只有了解不同计价方式的特点,才能选择最适合自己企业的定价模式,力求以最小可能成本去争取最大化广告效果,在投入与广告效果之间力求最优化。

5. 提高网络广告效果的方法

对于企业来说,可采取一些有针对性措施,在一定程度上增进网络广告的效果。下面列举几种提高网络广告效果的几方面,供企业在实际应用中参考。

1）重视网络广告策略调研

从制定网络广告计划，到网络广告设计制作、选择网络广告媒体并投放广告，每个环节都需要进行充分调研，这样才能做到有的放矢。网络广告调研的主要内容包括竞争者的网络广告策略、网络广告的可能效果、网络广告媒体及其特点、网络广告的价格、网络广告设计的关键要素等。

2）设计有针对性的网络广告

网络广告的针对性包括两方面含义：一是针对不同阶段产品/企业品牌的特点，二是针对用户浏览网络广告的行为特点。设计一个能引起注意、有创意的网络广告，这是网络广告成功的基础。横幅广告要能在几秒甚至是零点几秒之内抓住浏览者的注意力，否则，访问者很快就会忽略此广告的存在。在网络广告设计方面，应掌握一些必要的原则和技巧，这样才能引起用户的关注和点击。例如，采用比较引人注目的鲜明色彩使得广告更容易被发现；在广告中使用担心、好奇、幽默以及郑重承诺等文字以引起访问者的好奇和兴趣；使用"Click Here"或"点击这里"这一网络广告中的经典用语。实践表明，含有号召性用语的横幅广告点击率会上升15％。而且根据心理学的规律，这类词语以放在横幅广告的右侧部分为宜，因为这符合大多数人的视觉游动顺序。

3）优化网络广告媒体资源组合

网络广告最终要依赖网络广告媒体资源才能被用户所浏览，因此网络广告资源的选择对广告效果产生直接的影响，在6.4.4中介绍了网络广告媒体选择的一些原则，可根据企业的营销目标确定最合理的广告媒体资源组合。当选择了网络广告媒体组合之后，还有必要进一步认真研究网络广告投放的时间和周期，以及网络广告在不同网络媒体中的表现形式和投放位置等具体问题，这样才能确保网络广告投放的针对性和实际影响，使得每个网络广告在每一个相应的网络媒体中达到最佳效果，这样的网络广告媒体资源组合才是最优的。

4）对网络广告效果进行跟踪控制

在搜索引擎营销中介绍了对关键词广告效果跟踪分析的必要性，对基于网页发布的网络广告也是同样道理。专业网络广告服务商的广告管理系统一般具有广告用户实时查看广告效果统计的功能，可以查看的主要指标包括每个网络广告的显示次数、点击率、广告费用清单等基本信息，一些高级功能还可以向广告客户提供改进广告组合效果的建议。另外，对网络广告投放期间的网站流量统计进行分析，并与非投放期进行对比，也可以看出网络广告所带来的访问量增长情况，根据对各种可以掌握的资料数据的分析，不仅可以明确网络广告所产生的效果，并且可以及时发现所存在的问题，对表现不理想的广告和网络媒体进行必要的调整，从而对网络广告效果进行控制，最终实现整体效果最大化的目标。

3.4 网络营销站点设计

3.4.1 网络营销站点的功能

网络营销站点的功能，可以从技术功能和网络营销功能两个方面来研究，网站的技术功能是整个网站得以正常运行的技术基础，网站的网络营销功能，则是站在网络营销策略的角度来看,一个企业网站具有哪些可以发挥网络营销的作用的功能。显然,网站的技术功能是为网站的网络营销功能提供支持的,网站的网络营销功能是技术功能的体现。

为什么要研究企业网站的网络营销功能呢?在我们策划一个企业网站时,很有必要考虑这样的问题:为什么要建这样一个网站?我们期望这个网站发挥哪些作用?理想的企业网站,应该具备什么功能呢?要回答这些问题,就需要对网站的网络营销功能具有一定的认识。充分理解企业网站的网络营销功能,才能把握企业网站与网络营销关系的本质,从而掌握这种内在关系的一般规律,建造适合网络营销需要的企业网站,为有效开展网络营销奠定基础。通过对众多企业网站的研究发现,无论网站规模多大,也不论具有哪些技术功能,网站的网络营销功能主要表现在八个方面:品牌形象、产品/服务展示、信息发布、顾客服务、顾客关系、网上调查、资源合作、网上销售。即使最简单的企业网站也具有其中的至少一项以上的功能,否则由于不具备企业网站的基本特征,也不能称之为企业网站了。

企业网站应该具有的八项网络营销功能描述如下。

1. 品牌形象

网站的形象代表着企业的网上品牌形象,人们在网上了解一个企业的主要方式就是访问该公司的网站,网站建设的专业化与否直接影响企业的网络品牌形象,同时也对网站的其他功能产生直接影响。尤其对于以网上经营为主要方式的企业,网站的形象是访问者对企业的第一印象,这种印象对于建立品牌形象、产生用户信任具有至关重要的作用,因此具备条件的企业应力求在自己的网站建设上体现出自己的形象,但实际上很多网站对此缺乏充分的认识,网站形象并没有充分体现出企业的品牌价值,相反一些新兴的企业利用这一原理做到了"小企业大品牌",并且获得了与传统大型企业平等竞争的机会。

2. 产品/服务展示

顾客访问网站的主要目的是为了对公司的产品和服务进行深入的了解,企业网站的主要价值也就在于灵活地向用户展示产品说明的文字、图片甚至多媒体信息,即使一个功能简单的网站至少也相当于一本可以随时更新的产品宣传资料,并且这种宣传资料是用户主动来获取的,对信息内容有较高的关注程度,因此往往可以获得比一般印刷宣传资料更好的宣传效果,这也就是为什么一些小型企业只满足于建立一个功能简单的网站的主要原因,在投资不大的情况下,同样有可能获得理想的回报。

3. 信息发布

网站是一个信息载体,在法律许可的范围内,可以发布一切有利于企业形象、顾客服务以及促进销售的企业新闻、产品信息、各种促销信息、招标信息、合作信息、人员招聘信息,等等。因此,拥有一个网站就相当于拥有一个强有力的宣传工具,这就是企业网站具有自主性的体现。当网站建成之后,合理组织对用户有价值的信息是网络营销的首要任务,当企业有新产品上市、开展阶段性促销活动时,也应充分发挥网站的信息发布功能,将有关信息首先发布在自己的网站上。

4. 客户服务

通过网站可以为顾客提供各种在线服务和帮助信息,例如常见问题解答(FAQ)、电子邮件咨询、在线表单、通过即时信息实时回答顾客的咨询,等等。一个设计水平较高的常见问题解答,应该可以回答 80% 以上顾客关心的问题,这样不仅为顾客提供了方便,也提高了顾客服务效率、节省了服务成本。

5. 顾客关系

通过网络社区、有奖竞赛等方式吸引顾客参与,不仅可以起到产品宣传的目的,同时也有助于增进顾客关系,顾客忠诚度的提高将直接增加销售。尤其是对于产品功能复杂或者变化较快的产品,如数码产品、时装、化妆品等,顾客为了获得更多的产品信息,对于企业网络营销活动参与兴趣较高,可充分利用这种特点来建立和维持良好的顾客关系。

6. 网上调查

市场调研是营销工作不可或缺的内容,企业网站为网上调查提供了方便而又廉价的途径,通过网站上的在线调查表,或者通过电子邮件、论坛、实时信息等方式征求顾客意见等,可以获得有价值的用户反馈信息。无论作为产品调查、消费者行为调查,还是品牌形象等方面的调查,企业网站都可以在获得第一手市场资料方面发挥积极的作用。

7. 资源合作

资源合作是独具特色的网络营销手段,为了获得更好的网上推广效果,需要与供应商、经销商、客户网站,以及其他内容、功能互补或者相关的企业建立资源合作关系,实现资源共享到利益共享的目的。如果没有企业网站,便失去了很多积累网络营销资源的机会,没有资源,合作就无从谈起。常见的资源合作形式包括交换链接、交换广告、内容合作、客户资源合作等。

8. 网上销售

建立网站及开展网络营销活动的目的之一是为了增加销售,一个功能完善的网站本身就可以完成订单确认、网上支付等电子商务功能,即企业网站本身就是一个销售渠道。随着电子商务价值越来越多地被证实,更多的企业将开拓网上销售渠道,增加网上销售手段。实现在线销售的方式有多种,利用企业网站本身的资源来开展在线销售是有效的一种形式。

3.4.2　网络营销站点分类

1. 信息手册型站点

信息手册型企业网站,也可称为"在线宣传册型"、"信息发布型"网站,顾名思义,这种网站由于功能简单,内容单一,相当于产品宣传册的在线版。这种网站是企业网站的初级形式,其特点是造价很低,维护也简单。当然,与此相对应的是,所能发挥的效果也很有限,因此,往往在企业网络营销的初期采用,随着企业经营对网络营销功能需求的增加,这种简单的信息发布型企业网站就无法满足经营需要了,因此,企业网站的形式应当与当时企业经营策略的需要相适应。信息发布型企业网站目前仍然是大多数中小型企业网站的主流形式。

2. 娱乐驱动型站点

在线娱乐驱动网站一直就是互联网的先头兵,国内的游戏厂商和网站已经小有规模,娱乐类网站一直有稳定的用户基础,网络游戏市场也日见火爆,中国的在线娱乐日趋成熟。但国内在线娱乐网站的运营却面临很大的困境:拥有大量固定的客户群,但苦于没有从这些用户身上收费获利的最佳途径。游戏网站一方面希望获得大量用户,另一方面大量分散的玩家又给每个游戏厂商的费用收缴工作增加了新的障碍。网络游戏市场日趋扩大,但网站运营收益仍旧不容乐观。在线游戏给 IT 行业带来了意想不到的推进。互联网游戏不仅提供了预期收入,而且也带动了相关部门和行业的利润增长,例如,超级在线,CSFB 公司估计从中获取了大约 30%的毛利。

3. 在线销售型站点

在线销售型企业网站的重点是以网上直接销售产品为主,也就是对网站的要求不同,不仅作为信息发布等初级功能,也希望通过网站的直接在线获得增加销售的目的。与网上销售需求相对应的是,对企业网站的技术功能方面也提出了更高的要求,具有在线产品销售功能的企业网站由于涉及到支付、订单管理、用户管理、商品配送等环节,一般说来,在线销售型的企业网站比信息发布型网站要较为复杂,并且网站的经营重点也有一定的差异,除了一般的网络营销目的之外,获得直接的销售收入也是主要目的之一,信息发布型网站由于不具备直接在线销售的功能,因此,主要的目的在于企业品牌、产品促销等方面。

4. 销售服务型站点

销售服务型网站可以简单定义为,为消费者提供消费便利的网络平台,价值主要可以通过四个方面来展现,每个方面都有很多切入点,也可以延伸出相应的盈利点。

价值一:解决消费领域"信息不对称问题"。其实现是基于海量和精准的信息,这是每个消费网站运营的第一步。具体可以表现为技术上从网络上聚合商家的信息,线下市场人员进行商家加盟的信息收集和加盟。

网站需要通过功能平台的开发,让消费者快速地找到所需要的信息,功能平台包括点评、搜索、声讯电话咨询等等,消费者可以根据收集到的信息进行消费决策。

目前以信息搜寻功能平台为主打的网站,点评类的有口碑网、大众点评网、滋味网等,搜索类的有上海的咕嘟妈咪、google 的本地搜索等,电话咨询类的有请客网、饭统网、中国电信的号码百事通,等等。

价值二:建立导购体系,促进消费者到加盟/目标商家消费。这是网站从商家获得收入的基础,也就是网站的功能平台给商家带来的实质的收益。一个网站可以通过平台对消费者进行消费引导,会员卡折扣、积分、预定折扣、优惠券,等等。

目前以导购功能平台为主打的网站,会员折扣卡有深圳八界网,通用积分类的有EKA 会,紫页 114,预定折扣类有饭统网,优惠券类的有北京的酷鹏网。对应的盈利模式:网站会员与加盟商家发生消费联系的时候,消费分成也就有了实现的基础。

价值三:推动加盟企业的营销网络化。深化数据库,挖掘用户消费习惯,为企业提供营销支持,这需要时间的积累。酷鹏网的"精准营销"是个比较好的例子,基于数据库信息的积累,通过帮助用户定制个性化消费方案,为企业提供针对性营销方案,为企业提供精确的营销效果评估,推动企业营销的网络化。

价值四:改变行业营销模式,改变行业格局,从而对行业产生影响。

3.4.3 网络营销站点规划与建设

1. 网络营销站点规划

1）企业网络营销站点规划步骤

企业建设网络营销系统是一项系统性工程，它涉及到企业管理各个层面，包括企业高层的战略决策方面、中层的业务管理和低层的业务执行。进行企业网络营销站点建设，要考虑的是结合企业业务管理和执行将它们整合在一起。

首先，考虑的问题是企业打算利用网站进行哪些活动，也就是考虑企业网站目标。常见的网站目标有：

（1）为用户提供良好的用户服务渠道。

（2）试图销售更多的产品和提供更多的服务。

（3）向有兴趣的来访者展示一些信息。

其次，在确定站点的目标后，在规划的初始阶段，就应该尝试划定你的访问者范围，分析时要考虑访问者：

（1）预期网站的主要目标受众在哪些地区，有哪些人口结构。

（2）访问者接入互联网的带宽有多大，能否快速访问到网站内容。

（3）谁会使用你的网络页面。

再次，确定网站提供信息和服务。在考虑站点的目标和服务对象后，根据访问者的需求规划站点的结构和设计信息内容，规划设计时应考虑：

（1）按照访问者习惯规划站点的结构。

（2）结合企业经营目标和访问者兴趣规划网站信息内容和服务。

（3）整合企业的形象规划设计站点主页风格。

最后，在分析站点的战略影响和规划好站点的经营目标和服务对象后，就要规划如何组织建设网站了。规划建设网站时，应该考虑这样四方面问题：

（1）是否要建立自己的网站或网页空间，还是采取其他方式（如委托建设）。

（2）为网上营销方案预计投入多少资金。

（3）如何组织人员和有关部门参与网站建设。

（4）如何维护管理企业网络营销网站。

2）企业网络营销站点内容规划

企业网络营销站点建设的目的有着很大不同，并非所有的企业都是直接靠网络营销站点去赢利，绝大多数传统行业企业只是把网络营销站点当作一种宣传、广告、公关和销售补充工具而已。但也有一部分企业依靠建立网络营销站点，发展特殊网络营销盈利业务。

合理安排网络营销站点的内容对企业至关重要，精心规划，及时更新的网络营销站点能让访问者忠诚地不断回访，提高站点知名度，使企业 WEB 在整个营销体系中真正发挥作用。

3）成本效益分析

企业网络营销站点的建设是一项长期发展计划，但如果投入成本过大而收益太小，势必影响它的持续发展，因此，合理核算域名成本和收益，以保成本收益为准来支持结构合理的营销计划,避免提前过多浪费投入。站点的成本包括使用平台(主机服务器、网上服务器、连接硬件设备和支撑系统软件)和服务内容(创意及日常设计、应用软件设计、日常管理、内容版权等)。另一方面,应当加强对企业实施网络营销后带来的效益进行核算,以确定企业下一步发展目标,不致于因投资不够延误站点带来的商机;由于企业上网动机和目的不一样,很难制定出标准的测算方法,但企业可以根据上网前和上网后对企业营销成本核算进行比较。

如果投资建立了一个十分吸引人的站点,但不对它进行及时更新,站点很快就被遗忘失去功效。因此,在核算站点的成本费用时,还要加入对网站进行维护的费用预算。

4) 企业网络营销站点规划中的问题

(1) 网站建设目标不明确。

(2) 只考虑为上司设计网站。

(3) 依据组织的结构来设计网站的结构。

(4) 建设时使用多个代理公司。

(5) 把网站仅仅当成一个辅助的媒体。

(6) 同等对待互联网网站和内部网网站。

(7) 网站规划设计时忽略用户测试的重要性。

2. 网络营销站点建设

1) 站点域名的申请

据国外媒体报道的一项调查显示,约有82%被调查的公司认为,丢掉域名比失去公司的CEO造成的损害更大,约72%的公司相信一个恰当的域名比合适的人才或合适的办公地点更重要。负责实施该项调查的Sedo公司指出,不恰当的域名策略会阻止一个公司的发展。

域名策略即指网站经营者从域名确定、域名启用、域名的推广宣传,等等。从营销的角度和塑造企业形象的角度看,域名在某种意义上与商标有着同样重要的作用。域名是企业在因特网上的名称,一个富有寓意、易读易记、具有较高知名度的域名无疑是企业的一项重要的无形资产。域名被视为企业的"网上商标",是企业在网络世界上进行商业活动的前提与基础。所以,域名的命名、设计与选择必须审慎从事,否则,不仅不能充分发挥网站的营销功能,甚至还会对企业的网络营销产生不利的影响。

策划、设计一个域名,一般要考虑以下几个方面的问题:

(1) 按照国际标准选择顶级域名

一般来讲,将域名分为地区域名和国际域名。从功能上讲,这两类域名没有任何区别。在注册费上,国内域名收费要比国际域名收费低50%左右。从实际使用的角度来讲,到底注册哪类域名,取决于企业开展业务涉及的地域范围、目标用户的居住地,以及企业业务发展长远规划涉及的区域等因素。如果企业的业务大部分都是跨国界的,就应该考虑注册国际域名,或者同时注册国际域名和国内域名,这样就可以保证国内、国外用户能较容易地通过因特网获得企业及其产品的信息。

(2) 处理好域名与企业名称、品牌名称及产品名称的关系

从塑造企业网上与网下统一的形象和网站的推广角度来说,域名可以采用企业名称、

品牌名称或产品名称的中英文字母,这些既有利于用户在网上网下不同的营销环境中准确识别企业及其产品与服务,也有利于网上营销与网下营销的整合,使网下宣传与网上推广相互促进,目前大多数企业都采用这种方法。

(3)域名要简单、易读、易记、易用

域名不仅要易读、易记、容易识别,还应当简短、精练,便于使用。这是因为,用户上网通常是通过在浏览器地址栏内输入域名来实现的,所以,域名作为企业在因特网上的地址,应该便于用户直接与企业站点进行信息交换。因为,简单精练、易记易用的域名更便于顾客选择和访问企业的网站。如果域名过于复杂,很容易造成拼写错误,无形中增加了用户访问企业的难度,会降低用户使用域名访问企业网站的积极性与可能性。

(4)设计申请多个域名

由于域名命名的限制和申请者的广泛,因此极易出现类似的域名,从而导致用户的错误识别,影响企业的整体形象。如经常有人将 www.whitehouse.com 错误当做白宫的站点 www.whitehouse.gov。因此,企业最好同时申请多个相近似的域名,以避免自己形象受损。另外,为便于顾客识别同一企业不同类型的服务,企业也可以申请类似的但又有所区别的系列域名,如 Microsoft 公司的 www.microsoft.com 和 home.microsoft.com ,提供不同内容的服务。

(5)域名要具有国际性

由于因特网的开放性和国际性,用户可能遍布全世界,只要能上网的地方,就可能会有人浏览到企业的网站,就可能有人对企业的产品产生兴趣进而成为企业潜在的用户。所以,域名的选择必须能使国内外大多数用户容易识别、记忆和接受。目前,因特网上的标准语言是英语,所以命名最好用英语,而网站内容则最好能用中英文两种语言。例如,雅虎为了成为国际性品牌,在全球建立了 20 个有地方特色的分站。如与香港网擎资讯公司合作,将其中文搜索引擎结合到雅虎中文指南的服务中,与方正联合推出 14 类简体中文网站目录,从而更好地为中国网民服务。

(6)域名要有一定的内涵或寓意

企业网站域名的命名与设计不能随心所欲,最好能满足以下一条或几条要求:

* 要结合并反映本企业所提供产品或服务的特性。
* 能反映企业网站的经营宗旨。
* 用户喜闻乐见,不要违反禁忌。
* 寓意深远,富有创意,等等。

如 51job 网站取“无忧”的谐音,象征网民无忧无虑找到自己合适的工作;亚马逊原是世界上最长的河流的名字,亚马逊书店采用这一响亮的名字,获得了极大的成功;珠穆朗玛峰是世界上最高的山峰(海拔高度 8843.13 米),域名用 8848,谐音是“发发誓发”,按中国人的理解是一定成功的意思,而且珠穆朗玛峰在国外又具有极高的知名度。Yahoo!(雅虎)代表“yet another hierarchical officious oracle”,意为“又一个有影响力,好为人师的 Oracle!”。

(7)域名要及时注册

按照国际惯例,域名申请注册遵循“先申请,先服务”的原则,所以设计好域名后,应立即申请注册,以防止被别人抢注的风险发生,保护自己的未来收益。域名和商标相比具有更强的唯一性。

(8) 域名要符合相关法规

设计与注册域名还要注意要符合相关法规。如《中国互联网域名注册暂行管理办法》中规定,未经国家有关管理部门正式批准,不得使用含有"china"、"Chinese"、"cn"和"national"等字样的域名;不得使用公众知晓的其他国家或地区的名称、外国地名、国际组织名称等;未经地方政府批准不得使用县级以上(含县级)行政区划名称的全称或者缩写;不得使用对国家、社会或者公共利益有损害的名称。这些都是设计、注册因特网域名时需要注意的问题。

2) 站点建设的准备工作

- 选择服务器建设方式。
- WEB 服务器准备。
- 站点资料准备。

建设网站的方式:

(1) 独立建设网站

所谓独立建设网站,就是指企业或个人独立购置网站建设所需资源,自主设计,自主开发,自主维护的网站建设方式。如电信运营商的网站、互联网服务提供商 ISP(Internet Service Provider)或互联网内容提供商 ICP(Internet Content Provider)的网站等。

独立建设网站的特点如下:

- 投资大,费用高。由于建设网站需要大量资源,如网络设备、服务器、线路等,需要大量的资金。
- 需要自己的专业技术人员。由于设计开发及系统维护需要专业技术人员来实施,所以独立建设网站离不开自己的专业技术人员的劳动和技术支持。
- 设计开发自主,升级维护方便。由于设备的规模和水平完全自主,不受外界因素的制约和限制,所以网站规模、速度及维护方式等自主决定,升级或维护便利。

(2) 租用互联网运营商的磁盘空间建设网站

所谓租用互联网运营商的磁盘空间建设网站是指将自己建设好的网站内容上传到所租用的磁盘空间中,即在租用的互联网运营商的磁盘空间中,建设自己网站的方式。

租用互联网运营商的磁盘空间建设网站的特点如下:

- 投资小,费用低。根据所租用的磁盘空间大小及线路特点,决定租赁费用的多少,一般为几百元到千元不等。
- 修改维护工作量小。用户只负责网站内容的修改和维护,与网站的设备和环境无关。
- 网站规模受租用空间大小的限制。由于受所租用的磁盘空间大小的限制,网站的规模必须在租用的空间大小范围之内。

(3) 主机托管方式建设网站

主机托管也叫服务器托管,是指用户将自己购买的服务器放置在电信运营商专业化的机房内,电信运营商提供服务,保证客户的技术及对网络的需求。此主机完全归客户或公司使用和控制。主机托管提供商要收取一定的托管费用。

虽然有些用户本身有能力管理自己的服务器,提供诸如 WEB、EMAIL、数据库等服务,但他们需要借助电信运营商提升网络性能。因此电信运营商可帮助用户不必建立自己的网络就可以拥有高速骨干网的连接。

服务器托管使得用户可以很方便地建立和管理自己提供的服务,尤其是在他们为自己的用户提供服务的时候。主机托管服务器由客户提供,电信运营商提供网络带宽和放置机器的设施。

可以说,企业以这种方式上网时,优点是灵活性很大,企业可以根据自己不同的需要随时安排服务器上的内容,可以运行自己特有的软件,以达到提高工作效率、全球同步的目的。

主机托管的主要特点如下:

- 企业不必投资建设机房及购买设备(如路由器、交换机、集线器等),也不必申请 DDN 数据专线。
- 企业不用聘请专业工程师维护软硬件,通过共享电信运营商的机房设施和通信线路等网络资源,即可以实现面向 Internet 的信息发布和信息服务。
- 经济实惠。由于主机放置于电信运营商的机房中,使用电信运营的通信资源,带宽高,传输速度快,并且不受通信流量限制,无须网络技术支持,节省企业资金。

(4)虚拟主机方式建设网站

所谓虚拟主机,是指使用特殊的软硬件技术,把一台计算机主机分成一台台"虚拟"的主机,每一台虚拟主机都具有独立的域名和 IP 地址(或共享的 IP 地址),具有完整的 Internet 服务器功能,对应于一个企业或个人网站。在同一台硬件、同一个操作系统上,运行着为多个用户打开的不同的服务器程序,互不干扰。而各个用户拥有自己的一部分系统资源(IP 地址、文件存储空间、内存、CPU 时间等)。

虚拟主机之间完全独立,在外界看来,每一台虚拟主机和一台独立的主机的表现完全一样。通俗地说,就是许多企业网站共用一台服务器,而用户访问时的效果与传统方式几乎没有区别。

这种方式建设网站,一年所需费用一般仅几千元,因此受到了众多企业的青睐。极大地减少了企业上网成本,方便了企业网上应用的开展。采用这种方式的企业或个人,只需根据业务需要确定所需的硬盘空间大小和相关的增值服务项目即可。

虚拟主机技术的出现,是对 Internet 技术的重大贡献,是广大 Internet 用户的福音,为普通企业和个人建立网站提供了高性能价格比的解决方案。由于多台虚拟主机共享一台真实主机的资源,每个用户承受的硬件费用、网络维护费用、通信线路的费用均大幅度降低,Internet 真正成为了人人用得起的网络。

几乎所有的美国公司,包括一些家庭均在网络上设立了自己的网站,其中大量采用的是虚拟主机方式。特别是现在,一些提供免费网站空间的服务商的出现,使得企业或个人上网更加简单方便了。

虚拟主机的特点如下:

- 性能高。每一台主机都是采用性能很高的计算机,一台主机能够支持一定数量的虚拟主机,只有超过这个数量时,用户才会感到性能下降。如果配置得当,加上采用超高速的线路,虚拟主机的表现往往胜于采用较低速度(如 256K、1.544M)线路连接的独立主机。

- 费用低。由于多台虚拟主机共享一台真实主机的资源,每个用户大幅度降低硬件费用、网络维护费用和通信线路的费用等,大大降低了企业或个人的网站成本。

以上四种网站建设方式,特点各异,适用不同种类的用户。大家可以根据自己建站的特点、用途及自身的情况,选择一种适合自己的方式,为你在国际互联网这个虚拟现实的世界中,创建属于自己的家园。

3. 网络界面设计要素

类似于实体零售店面设计,一个 Web 站点为现有和潜在目标客户提供了重要信息。如果进行了有效设计,站点就能迅速回答出现在客户面前的许多问题。如,这个站点值得访问吗? 它能为我提供什么商品或服务? 站点要传播的信息是什么? 等等。引人注目的站点界面不仅传播企业的核心价值,而且为用户提供了愉悦的客户体验和导航功能。

客户界面设计要素包括如下 7 个原则:

1) 布局设计(Context)

网站布局是美学观感和功能性的结合。面向功能性为主的站点一般将重点集中在核心商品——产品、服务、信息。以美学设计为主的站点,其核心主要体现在视觉特征上,例如,色彩、图形、字体、动画等。采取混合策略的站点,将美学和功能维度结合起来。功能和美学的均衡结合为访问者带来高可用性体验,对站点性能,如速度、可靠性、平台无关性等方面有深远影响。

面向企业 CEO 的信息门户 CEOExpress(见图 3-9)是一个以功能性为主的站点,将杂志、报纸、电视和其他媒体整合到单一界面,导航简洁,为企业 CEO 提供高效、针对性强

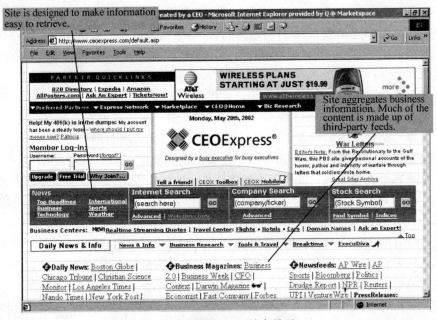

图 3-9　CEOExpress 站点界面

的信息,以及多渠道便捷的信息检索功能。

  Tiffany(见图 3-10)则是一个强调非常独特美学观感的站点,有很强的视觉吸引力和美感,具有与 Tiffany 品牌一样的优雅格调。使用 Flash 效果制作导航工具,加上调色板的精致运用,鼓励用户慢下来关注每一个细节,每一个设计,每一个产品。

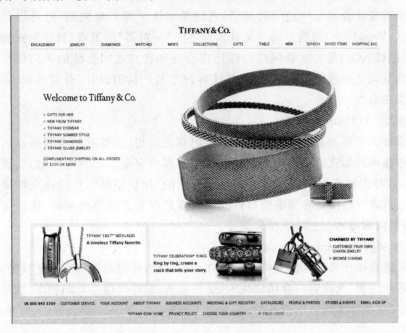

图 3-10 Tiffany. com 站点界面

  2) 内容设计(Content)

  网站内容设计主要包括站点内容的种类(产品、信息、服务或其组合)、多媒体组合(站点提供的文本、图像、音频、视频等媒体形式)、吸引力组合(站点如何从理性如低价、可用性、可靠性和情感如感性共鸣、幽默两方面吸引用户)、内容类型(按更新频度不同区分内容类型,如需要实时更新的新闻、股市信息,存档的无需更新的参考资料)。

  3) 虚拟社区(Community)

  社区定义为建立在共同兴趣之上的用户与用户之间的交流场所,社区的聚集力能创造个体用户无法单独创造的价值,如社区能通过用户自创内容(UGC)产生有吸引力的信息;社区的规模效应可以产生 Word-of-mouth 效果,创建持久的客户关系。

  企业是否要将虚拟社区加入站点结构,需要考虑企业整体营销战略和企业资源;社区吸引用户的类型、社区的发展阶段、参与水平等,都影响最优社区功能设计。

  4) 个性化/定制功能(Customization)

  个性化/定制功能包括两个方面:由客户方发起的定制称为个性化(Personalization),由企业方发起的定制称为量身定制(Customization)。

  客户方发起的个性化主要指用户在内容、场景选择和个性化工具上的偏好,通常包括个性化 E-mail 账号、个性化登录页面、个性化代理等,大多数网站通过设定 Cookies 来识别、跟踪用户,收集用户行为数据。

网站方发起的量身定制主要包括基于客户以往的购买行为为其进行推荐,以及基于具有类似偏好的其他客户的行为为其推荐,如亚马逊书店的"推荐书目",这些都需要对客户静态和动态行为数据进行深度挖掘分析。

5) 交流沟通功能(Communication)

沟通指的是企业和客户之间的对话,可以是企业－客户单向的,也可以是双向交互式。广播式(Broadcast)沟通是站点及其客户之间"一对多"的关系,具体形式包括群发邮件、常见问题(FAQs)等。互联网的特性使得企业和客户之间传统的单向信息沟通模式转变为双向互动式沟通模式成为可能,如让客户参与产品的设计、开发过程,真正做到以客户需求为中心。

6) 链接设计(Connection)

链接设计主要指站点如何和其他外部资源建立连接,主要有站点到站点的链接和主站点背景链接两种形式。站点到站点的链接是将客户完全带出当前主站点,进入第三方站点界面,这时主站点可以看作进入第三方站点的"出口路径",这是站点链接的常见形式。而主站点背景链接是在当前窗口打开第三方站点页面内容的同时,保持主站点页首背景,即将新内容显示在主站点框架页中。

7) 商务功能(Commerce)

商务功能反映在客户界面支持交易各方面的设计,使得站点具有电子商务的功能,包括但又不限于注册(允许客户存储信用卡、送货地址、偏好等信息)、购物车(商品暂存)、安全性(密码和认证技术)、信用卡支付、一次点击购物(One-click shopping)、订单处理等。

3.4.4 网络营销站点推广

网站所有功能的发挥都要以一定的访问量为基础,使自己的网站能够很容易被目标客户发现,所以,站点推广是网络营销的核心工作。因网站定位不同、目标客户群不同,所建网站的类型也不同,相应的网站推广方式、方法和受众目标也会不同,一般主要考虑如下具体目标:提高网站排名、提升网站品牌、提高网站流量、交易量、订单量和注册会员数量等。

网站推广通常有两大类方法。一类是通过传统广告、企业形象设计等方式宣传网站,如通过电视、报纸、广告牌、宣传材料、产品包装、礼品、名片、信纸、信封等手段推销网站。另一类是通过互联网的方式去推广网站。网络推广的基本方法可以归纳为搜索引擎推广、电子邮件推广、资源合作推广、信息发布推广、病毒性营销、快捷网址推广、网络广告推广、综合网站推广等方法。

1. 搜索引擎推广

搜索引擎推广是指利用搜索引擎、分类目录等具有在线检索信息功能的网络工具进行网站推广的方法,是网络推广中最快捷、有效、低成本的推广方式。也是最经典、最常用的网站推广方法之一。搜索引擎推广的关键在于选择恰当的关键词。

2. 电子邮件推广

以电子邮件为网站的推广手段,就是通过向客户发送电子邮件,宣传所提供的产品和服务。这是将网站推入客户视野的最有效、最直接的方式。虽然每封邮件的对象是单独的,但通过大量发送,网站从中可以争取到非常有价值的客户。

3. 互换链接

互换链接也称互惠链接,是具有一定互补优势的网站之间的简单合作形式,即分别在自己的网站上放置对方网站的 LOGO 或网站名称并设置对方网站的超级链接一般称为友情链接,使得用户可以从合作网站中发现自己的网站,达到互相推广的目的。

互换链接的作用主要表现在获得访问量、增加用户浏览时的印象、在搜索引擎排名中增加优势、通过合作网站的推荐增加访问者的可信度等。交换链接还可以取得比直接效果更深一层的意义,一般来说,每个网站都倾向于链接价值高的其他网站,因此获得其他网站的链接也就意味着获得了合作伙伴和一个领域内同类网站的认可。

4. 信息发布推广

信息发布是指将有关的网站推广信息发布在其他潜在用户可能访问的网站上,利用用户在这些网站获取信息的机会实现网站推广的目的。适用于这些信息发布的网站包括在线黄页、分类广告、论坛、博客网站、供求信息平台、行业网站等。

5. 病毒营销(Viral Marketing)

病毒营销利用的是用户口碑传播(Word-of-mouth)的原理,可以理解为一种和用户一起进行传播的营销活动。在互联网上,这种"口碑传播"更为方便,可以像病毒一样迅速蔓延,利用快速复制的方式传向数以千计、数以百万计的受众。因此病毒营销成为一种高效的信息传播方式。

病毒营销的经典范例是 Hotmail.com。Hotmail 是世界上最大的免费电子邮件服务提供商,在创建之后的 1 年半时间里,就吸引了 1200 万注册用户,而且还在以每天超过 15 万新用户的速度发展,令人不可思议的是,在网站创建的 12 个月内,Hotmail 花费的营销费用还不到其直接竞争者的 3%。Hotmail 之所以爆炸式的发展,就是由于利用了"病毒营销"的巨大效力。病毒性营销的成功案例还包括 Amazon、MSN、ICQ、eGroups 等国际著名网络公司。

一个有效的病毒性营销战略的基本要素包括:提供有价值的产品或服务;提供无须努力的向他人传递信息的方式;信息传递范围很容易从小向很大规模扩散;利用公众的积极性和行为;利用现有的通信网络;利用别人的资源。

病毒营销既可以被看作是一种网络营销方法,也可以被认为是一种网络营销思想,即通过提供有价值的信息和服务,利用用户之间的主动传播来实现网络营销信息传递的目的。

3.5 网络营销案例分析——DHC 整合营销案例

DHC 是日本的一个化妆品品牌,它进入中国市场的时间相比其他欧美品牌要晚很多,而对于化妆品营销而言,想在一个新市场当中抢得一席之地,即使大量的营销投入,也未必完全可以实现目标。相比 DHC 的营销策略,应该说他们很懂市场,他们所做的事情,完全符合以上的策略,重点在我比较关注 DHC 的体验营销和整合营销这些环节。

1. 网络病毒营销

互联网是消费者学习的最重要的渠道，在新品牌和新产品方面，互联网的重要性第一次排在电视广告前面。DHC采用广告联盟的方式，将广告遍布大大小小的网站，因为采用试用的策略，广告的点击率也比较高，因为采用了大面积的网络营销，其综合营销成本也相对降低，并且营销效果和规模要远胜于传统媒体。

2. 体验营销

一次良好的品牌体验（或一次糟糕的品牌体验）比正面或负面的品牌形象要强有力得多。DHC采用试用体验的策略，用户只需要填写真实信息和邮寄地址，就可以拿到4件套的试用装。当消费者试用过DHC产品后，就会对此有所评价，并且和其他潜在消费者交流，一般情况交流都是正面的（试用品很差估计牌子就砸掉了）。

3. 口碑营销

31％的被采访对象肯定他们的朋友会购买自己推荐的产品。26％的被采访对象会说服朋友不要买某品牌的产品。消费者对潜在消费者的推荐或建议，往往能够促成潜在消费者的购买决策。铺天盖地的广告攻势，媒体逐渐有失公正的公关，已经让消费者对传统媒体广告信任度下降，口碑传播往往成为化妆品消费最有力的营销策略。

4. 会员制体系

类似于贝塔斯曼书友会的模式，只需通过电话或上网索取DHC免费试用装，以及订购DHC商品的同时自动就成为DHC会员，无需缴纳任何入会费与年会费。DHC会员还可获赠DM杂志，成为DHC与会员之间传递信息、双向沟通的纽带。采用会员制大大提高了DHC消费者的归属感，拉近了DHC与消费者之间的距离。

5. 多渠道营销

网络营销是DHC营销体系的一部分，当然传统媒体依然会有DHC的广告，包括重金聘请代言人等行为，都是在提升品牌形象，多渠道的营销推广，加深了消费者对DHC的品牌印记，当接触到试用的机会后，促成购买的可能也大大增加。整体来看，DHC近几年的高速发展和其营销策略是密不可分的，或者可以说DHC更了解市场，懂得利用新媒体为品牌传播。通过传统媒体、形象代言人提升品牌形象，品牌可信度，对于新产品而言是核心关键；网络的病毒营销能够将传播的点放大化，投入1分的成本看到的也许是10分的效应；通过体验营销的方式，直面消费者，用产品去改变消费者的消费观念；一旦能够建立品牌信任，很有可能DHC在这个消费者影响范围内就传播开来，更多的人申请试用，更多人尝试购买；最终用DHC的会员DM杂志将用户和品牌紧紧捆绑在一起，不断关注和提醒消费者，自然会促成更多的购买决策和传播影响。

从以上的分析而言，互联网对DHC最大的促进有3方面：

（1）降低了营销成本。

（2）大幅度提高了品牌占有市场的速度。

（3）消费者通过互联网对潜在消费者有效的口碑传播。

从案例可以引起很多的思考，一方面是传统企业如何针对消费者的心态，利用互联网新媒体工具进行有效的营销推广。另外一方面，消费者的心态和消费交流的欲望，本身也是一种非常有价值的需求，进而商业的转化也是十分便利，帮助品牌凝聚精准用户产品的应用,必然会受到商业的青睐。也许这就是社会化商务应该做的事情,只是一个时间问题。

习 题 3

3.1 思考题

1. 简述网络营销的特点。

2. 简述网络营销包括的内容。

3. 简述网络营销和传统营销的关系,网络营销是否能取代传统营销?

4. 简述网络市场调研的步骤。

5. 简述在线调查问卷的设计步骤和注意事项。

6. 企业可以通过哪几种形式进行网络促销?

7. 举例说明网络广告的类型。

8. 列举 3 种不同的网络广告定价模式,并进行比较。

9. 网络推广的方法有哪些?

10. 什么是病毒营销,并举例说明。

3.2 填空题

1. _____是最经典、最常用的网站推广方法之一,关键在于关键词的选择。

2. 网络广告_____是指网络广告被点击的次数与被下载次数之比。

3. 网络营销 4 个理论包括_____、_____、_____、_____。

4. 在网络市场调研中,在线问卷法属于_____,利用搜索引擎查找资料属于_____。

5. _____是指用户通过网络界面和企业交互过程中感知的方方面面,如用户访问一个网站或者使用一个产品时的全部体验。

3.3 操作题

结合网络客户界面设计 7 个要素,对 www.taobao.com 站点进行分析。

第4章 电子商务安全基础

随着 Internet 的发展,电子商务已经成为人们进行商务活动的新模式。电子商务的发展给人们的工作和生活带来了新的尝试和便利,也给企业带来了无限商机,前景广阔。但是,很多商业机构对网上运作的安全问题仍然存在忧虑。在网上进行交易的两个或多个交易伙伴间,经常会有大量的信息数据的接收和发送,如订购单的内容包括商品名称、规格、数量、金额、银行账号、到货日期和地点等,以及一些公文,如通知、协议文书,等等。这些信息通过计算机网络进行传递时,其安全和保密就是一个非常重要的问题,它关系到企业的商业机密、商业活动的正常进行。因此,在运用电子商务模式进行贸易活动的过程中,安全问题就成为最核心的问题,也是电子商务得以顺利进行的保障。电子商务要为客户提供一个安全可靠的交易环境。这涉及到在网上提供信用和支付,还涉及到法律和其他责任问题,如有效签名、不可抵赖等。因此,在电子商务中安全是一个非常重要的问题。网上交易只有做到安全可靠,客户才能接受和使用这种交易方式。

4.1 电子商务安全概述

4.1.1 电子商务安全现状

Internet 的产生源于计算机资源共享的需求。由于它良好的开放性,信息资源的丰富性以及与传统贸易方式和专业增值网络(VAN)相比相对低廉的费用,使企业越来越青睐 Internet。现在,通过 Intranet(企业内部网)、Extranet(企业外部网)和 Internet 把贸易合作伙伴联系起来进行商务活动已经成为一种趋势。正是由于 Internet 的开放性,使它产生了更严重的安全问题,面临着越来越严重的威胁和攻击。

电子商务中的安全隐患主要体现在下列几方面。

(1) 信息的窃取。如果没有采取加密措施或加密强度不够,攻击者在数据包经过的网关或路由器上可以截获传送的信息。通过多次窃取和分析,可以找到信息的规律和格式,进而得到传输信息的内容,造成网上传输信息泄密。

(2) 信息的篡改。当攻击者掌握了网络信息格式和规律以后,通过各种技术方法和手段对网络传输的信息在中途修改,然后发往目的地,从而破坏信息的完整性。这种破坏手段主要有三个方面:

- 篡改。改变信息流的次序,更改信息的内容,如购买商品的发货地址。
- 删除。删除某个消息或消息的某些部分。
- 插入。在消息中插入一些信息,让接收方读不懂或接收错误的信息。

(3) 信息的假冒。当攻击者掌握了网络信息数据规律或解密了商务信息以后,可以冒充合法用户发送假冒的信息或主动窃取信息。主要有两种方式:一是伪造电子邮件,虚开网站给用户发电子邮件,收订货单;伪造大量用户,发电子邮件耗尽商家资源,使合法用户不能正常访问网络资源,使有严格时间要求的服务不能及时得到响应;伪造用户,发大量的电子邮件,窃取商家的商品信息和用户信用等信息。另外一种为假冒他人身份,如冒充领导发布命令、调阅密件;冒充他人消费、栽赃;冒充主机欺骗合法用户;冒充网络控制程序,套取或修改使用权限、密钥等信息;接管合法用户,欺骗系统,占用合法用户的资源。

(4) 交易的抵赖。交易抵赖包括多个方面,如发送方事后否认曾经发送过某条信息或内容;接收方事后否认曾经收到过某条消息或内容;购买者做了定货单不承认;商家卖出的商品因价格差而不承认原有的交易等。

由于电子商务是在开放的网络上进行的,支付信息、订货信息、谈判信息、机密的商务往来文件等大量商务信息在计算机系统中存放、传输和处理,因此,导致了对电子商务安全的需求,保证商务信息的安全是进行电子商务的前提。

4.1.2　电子商务安全需求

为了保证电子商务活动的安全可靠,电子商务系统一般应有以下安全需求。

1. 保密性

商务信息直接代表着个人、企业或国家的商业秘密。电子商务是建立在一个开放的网络环境上的,维护商业机密是电子商务全面推广应用的重要保障。因此要预防非法的信息存取和信息在传输过程中被非法窃取。

保密性主要是使信息发送和接收在安全的通道进行,保证通信双方的信息保密;交易的参与方在信息交换过程中没有被窃听的危险;非参与方不能获取交易的信息。信息加密和防火墙技术主要解决这方面的问题。

2. 正确性和完整性

信息的正确性和完整性问题要从两方面来考虑。一方面是非人为因素,如因传输介质损坏而引起的信息丢失、错误等。这类问题通常通过校验来解决,一旦校验出错误,接收方可向发送方请求重发。另一方面则是人为因素,主要是指非法用户对信息的恶意篡改。这方面的安全性也是由信息加密和提取信息的数字摘要来保证的,因为如果无法破译信息,也就很难篡改。

3. 身份的确定性

由于电子商务交易系统的特殊性,交易通常都是在虚拟的网络环境中进行的,要使交易成功,首先要能确认对方的身份,所以对各主体进行身份认证成了电子商务中十分重要的一个环节,这意味着当交易主体在不见面的情况下声称具有某个特定的身份时,需要有身份鉴别服务提供一种方法来验证其声明的正确性,一般通过认证机构和数字证书来实现。

4. 不可抵赖性

在传统贸易中,贸易双方通过在合同或贸易单据等书面文件上手写签名或印章来鉴别对方身份,确定合同、单据的可靠性,并预防抵赖行为的发生。采用电子商务后,用电子方式谈判、签约、结算,因此,要在交易信息的传输过程中为交易主体提供可靠的标识,防止抵赖行为的发生,可通过对发送的消息进行数字签名来解决这个问题。

因此,要安全地开展电子商务活动,针对信息的真实性、完整性、保密性和身份的认证,以及交易的不可抵赖性,必须采取一系列的网络安全和交易安全措施与技术。

4.2　信息安全技术

电子商务信息的保密性、真实性和完整性可以通过加密技术来实现。加密技术是一种主动的信息安全防范措施,加密的目的是使"黑客"在获得通过网络传输的密文时,无法将它恢复成原文。

4.2.1　密码技术

密码技术是保证网络、信息安全的核心技术。信息在网络中传输时,通常不是以自然语言格式传输,而是以将自然语言进行加密后使其变成密文的方式进行通信传输的。众所周知,商业活动是有其机密性的,以自然语言格式传输的信息数据,会被他人轻而易举地读懂、窃取盗用及篡改。如商户 A 和商户 B 在网上进行交易活动,商户 A 通过通信网络发送给商户 B 一份交易协议书,作为商户 A(或商户 B)的竞争对手商户 C 在网上截获了这份协议书的信息,并将协议书中的"同意交易"改为"不同意交易"后再发送给商户 B,这样商户 A 和商户 B 都在经济上造成损失。因此,以自然语言格式传输这样的信息,其可靠性和安全性没有保障,因此对信息进行加密是提高安全性的第一步。就是说,信息发送者对自然语言格式信息进行加密后使其变成密文后再发送,当然信息的接收者要将收到的密文进行解密后才能得到自然语言格式。

在密码学中,原始消息称为明文,加密结果称为密文。数据加密和解密是逆过程,加密是用加密算法和加密密钥,将明文变换成密文;解密是用解密算法和解密密钥将密文还原成明文。加密技术包括两个要素:算法和密钥。其中,算法是经过精心设计的加密或解密的一套处理过程,它是一些公式、法则或者程序。对明文进行加密时采用加密算法,对密文进行解密时采用解密算法。在加密或解密过程中算法的操作需要一串数字的控制,这样的参数叫做密钥,相应的分为加密密钥和解密密钥。

一般的数据加密模型如图 4-1 所示,它是采用数学方法对明文进行再组织,使得加密后在网络上公开传输的内容对于非法接收者来说成为无意义的文字即密文,而对于合法的接收者,因为掌握正确的密钥,可以通过解密过程得到原始数据。在图 4-1 中,E 为加密算法,Ke 为加密密钥,D 为解密算法,Kd 为解密密钥。如果按照收发双方密钥是否相同来分类,可以将加密技术分为对称密钥加密技术和非对称密钥加密技术,两种技术最有名的代表分别为 DES 和 RSA。

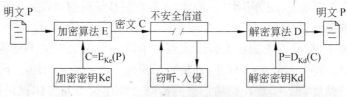

图 4-1　数据加密的一般模型

数据加密技术与密码编码学和密码分析学有关。密码编码学是密码体制的设计学，密码分析学则是在未知密钥的情况下，从密文中推演出明文或密钥的技术，这两门学科合起来称为密码学。在加密和解密的过程中，都要涉及到信息（明文和密文）、密钥（加密密钥和解密密钥）和算法（加密算法和解密算法）。解密是加密的逆过程，加密和解密过程中依靠"算法"和"密钥"两个基本元素，缺一不可。

如果不论截取者获得了多少密文，在密文中都没有足够的信息来唯一地确定出对应的明文，则这一密码体制称为无条件安全的，或称为理论上不可破的。在理论上，目前几乎所有使用的密码体制都是可破的，人们关心的是要研制出在计算机上是不可破的密码体制。如果一个密码体制的密码不能被可以使用的计算资源所破译，则这一密码体制称为在计算机上是安全的。

1. 对称密钥加密技术

对称密钥加密技术利用一个密钥对数据进行加密，对方接收到数据后，需要用同一密钥来进行解密。对称密钥加密技术中最具有代表性的算法是 IBM 公司提出的 DES 算法，该算法于 1977 年被美国国家标准局 NBS 颁布为商用数据加密标准。近 20 多年来 DES 算法得到了广泛的应用。

DES 综合运用了置换、代替、代数等多种密码技术，把消息分成 64b 大小的块，使用 56b 密钥，加密算法的迭代轮数为 16 轮。DES 密码算法输入的是 64b 的明文，在 64b 密钥的控制下产生 64b 的密文；反之输入 64b 的密文，输出 64b 的明文。64b 的密钥中含有 8 个 b 的奇偶校验位，所以实际有效密钥长度为 56b。DES 算法加密时把明文以 64b 为单位分成块，而后用密钥把每一块明文转化成同样 64b 的密文块。DES 提供 72×1015 个密钥，用每微秒可进行一次 DES 加密的机器来破译密码需两千年。

DES 主要的设计原理是利用交乘加解密器（product cipher）、扩散（diffusion）及混淆（confusion）等方法来加密，以提高安全的程度。数据保密的技巧，就是将原始数据打散打乱，让别人很难组合起原始数据，相对也就能提高保密的效果。DES 方法的加密过程可分为 16 个回合，每一回合都将上一回合打散的数据再打散一次；每一回合相当于在原始数据上加了一把锁，最后总共加了 16 把锁。锁加得越多，相对的保密性就越高，这也就是交乘加解密器原理。采用 DES 的一个著名的网络安全系统是 kerberos，由麻省理工学院 MIT 开发。

DES 解密过程和加密过程相似，但生成 16 个密钥的顺序正好相反。尽管在破译 DES 方面取得了许多进展，但至今仍未能找到比穷举搜索更有效的方法。DES 设计精巧，实现容易，使用方便，最主要优点在于加解密速度快，并且可以用硬件实现，其主要弱点在于密钥管理困难，密钥的传输过程必须绝对的安全，一旦密钥泄露则直接影响到信息的安全性。

自 DES 算法公布以来，出于 DES 算法本身的弱点以及各国政治上的考虑，而出现了许多 DES 的替代算法，这些算法中比较有影响的有 AES 算法（Advanced Encryption Standard）和欧洲数据加密标准 IDEA。

对称加密算法在电子商务交易过程中存在几个问题：

（1）要求提供一条安全的渠道使通信双方在首次通信时协商一个共同的密钥。直接的面对面协商可能是不现实而且难于实施的,所以双方可能需要借助于邮件和电话等其他相对不够安全的手段来进行协商。

(2) 密钥的数目难以管理。因为对于每一个合作者都需要使用不同的密钥,很难适应开放社会中大量的信息交流的需要。

(3) 对称加密算法一般不能提供信息完整性的鉴别。它无法验证发送者和接受(收)者的身份。

(4) 对称密钥的管理和分发工作是一件具有潜在危险的和烦琐的过程。对称加密是基于共同保守秘密的前提来实现的,采用对称加密技术的贸易双方必须保证采用的是相同的密钥,保证彼此密钥的交换是安全可靠的,同时还要设定防止密钥泄密和更改密钥的程序。

2. 非对称密钥加密技术

对称密码技术的缺陷之一是通信双方在进行通信之前需通过一个安全信道事先交换密钥。这在实际应用中通常是非常困难的。如果事先约定密钥,则进行网络通信的每个人都要保留其他所有人的密钥,这就给密钥的管理和更新带来了困难。针对这些问题,1976 年,美国学者 Diffre 和 Hellman 提出一种新的密钥交换协议,允许通信双方在不安全的媒体上交换信息,安全地达成一致的密钥,这就是"公开密钥系统"。这种算法需要两个密钥:公开密钥(public key)和私有密钥(private key)。因为加密和解密使用的是两个不同的密钥,所以这种算法也叫做非对称加密算法。这对密钥中的任何一把都可作为公开密钥(加密密钥)通过非保密方式向他人公开,而另一把则作为专用密钥(解密密码)加以保存。公开密钥用于对机密性的加密;专用密钥则用于对加密信息的解密。专用密钥只能由生成密钥对的交易方掌握;公开密钥可广泛发布,但它只对该密钥的交易方有用。虽然解密密钥在理论上可由加密密钥推算出来,但这种算法设计在实际上是不可能的,或者虽然能够推算出,但要花费很长的时间因而是(成为)不可行的。

在公开密钥系统中,加密密钥 Ke 是公开的,加密算法 E 和解密算法 D 也是公开的,只有解密密钥 Kd 是需要保密的。虽然 Kd 是由 Ke 决定的,但却不能根据后者计算出前者。用 Ke 对明文 M 加密后,再用 Kd 解密,即可恢复明文,而且,加密和解密的运算可以对调,加密密钥不能用来进行解密。

交易双方利用该方案实现机密信息交换的基本过程如下:

(1) 交易方甲生成一对密钥,将其中的一把作为公开密钥向其他交易方公开。

(2) 得到了该公开密钥的交易方乙使用该密钥对机密信息进行加密后再发送给交易方甲。

(3) 交易方甲再用自己保存的另一把专用密钥对加密后的信息进行解密。

(4) 交易方甲只能用其专用密钥解密由其公开密钥加密后的信息。

非对称加密算法主要有 RSA,DSA,Diffie-Hellman,PKCS,PGP 等。

RSA 算法是由 Rivest,Shanir 和 Adlerman 于 1978 年在麻省理工学院研(制)究出来的,是建立在数论中大数分解和素数检测的理论基础上的。两个大素数相乘在计算上是容易实现的,但将该乘积分解为两个大素数因子的计算量却相当巨大,大到甚至在计算机上也不可能实现。

RSA 算法将加密密钥和加密算法分开,使得密钥分配更为方便。它特别符合计算机网络环境。对于网上的大量用户,可以将加密密钥用类似电话簿的方式印出。如果某用户想与另一用户进行保密通信,只需从公钥簿上查出对方的加密密钥,用它对所传送的信息加密发出即可。对方收到信息后,用仅为自己所知的解密密钥将信息解(脱)密,了解报文的内容。由此可看出,RSA 算法解决了大量网络用户密钥管理的难题。

RSA 的缺点主要是产生密钥很麻烦,受到素数产生技术的限制,因而难以做到一次一密。分组长度太大,为保证安全性,n 至少也要 600b 以上,使运算代价很高,尤其是速度较慢,较对称密码算法慢几个数量级,且随着大数分解技术的发展,这个长度还在增加,不利于数据格式的标准化。由于进行的都是大数计算,使得 RSA 最快的情况也比 DES 慢上 100 倍。无论是软件还是硬件实现,速度一直是 RSA 的缺陷,因此一般来说只用于少量数据加密。RSA 和 DES 的优缺点正好互补。RSA 的密钥很长,加密速度慢,而采用 DES,正好弥补了 RSA 的缺点,即 DES 用于明文加密,RSA 用于 DES 密钥的加密。由于 DES 加密速度快,因此适合加密较长的报文,而 RSA 可解决 DES 密钥分配的问题。美国的保密增强邮件(PEM)就是采用了 RSA 和 DES 结合的方法,目前已成为 E-mail 保密通信标准。

4.2.2 认证技术

安全认证技术也是为了满足电子商务系统的安全性要求采取的一种常用的必需的安全技术。安全认证的主要作用是进行信息认证。信息认证的目的有两个:

(1) 确认信息发送者的身份。

(2) 验证信息的完整性,即确认信息在传送或存储过程中未被篡改过。

安全认证技术主要有数字摘要(Digital Digest)、数字信封(Digital Envelop)、数字签名(Digital Signature)、数字时间戳(Digital Time-Stamp)、数字证书(Digital Certificate,Digital ID)等。

1. 数字摘要

. 数字摘要是采用单向 Hash 函数对文件中若干重要元素进行某种变换运算得到固定长度的摘要码(数字指纹 Finger Print),并在传输信息时将之加入文件一同送给接收方,接收方收到文件后,用相同的方法进行变换运算,若得到的结果与发送来的摘要码相同,则可断定文件未被篡改,反之亦然。

加密方法亦称安全 Hash 编码法(SHA:Secure Hash Algorithm)或 MDS(Standards for Message Digest),由 Ron Rivest 所设计。该编码法采用单向 Hash 函数将需加密的明文"摘要"成一串 128b 的密文,这一串密文亦称为数字指纹(Finger Print),它有固定的长度,且不同的明文摘要成密文,其结果总是不同的,而同样的明文其摘要必定一致。这样,这串摘要便可成为验证明文是否是"真身"的"指纹"了。这种方法可以与加密技术结合起来使用,数字签名就是上述两种方法结合使用的实例。

2. 数字签名

如果只用密码系统对数据加密,它可以保证信息的保密性,但是不能保证信息不被篡改和伪造,因此还需采取进一步的措施。

数字签名是使用公共密钥加密来完成的,一个数字签名是与书写签名起同样作用的一种技术,用来证明信息的来源和正文。例如,接收数据(E-Mail)可以证明谁签署数据和数据在签名后没有被更改。

数字签名用于发送者密押。这也意味着发送端不能虚假拒绝签署数据。此外,一个数字签名使计算机能够以公证人身份公证信息,确保信息在传输中没有被伪造。

假设一个顾客 A 与一个商户 B,当顾客 A 从商户 B 处定购货物,顾客 A 使用商户 B 的公共密钥来加密他的保密信息,商户 B 接着使用自己的私人密钥去解密信息(仅私人密钥可解密公开密钥加密的文件)。这样,顾客 A 知道仅商户 B 能收到那个数据,为了确保安全,顾客 A 能附带一个数据签名,它使用顾客 A 的秘密密钥进行加密,商户 B 能使用顾客 A 的公开密钥来解密,并知道只有顾客 A 能发送它,另一方面,商户 B 使用顾客 A 的公开密钥发送保密信息,仅顾客 A 能使用其秘密密钥进行解密,这种情况表明数字签名应用于公开密钥加密中来确保密押和私人性。

数字签名也称电子签名。它是一个仅能由发送方才能产生的标记,其他人只能简单地识别此标记是属于谁的,数字签名是产生同真实签名有相同效果的一种协议,和真实签名一样,数字签名用于保证信息的防篡改和防伪造。

3. 数字时间戳

数字时间戳技术是数字签名技术的一种变种应用。在电子商务交易文件中,时间是十分重要的信息。在书面合同中,文件签署的日期和签名一样均是十分重要的防止文件被伪造和篡改的关键性内容。而在电子交易中,同样需要对交易文件的日期和时间信息采取安全措施。数字时间戳服务(Digital Time Stamp Service,DTS)就能提供电子文件的日期和时间信息的安全保护,是由专门的机构提供的网上电子商务安全服务项目之一。

时间戳(Time-Stamp)是一个经加密后形成的凭证文档,它包括三个部分:

(1) 需加时间戳的文件的摘要(Digest)。

(2) DTS 收到文件的日期和时间。

(3) DTS 的数字签名。

时间戳产生的过程为:用户首先将需要加时间戳的文件用 HASH 编码加密形成摘要,然后将该摘要发送到 DTS,DTS 在加入了收到文件摘要的日期和时间信息后再对该文件用其私钥加密形成 DTS 的数字签名,然后送回用户。

值得注意的是,书面签署文件的时间是由签署人自己写上的,而数字时间戳则不然,它是由认证单位 DTS 来加的,以 DTS 收到文件的时间为依据。

4. 数字信封

数字信封是数据加密技术的又一类应用,信息发送端用接收端的公开密钥,将一个通信密钥加密后传送到接收端,只有指定的接收端才能打开信封,取得私有密钥(Sk)用它来解开传送来的信息。

具体过程如下:

(1) 要传输的信息经 Hash 函数运算得到一个信息摘要 MD,MD=Hash(信息)。

(2) MD 经发送者 A 的私钥 SKA 加密后得到一个数字签名。

(3) 发送者 A 将信息明文、数字签名及数字证书上的公钥三项信息通过对称加密算法，以 DES 加密密钥 SK 进行加密得加密信息 E。

（4）A 在传送信息之前，必须先得到 B 的证书公开密钥 PKB，用 PKB 加密秘密密钥 SK，形成一个数字信封 DE。

（5）E 和 DE 就是 A 所传送的内容。

（6）接收者 B 以自己的私人密钥 SKB 解开所收到的数字信封 DE，从中解出 A 所用过的 SK。

（7）B 用 SK 将 E 还原成信息明文、数字签名和 A 的证书公开密钥。

（8）将数字签名用 A 证书中的公开密钥 PKA 解密，将数字签名还原成信息摘要 MD。

（9）B 再以收到的信息明文，用 Hash 函数运算，得到一个新的信息摘要 MD'。

（10）比较收到已还原的 MD 和新产生的 MD'是否相等，相等无误即可确认，否则不接收。

5. 数字证书（Digital certificate，Digital ID）

在交易支付过程中，参与各方必须利用认证中心签发的数字证书来证明各自的身份。所谓数字证书，就是用电子手段来证实一个用户的身份及用户对网络资源的访问权限。在网上电子交易中，如果双方出示了各自的数字证书，并用它来进行交易操作，那么双方都可不必为对方身份的真伪担心。

数字证书是用来唯一确认安全电子商务交易双方身份的工具。由于它由证书管理中心做了数字签名，因此，任何第三方都无法修改证书的内容。任何信用卡持有人只有申请到相应的数字证书，才能参加安全电子商务的网上交易。

数字证书的内部格式是由 CCITT X.509 国际标准所规定的，它必须包含以下几点：

- 证书的版本号。
- 数字证书的序列号。
- 证书拥有者的姓名。
- 证书拥有者的公开密钥。
- 公开密钥的有效期。
- 签名算法。
- 办理数字证书的单位。
- 办理数字证书单位的数字签名。

在电子商务中，数字证书一般有四种类型：客户证书、商家证书、网关证书及 CA 系统证书。

6. 安全认证机构

电子商务授权机构（CA）也称为电子商务认证中心（Certificate Authority）。在电子交易中，无论是数字时间戳服务还是数字证书的发放，都不是靠交易的双方自己能完成的，而需要有一个具有权威性和公正性的第三方来完成。认证中心（CA）就是承担网上安全电子交易认证服务，能签发数字证书，并能确认用户身份的服务机构。认证中心通常是企业性的服务机构，主要任务是受理数字证书的申请、签发及对数字证书的管理。

在做交易时，向对方提交一个由 CA 签发的包含个人身份的证书，使对方相信自己的身份。顾客向 CA 申请证书时,可提交自己的驾驶执照、身份证或护照,经验证后,发放证书,证书包含了顾客的名字和他的公钥。以此作为网上证明自己身份的依据。

认证机构的核心职能是发放和管理用户的数字证书。认证机构在整个电子商务环境中处于至关重要的位置,它是整个信任链的起点。认证机构是开展电子商务的基础,如果认证机构不安全或发放的证书不具权威性,那么网上电子交易就根本无从谈起。

认证机构发放的证书一般分为持卡人证书、支付网关证书、商家证书、银行证书、发卡机构证书。

CA 有四大职能:证书发放、证书更新、证书撤销和证书验证。下面具体阐述各职能要完成的工作。

(1)证书发放。对于 SET 的用户,可以有多种方法向申请者发放证书,可以发放给最终用户签名的或加密的证书,向持卡人只能发放签名的证书,向商户和支付网关可以发放签名并加密的证书。

(2)证书更新。持卡人证书、商户和支付网关证书应定期更新,更新过程与证书发放过程是一样的。

(3)证书撤销。证书的撤销可以有许多理由,如私有密钥被泄露,身份信息的更新或终止使用等。对持卡人而言,他需要确认他的账户信息不会发往一个未被授权的支付网关。因此,被撤销的支付网关证书需包含在撤销清单中并散发给持卡人;由于持卡人不会将任何敏感的支付信息发给商家,所以,持卡人只需商户证书的有效性即可。对商户而言,需检查持卡人不在撤销清单中,并需与发卡行验证信息的合法性;同样支付网关需检查商户证书不在撤销清单中,并需与收单行验证信息的合法性。

(4)证书验证。SET 证书是通过信任分级体系来验证的,每一种证书与签发它的单位相联系,沿着该信任树直接到一个认可信赖的组织,我们就可以确定证书的有效性,信任树"根"的公用密钥对所有 SET 软件来说都是已知的,因而可以按次序检验每一个证书。

4.3　安全技术协议

电子商务出现之后,为了保障电子商务的安全性,人们不断通过各种途径进行大量的探索,SSL 安全协议和 SET 安全协议就是这种探索的两项重要结果。

4.3.1　安全套接字协议(SSL)

SSL 协议是 Netscape 公司在网络传输层之上提供的一种基于 RSA 和保密密钥的用于浏览器和 Web 服务器之间的安全连接技术。它被视为 Internet 上 Web 浏览器和服务器的标准安全性措施。SSL 提供了用于启动 TCP/IP 连接的安全性"信号交换"。这种信号交换导致客户和服务器同意将使用的安全性级别,并履行连接的任何身份验证要求。它通过数字签名和数字证书可实现浏览器和 Web 服务器双方的身份验证。在用数字证书对双方的身份验证后,双方就可以用保密密钥进行安全的会话了。

SSL 协议在应用层收发数据前,协商加密算法、连接密钥并认证通信双方,从而为应用层提供了安全的传输通道;在该通道上可透明加载任何高层应用协议(如 HTTP、FTP、TELNET 等)以保证应用层数据传输的安全性。SSL 协议独立于应用层协议,因此,在电子交易中被用来安全传送信用卡号码。

中国目前多家银行均采用 SSL 协议,如在目前中国的电子商务系统中能完成实时支付,用的最多的招行一网通采用的就是 SSL 协议。所以,从目前实际使用的情况看,SSL 还是人们最信赖的协议。

SSL 当初并不是为支持电子商务而设计的,所以在电子商务系统的应用中还存在很多弊端。它是一个面向连接的协议,在涉及多方的电子交易中,只能提供交易中客户与服务器间的双方认证,而电子商务往往是用户、网站、银行三家协作完成,SSL 协议并不能协调各方间的安全传输和信任关系;还有,购货时用户要输入通信地址,这样将可能使得用户收到大量垃圾信件。

因此,为了实现更加完善的电子交易,MasterCard 和 Visa 以及其它一些业界厂商制订并发布了 SET 协议。

4.3.2 安全电子交易 SET 协议

SET 协议是一个在互联网上实现安全电子交易的协议标准,是由 VISA 和 MasterCard 共同制定,1997 年 5 月联合推出的。其主要目的是解决通过互联网使用信用卡付款结算的安全保障性问题。

SET 协议是在应用层的网络标准协议,它规定了交易各方进行交易结算时的具体流程和安全控制策略。SET 协议主要使用的技术包括对称密钥加密、公共密钥加密、HASH 算法、数字签名以及公共密钥授权机制等。SET 通过使用公钥和对称密钥方式加密保证了数据的保密性,通过使用数字签名来确定数据是否被篡改,保证数据的一致性和完整性,并可以防止交易抵赖。

SET 协议运行的目标主要有五个:

(1) 信息在互联网上安全传输。防止数据被黑客或被内部人员窃取。

(2) 保证电子商务参与者信息的相互隔离。客户的资料加密或打包后通过商家到达银行,但是商家不能看到客户的账户和密码信息。

(3) 解决网上认证问题。不仅要对消费者的银行卡认证,而且要对在线商店的信誉程度认证,同时还有消费者、在线商店与银行间的认证。

(4) 保证网上交易的实时性。使所有的支付过程都是在线的。

(5) 仿效 EDI 贸易的形式。规范协议和消息格式,使不同厂家开发的软件具有兼容性和互操作功能,并且可以运行在不同的硬件和操作系统平台上。

电子商务的工作流程与实际的购物流程非常接近。从顾客通过浏览器进入在线商店开始,一直到所定货物送货上门或所定服务完成,然后账户上的资金转移,所有这些都是通过 Internet 完成的。SET 所要解决的最主要的问题是保证网上传输数据的安全和交易对方的身份确认。一个完整的基于 SET 的购物处理流程如图 4-2 所示。

(1) 支付初始化请求和响应阶段。当客户决定要购买商家的商品并使用 SET 钱夹付款时,商家服务器上 POS 软件发报文给客户的浏览器 SET 钱夹付款,SET 钱夹则要求

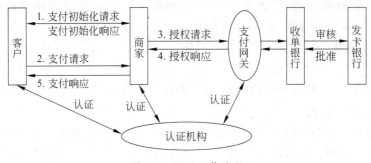

图 4-2 SET 工作流程

客户输入口令然后与商家服务器交换握手信息,使客户和商家相互确认,即客户确认商家被授权可以接受信用卡,同时商家也确认客户是合法的持卡人。

(2)支付请求阶段。客户发报文,包括订单和支付命令,其中必须有客户的数字签名,同时利用双重签名技术保证商家看不到客户的账号信息。只有位于商家开户行的被称为支付网关的另外一个服务器可以处理支付命令中的信息。

(3)授权请求阶段。商家收到订单后,POS 组织一个授权请求报文其中包括客户的支付命令,发送给支付网关。支付网关是一个 Internet 服务器,是连接 Internet 和银行内部网络的接口。授权请求报文通过到达收单银行后,收单银行再到发卡银行确认。

(4)授权响应阶段。收单银行得到发卡银行的批准后,通过支付网关发给商家授权响应报文。

(5)支付响应阶段。商家发送订单确认信息给顾客,顾客端软件可记录交易日志,以备将来查询。同时商家给客户装运货物,或完成订购的服务。到此为止,一个购买过程已经结束。商家可以立即请求银行将款项从购物者的账号转移到商家账号,也可以等到某一时间,请求成批划账处理。

在上述的处理过程中,通信协议、请求信息的格式、数据类型的定义等,SET 都有明确的规定。在操作的每一步,持卡人、商家和支付网关都通过 CA 来验证通信主体的身份,以确保通信的对方不是冒名顶替。

SET 标准更适合于消费者、商家和银行三方进行网上交易的国际安全标准。网上银行采用 SET,确保交易各方身份的合法性和交易的不可否认性,使商家只能得到消费者的订购信息而银行只能获得有关支付信息,确保了交易数据的安全、完整和可靠,从而为人们提供了一个快捷、方便、安全的网上购物环境。

4.4 计算机网络安全技术

在公用互联网 Internet 上进行电子商务活动时,除了在交易过程中会面临上述一些特殊的安全性问题外,还会涉及到一般计算机网络系统普遍面临的一些安全问题。

在电子商务中的信息数据可以划分为下列几种类型:

(1)公共数据。这种数据没有安全限制,并且能被任何人使用。但是这种数据要防止被随意更改和清除。

（2）版权数据。这种数据有版权但不保密，数据所有者愿意提供，但希望有偿提供，为了收到更大效益，安全性必须很强。

（3）机密数据。这种数据内容包含有秘密，但数据本身不保密，这类数据如银行账户、个人文档等。

（4）保密数据。这类数据存在本身就是保密的，并且任何时候都保持机密。对这类数据的安全性要求非常强。

这里，我们可以看到，数据除了加密以外，还需要安全可靠地存放。因此需要一个有效的计算机网络安全体系来实现。

4.4.1 计算机安全基础

计算机的应用使当今社会的信息资源高度集中于计算机，计算机网络的应用使存储于计算机中的机密信息随时受到联网的计算机用户攻击的威胁。网络上存在着大量的黑客，所谓黑客，泛指计算机信息系统的非法入侵者。国外还有许多计算机"黑客俱乐部"，出版"黑客"杂志，交流"黑客"经验，有的"黑客"还公开宣称世界上没有一个计算机网络不被人非法侵入过。

对计算机安全的攻击有两种可能：内部人员利用上机的合法身份越权存取计算机中的数据或干扰其他用户的使用；外部人员利用计算机通过电话线拨号进入计算机网络，注册登录到网内某一主机并进行非法存取。

电子商务是在网上进行交易活动的，企业的内部网会受到"黑客"的攻击，企业存储于计算机中的机密信息其安全性就会受到威胁。如何设置更严的防护手段，使"黑客"的侵入难以实现，这就是网络安全所面临的问题。

计算机网络安全是计算机安全概念在网络环境下的扩展，国际标准化组织曾建议计算机安全的定义为："计算机系统有保护，计算机系统的硬件、软件、数据不被偶然或故意地泄露、更改和破坏。"美国国防部于1983年公布了"可信计算机系统评级准则"，其基本思想是，计算机安全是指计算机系统有能力控制给定的主体对给定的客体的存取。在此之后，欧洲几个国家共同提出了"信息技术安全评级准则"，其基本思想是将计算机安全从三个方面来衡量，即保密性、完整性、可用性。保密性是指计算机系统能防止非法泄露计算机数据；完整性是指计算机系统能防止非法修改和删除计算机数据和程序；可用性是指计算机系统能防止非法独占计算机资源和数据，当用户需要使用计算机资源时能有资源可用。

计算机安全的基本要求有如下五条：

（1）认同用户和鉴别。要求用户在使用计算机以前首先向计算机输入自己的用户名和身份鉴别数据（如口令、标识卡、指纹等），以便计算机系统确认该用户的真实身份，防止冒名顶替和非法用机。

（2）控制存取。当用户已被计算机接受并注册登录后要求调用程序或数据时，计算机核对该用户的权限，根据用户对该项资源被授予的权限控制对其进行存取。

（3）保障完整性。保护计算机系统的配置参数不被非法更改，保护计算机数据不被非法修改和删除。如果一项数据有多份拷贝，当用户在一处修改后，其他拷贝同时修改，以保障数据的一致性。

（4）审计。系统能记录用户所要求进行的操作及其相关的数据，能记录操作的结果，能判断违反安全的事件是否发生，如果发生则记录备查。审计能力的强弱对于防止计算机犯罪、获得法定证据尤其重要。

（5）容错。当计算机的元器件突然发生故障，或计算机系统工作环境设备突然发生故障时，计算机系统能继续工作或迅速恢复。

4.4.2　计算机网络安全

对于企业的内部网络 Intranet 网络需求主要有身份认证、授权控制、通信加密、数据完整性以及防止否认。

（1）身份认证。身份认证是授权控制的基础。身份认证必须做到准确无二义地将对方辨认出来。

（2）授权控制。授权控制是控制不同的用户对信息资源访问权限，主要包括有一致性，对信息资源的控制没有二义性，各种定义之间没有冲突；统一性，对所有信息资源进行集中管理；要求有审计功能，对所有授权有记录可以核查。

（3）通信加密。数据加密是人们共知的保证安全通信的手段之一。目前采用的加密技术主要有两类：对称密钥加密算法（DES 算法）也称分组密钥加密；非对称密钥加密算法（RAS 算法）也称公开密钥加密。加密的实施可以有软件加密和硬件加密两种，采用软件加密成本低且实用灵活、更换方便；硬件加密效率高、安全性高。彼此各有长处，可根据需要采用相应的加密技术。

（4）数据完整性。通过网上传输的数据应防止被修改、删除、插入、替换或重发，以保证合法用户接受和使用该数据的真实性。

（5）防止否认。接受方要保证不能否认收到的信息是发送方发出的信息，而不是被他人冒名、篡改过的信息；发送方也会要求对方不能否认已经收到的信息。防止否认在电子商务中是非常重要的一环。

1.　网络防火墙

对于电子商务的安全的担忧一般可以分为对用户授权的担忧，对数据和交易安全的担忧。诸如口令保护，有加密措施的信用卡、指纹技术、防火墙等的授权机制能保证只有合法用户，程序才能存取诸如用户账号、文件和数据库的信息资源。密钥加密的数据和交易安全措施用于保证商业交易和报文的机密性，信任性，也是电子现金和电子支票等数种在线支付系统的基础。

实施网络安全和数据/交易安全必须同时进行。只实施某一方面的安全是毫无意义的。在线商务/个人信息只有安全地被传输，并安全地被存储才有意义。为了实现安全传输和信息存储，保护其不受内外部的威胁，加密技术必须用来支持诸如防火墙之类的外围防护措施，确保内部主机安全地被外部访问。管理员必须采取足够的加密措施防止任何可能对商业信息的攻击。

防火墙（Firewall）是 Internet 上广泛应用的一种安全措施的形象说法。它是指两个网络之间执行访问控制策略（允许、拒绝、检测）的一系列部件的组合，包含硬件和软件，目的是保护网络不被他人侵扰。如图 4-3 所示。

图 4-3　防火墙的概念

防火墙是不同网络之间信息的唯一出口,能根据企业网络安全策略控制出入网络的信息流且本身具有较强的抗攻击能力。防火墙可通过检测、限制、更改跨越防火墙的数据流,尽可能地对外部屏蔽内部的信息、结构和运行状况,以此来实现网络的安全。它作为一种访问控制机制,通常采用两种准则进行设计:一切未被允许的就是禁止的。一切未被禁止的就是允许的。前者是在默认情况下禁止所有服务,后者是在默认情况下允许所有服务。

防火墙仅允许特定外部用户才能存取公司网(或者站点)的信息资源的设备。典型的防火墙,允许内部用户有全权存取外部服务,基于用户名和口令,IP 地址,域名的筛选方式来授权外部用户,如程序可以设成只允许具有特殊域名与公司有长期合作伙伴或商务关系的用户才能进入 WEB 站点。防火墙实质上在公司网(安全网)与外部网(非安全网)之间建立了一层壁垒。

在逻辑上,防火墙是一个分离器、一个限制器、一个分析器,有效地监控了内部网和Internet 之间的任何活动,保证了内部网络的安全。通过它隐藏公司网不被外部网上的其他用户看到。防火墙不仅仅只是硬件或软件,它是一种通过定义各种用户的存取权限和提供的服务来实现安全的方法,通过强制性的与防火墙联结,由防火墙检验和审计合法性而实现了存取安全。

公司,特别是金融服务类公司,在使用因特网时应首先考虑使用防火墙。1994 年,WELLS Fargo & Lo,一家具有 50 亿美元资产的银行,通过 WWW 服务器实现与因特网的互连,来为潜在客户提供开户、信用卡和贷款信息。为了防止网络受到外部攻击,他们安装了称为 SEAL(Screening External Access Link)的防火墙,只有在他们感觉防火墙确实不可穿透,能为他们的外部商业网,资产提供充分的保护时,他们才与因特网连接。基于大多数公司内部网都以易用为首要原则,防火墙对减少来自外部用户的欺诈、攻击是非常有效的。

防火墙有多种类型,各自提供不同的安全级别,在内部网与因特网连接的计算机或路由器上安装防火墙是最广泛的防火墙使用方式。这种防火墙控制和监控外部网与内部网之间的通信。

防火墙有简单通信日志系统、IP 包监视路由器、强化型的防火墙主机策略代理应用网关等。

1) 简单通信日志

通信日志系统是 WEB 服务器上的重要防火墙。这类系统记录所有通过防火墙的网络通信流于文件或数据库中,用于审计,因此也称为审计日志文件,在给定的 WEB 站点上列出每一个日志文件。日志记录了被存取的文件,用户登录的域名,在系统中停留的时间,传输的字节数等信息。

通过分析日志文件,管理员能够回答如下问题:

高峰期,最经常被访问的目录、页面;主页被访问了多少次;WEB 站点是否曾经断开连接;用户使用的浏览器类型;这周接收了多少用户的产品需求订单;与上周相比有什么变化;用户访问了什么类型的信息;竞争对手呢？潜在的用户呢？通过分析问题,管理员能了解通信模型,更重要的是,了解特定客户的行为和心理。

2) IP 包监视路由器

监视路由器(也称包过滤网关)是最简单的防火墙。监视路由器过滤通过防火墙的所有信息包。防火墙路由器用数种设计在路由器内部的过滤规则来自动过滤包信息,决定允许或禁止 IP 包。

经常使用的监视规则有:

(1) 入包协议。基于(TCP,UDP,ICMP)协议控制网络通信和包的过滤。

(2) 包路由的目标应用。限制对特定应用的存取;TCP 80 端口经常为 WEB SERVER 应用所保留。

(3) 限制特定的为系统所知的 IP 源地址。来自特定的 IP 地址的存取被禁止。如,丢弃任何来自非公司站点如带有.edu 的网址的包信息。

实际中的过滤机制各有特色,但是防火墙都包括两种机制:一是阻止外部信息进入,另外是允许对外部的存取。一些防火墙把重点放在阻止外界的入侵,另一些强调允许对外部的存取上。虽然正确配置后的防火墙能有效阻止许多安全漏洞,但是也有几个缺点:对广大的具有不同需求的用户来说,很难决定采取什么样的监视路由器;监视路由器还不够灵活,不容易扩展,对程序事先未定义的事务缺乏有效处理;如果监视路由器被黑客绕过,那么网络其他的部分就等于处于公开受攻击状态。

对 IP 包监视机制来说,许多公司都采用 CISCO 公司的路由器产品,这类路由器通过编程来实现对可接受地址的记忆。可编程路由器大概在 3000 美元左右,对小公司来说,可能有很大的吸引力。路由器监测因特网入侵就像铁锁防止俱乐部被盗一样;路由器不是万能的,但确实起到了很好的保护作用。

3) 防火墙强化型主机策略

防火墙强化型主机指一台受特定限制、在安全上得到增强的计算机。它要有外部或内部用户在连到内部应用之前必须与防火墙机上的得到信任的应用相连。一般地,这类防火墙配置成保护来自外部的未授权的交互式登录。与其他机制不同的是防火墙强化型主机有效地阻止了未授权用户登录到内部的机器上。

要配置一台强化型主机,系统管理员必须做到:除了进行防火墙操作所必需的账号,其他账号一律删除,如果用户不能登录到防火墙主机,他们就无法破坏安全措施;除去所有不重要的文件和可执行文件,特别是网络服务程序和 FTP,Telnet 之类的客户应用;扩展通信记录和对远程存取的监视;使 IP 包向前传递的功能失效,从而防止防火墙在 Internet 与企业网之间传递未授权的包。

防火墙强化型系统主机记录了登录到系统的用户和试图登录到系统的用户,后者是企图闯入系统的讯号。通过日志,审计等措施,就能区别漫不经心的登录与恶意的攻击之间的不同。

防火墙强化型主机提供了如下特定的安全措施：

- 连接安全。所有软件，日志都分布在防火墙上面，而不是分散在多台主机上。
- 信息隐藏。防火墙能隐藏内部系统名或 E-Mail 地址，因此保护了内部网。
- 集中化简化的网络服务管理。FTP，E-Mail，Gopher 和其他的服务都由防火墙系统提供，而不是由许多独立的系统来提供。

也是由于这些优势，当前在防火墙强化型主机的构想中，有一些亟待解决的问题，尤其是，防火墙强化型主机策略反对分散化安全管理，代之以集中化的安全管理策略，那么，它的一个明显缺陷是，对网络中其他很少受保护的系统而言，如果防火墙被绕过，那么受到的攻击将是致命的。

2. 计算机病毒

计算机病毒是指编制或者在计算机程序中插入的破坏计算机功能或者毁坏数据，影响计算机使用，并能自我复制的一组计算机指令或者程序代码，就像生物病毒一样，计算机病毒有独特的复制能力。计算机病毒可以很快地蔓延，又常常难以根除。它们能把自身附着在各种类型的文件上。当文件被复制或从一个用户传送到另一个用户时，它们就随同文件一起蔓延开来。

1) 计算机病毒的特征

(1) 非授权可执行性。用户通常调用执行一个程序时，把系统控制交给这个程序，并分配给他相应系统资源，如内存，从而使之能够运行完成用户的需求。因此程序执行的过程对用户是透明的。而计算机病毒是非法程序，正常用户是不会明知是病毒程序，而故意调用执行。但由于计算机病毒具有正常程序的一切特性：可存储性、可执行性。它隐藏在合法的程序或数据中，当用户运行正常程序时，病毒伺机窃取到系统的控制权，得以抢先运行，然而此时用户还认为在执行正常程序。

(2) 隐蔽性。计算机病毒是一种具有很高编程技巧、短小精悍的可执行程序。它通常粘附在正常程序之中或磁盘引导扇区中，或者磁盘上标为坏簇的扇区中，以及一些空闲概率较大的扇区中，这是它的非法可存储性。病毒想方设法隐藏自身，就是为了防止用户察觉。

(3) 传染性。传染性是计算机病毒最重要的特征，是判断一段程序代码是否为计算机病毒的依据。病毒程序一旦侵入计算机系统就开始搜索可以传染的程序或者磁介质，然后通过自我复制迅速传播。由于目前计算机网络日益发达，计算机病毒可以在极短的时间内，通过像 Internet 这样的网络传遍世界。

(4) 潜伏性。计算机病毒具有依附于其他媒体而寄生的能力，这种媒体我们称之为计算机病毒的宿主。依靠病毒的寄生能力，病毒传染合法的程序和系统后，不立即发作，而是悄悄隐藏起来，然后在用户不察觉的情况下进行传染。这样，病毒的潜伏性越好，它在系统中存在的时间也就越长，病毒传染的范围也越广，其危害性也越大。

(5) 表现性或破坏性。无论何种病毒程序一旦侵入系统都会对操作系统的运行造成不同程度的影响。即使不直接产生破坏作用的病毒程序也要占用系统资源（如占用内存空间，占用磁盘存储空间以及系统运行时间等）。而绝大多数病毒程序要显示一些文字或图像，影响系统的正常运行，还有一些病毒程序删除文件，加密磁盘中的数据，甚至摧毁整个系统和数据,使之无法恢复,造成无可挽回的损失。因此,病毒程序的副作用轻者降低系统工作效率,重者导致系统崩溃、数据丢失。病毒程序的表现性或破坏性体现了病毒设计者的真正意图。

(6) 可触发性。计算机病毒一般都有一个或者几个触发条件。满足其触发条件或者激活病毒的传染机制,使之进行传染;或者激活病毒的表现部分或破坏部分。触发的实质是一种条件的控制,病毒程序可以依据设计者的要求,在一定条件下实施攻击。这个条件可以是输入特定字符,使用特定文件,某个特定日期或特定时刻,或者是病毒内置的计数器达到一定次数等。

2) 计算机病毒的分类

(1) 按寄生方式分为引导型病毒、文件型病毒和复合型病毒

引导型病毒是指寄生在磁盘引导区或主引导区的计算机病毒。此种病毒利用系统引导时,不对主引导区的内容正确与否进行判别的缺点,在引导型系统的过程中侵入系统,驻留内存,监视系统运行,待机传染和破坏。按照引导型病毒在硬盘上的寄生位置又可细分为主引导记录病毒和分区引导记录病毒。主引导记录病毒感染硬盘的主引导区,如大麻病毒、2708 病毒、火炬病毒等;分区引导记录病毒感染硬盘的活动分区引导记录,如小球病毒、Girl 病毒等;文件型病毒是指能够寄生在文件中的计算机病毒。这类病毒程序感染可执行文件或数据文件。如 1575/1591 病毒、848 病毒感染.COM 和.EXE 等可执行文件;Macro/Concept、Macro/Atoms 等宏病毒感染.DOC 文件;复合型病毒是指具有引导型病毒和文件型病毒寄生方式的计算机病毒。这种病毒扩大了病毒程序的传染途径,它既感染磁盘的引导记录,又感染可执行文件。当染有此种病毒的磁盘用于引导系统或调用执行染毒文件时,病毒都会被激活。因此在检测、清除复合型病毒时,必须全面彻底地根治,如果只发现该病毒的一个特性,把它当作引导型或文件型病毒进行清除。虽然好像是清除了,但还留有隐患,这种经过消毒后的"洁净"系统更赋有攻击性。这种病毒有Flip 病毒、新世际病毒、One-half 病毒等。

(2) 按破坏性分为良性病毒和恶性病毒

良性病毒是指那些只是为了表现自身,并不彻底破坏系统和数据,但会大量占用CPU 时间,增加系统开销,降低系统工作效率的一类计算机病毒。这种病毒多数是恶作剧者的产物,他们的目的不是为了破坏系统和数据,而是为了让使用染有病毒的计算机用户通过显示器或扬声器看到或听到病毒设计者的编程技术。这类病毒有小球病毒、1575/1591 病毒、救护车病毒、扬基病毒、Dabi 病毒,等等。还有一些人利用病毒的这些特点宣传自己的政治观点和主张。也有一些病毒设计者在其编制的病毒发作时进行人身攻击。

恶性病毒是指那些一旦发作后,就会破坏系统或数据,造成计算机系统瘫痪的一类计算机病毒。这类病毒有黑色星期五病毒、火炬病毒、米开朗·基罗病毒等。这种病毒危害性极大,有些病毒发作后可以给用户造成不可挽回的损失。

3. 计算机病毒的主要来源

- 引进的计算机系统和软件中带有病毒。
- 各类出国人员带回的机器和软件染有病毒。

- 一些染有病毒的游戏软件。
- 非法复制中毒。
- 计算机生产、经营单位销售的机器和软件染有病毒。
- 维修部门交叉感染。
- 有人研制、改造病毒。
- 敌对分子以病毒进行宣传和破坏。
- 通过国际互联网传入的。

4. 杀毒软件

国内著名杀毒软件有江民、瑞星、金山毒霸;国外著名杀毒软件有诺顿、趋势、熊猫、卡巴斯基等。

4.4.3 虚拟专用网技术 VPN

虚拟专用网(VPN)技术是一种在公用互联网络上构造企业专用网络的技术。通过 VPN 技术,可以实现企业不同网络的组件和资源之间的相互连接,它能够利用 Internet 或其他公共互联网络的基础设施为用户创建隧道,并提供与专用网络一样的安全和功能保障。虚拟专用网络允许远程通信方、销售人员或企业分支机构使用 Internet 等公共互联网络的路由基础设计,以安全的方式与位于企业内部网内的服务器建立连接。VPN 对用户端透明,用户好像使用一条专用路线在客户计算机和企业服务器之间建立点对点连接,进行数据的传输。

虚拟专用网络技术支持企业通过 Internet 等公共互联网络与分支机构或其他公司建立连接,进行安全通信。这种跨越 Internet 建立的 VPN 连接在逻辑上等同于两地之间使用专用广域网建立的连接。VPN 利用公共网络基础设施为企业各部门提供安全的网络互联服务,它能够使运行在 VPN 之上的商业应用享有几乎和专用网络同样的安全性、可靠性、优先级别和管理性。

VPN 网络可以利用 IP 网络、帧中继网络和 ATM 网络建设。VPN 具体实现是采用隧道技术,将企业内的数据封装在隧道中进行传输。隧道协议可分为第二层隧道协议 PPTP、L2F、L2TP 和第三层隧道协议 GRE、Ipsec。

利用 VPN 技术可以建设用于 Internet 交易的专用网络,它可以在两个系统之间建立安全的信道(或隧道),用于电子数据交换(EDI)。在 VPN 中通信的双方彼此都较熟悉,这意味着可以使用复杂的专用加密和认证技术,只要通信的双方默认即可,没有必要为所有的 VPN 进行统一的加密和认证。现有的或正在开发的数据隧道系统可以进一步增加 VPN 的安全性,因而能够保证数据的保密性和可用性。

习　题　4

4.1　思考题

1. 电子商务主要面临哪些方面的安全问题? 相应的技术上的对策是什么?

2. 为什么说使用非对称加密可以防止赖账行为?

3. 试述电子签名的过程。

4. 什么是数字证书,为什么要使用数字证书?

5. 简述 CA 的功能与作用。

4.2 填空题

1. _____是保证网络、信息安全的核心技术。信息在网络中传输时,通常不是以_____,而是以_____的方式进行通信传输的。

2. CA 有四大职能:_____、_____、_____和_____。

3. 电子商务出现之后,为了保障电子商务的安全性,人们不断通过各种途径进行大量的探索,_____安全协议和_____安全协议就是这种探索的两项重要结果。

4. 计算机病毒的特征有:非授权可执行性、_____、_____、_____、_____、_____。

5. 防火墙被定义为一种只允许_____才能存取公司网(或者站点)的信息资源的设备。防火墙实质上在_____(安全网)与_____(非安全网)之间建立了一层壁垒。

6. 虚拟专用网 VPN(Virtual Private Network)通常被定义为通过一个公共网络(通常是 Internet)建立一个_____连接。是一条穿过混乱的公用网络的安全、稳定的隧道,它是对_____的扩展。

7. 计算机病毒是指编制或者在计算机程序中插入的破坏计算机功能或者毁坏数据,影响计算机使用,并能_____的一组计算机指令或者程序代码,就像生物病毒一样,计算机病毒有独特的_____。

8. 计算机病毒按寄生方式分为_____、_____和_____。

9. 公钥证书中一个身份证明系统一般由三方组成:_____、_____、_____。

10. SSL 由两层结构组成,一是_____,它建立在面向连接的可靠传输协议(如 TCP)基础之上,提供机密性(confidentiality)、真实性(authenticity)和重传(replay)保护;二是_____,它位于记录层协议的上部,用于客户机和服务器之间的初始化和密钥协商等。

第5章　电子商务中的物流与供应链管理

供应链管理是一种集成的管理思想和方法,是对供应链中的物流、资金流和信息流进行计划、组织、协调和控制的一体化管理过程。在供应链管理中,企业不仅要协调企业内部计划、采购、制造、销售等各个环节,还要与供应链上下游企业紧密配合。在电子商务环境下,企业内部和企业间的部分管理活动和商务活动通过网络完成,当它与供应链管理整合在一起时,可以改进运营效率,降低交易成本,增强客户服务,提高响应效率。

物流为电子商务环境中的供应链运作提供必要的支持,本章从物流管理入手,阐释企业供应链管理的过程和策略。

5.1　电子商务物流管理

商品的生产和消费是经济活动的主要构成,由于在商品的生产和消费之间存在各种间隔,因此需要通过"流通"将商品生产及所创造的价值与商品消费加以连接,就形成了"商流"和"物流"。商流是通过商业或贸易活动来沟通商品的生产与消费之间的社会间隔,即商品的所有权从生产者向消费者的转移。而物流是商品从生产者向消费者的转移以实现其使用价值,即商品的生产和消费的场所间隔和时间间隔需要通过"物流"进行沟通。

在电子商务发展的初期,由于对电子商务内涵的认识还不深入,强调更多的是电子商务中信息流和资金流的网络化和电子化,认为对于大多数在网上销售的商品和服务来说,物流的过程仍然可以经由传统渠道来完成,从而可以不必对其做更多的研究。1999年9月,有关媒体为了测试一下当时国内网上购物的环境,组织了一次"72小时的网上生存试验",但试验的结果并不理想,出现了不少的问题,物流配送就是最大的问题之一。有些参试者在试验期间的网上订货竟延后2个月甚至半年才收到。在此后进行的一次市场调查也证明,人们对电子商务最关注的热点问题恰恰是网上交易的送货时间与安全。这再次使人们认识到物流在电子商务活动中的重要地位,认识到现代化的物流过程是电子商务活动不可缺少的部分。

5.1.1　物流管理概述

1. 现代物流的概念

"二战"期间,物流(Logistics)是指军事后勤。战争结束后,物流管理的理论、方法被运用于经济领域,并逐步发展成为现代物流管理的概念。可以简单地用7个恰当(7R)来描述这一概念,即适合的质量(Right Quality)、适合的数量(Right Quantity)、适合的时间(Right Time)、适合的地点(Right Place)、适合的价格(Right Price)、适合的商品(Right Commodity)和优良的印象(Right Impression)。

物流可以从不同角度进行定义,国际上最普遍采用的是美国物流管理协会的定义,"物流是指为了符合客户的需求,所发生的从生产地到销售地的物质、服务以及信息的流动过程,以及为使该过程能有效、低成本地进行而从事的计划、实施和控制行为"。该定义强调客户满意、物流活动的效率,物流贯穿从生产到消费的所有环节,按照所起的作用可以将物流分为供应物流、销售物流、生产物流、回收物流、废弃物流等不同的种类。如图 5-1 所示。

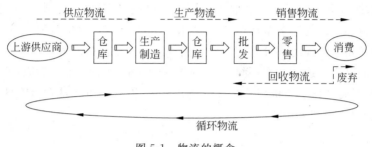

图 5-1　物流的概念

1）供应物流

生产企业、流通企业或消费者购入原材料、零部件或商品的物流过程称为供应物流,也就是物资生产者、持有者至使用者之间的物流。

- 工厂的供应物流是指生产活动所需要的原材料、备品备件等物资的采购、供应活动所产生的物流。
- 流通领域的供应物流是指交易活动中从买方角度出发在交易中所发生的物流。

对于一个企业而言,企业的流动资金十分重要,但大部分是被购入的物资和原材料及半成品等所占用的,因此供应物流的合理化管理对于企业的成本有重要影响。

2）销售物流

生产企业或流通企业售出产品或商品的物流过程称为销售物流,也是指物资的生产者或持有者与用户或消费者之间的物流。

- 工厂的销售物流是指售出产品。
- 流通领域的销售物流是指在交易活动中从卖方角度出发的交易行为中的物流。

企业通过销售物流,可以进行资金的回收并组织再生产的活动。销售物流的效果关系到企业的存在价值是否被社会承认。销售物流的成本在产品及商品的最终价格中占有一定的比例。因此,销售物流的合理化在市场经济中可以起到较大的增强企业竞争力的作用。

3）生产物流

生产物流包括从工厂的原材料购进入库起,直到工厂成品库的成品发送出去为止的物流活动的全过程。生产物流和工厂企业的生产流程同步,企业在生产过程中,原材料、半成品等按照工艺流程在各个加工点之间不停顿地移动、流转形成了生产物流,如果生产物流中断,生产过程也将随之停顿。

生产物流的重要性体现在如果生产物流均衡稳定,可以保证在制品的顺畅流转,缩短生产周期;如果生产物流的管理和控制合理,也可以使在制品的库存得到压缩,使设备负荷均衡化。因此,生产物流的合理化对工厂的生产秩序和生产成本有很大影响。

4）回收物流

商品在生产及流通活动中有许多要回收并加以利用的物资,例如,作为包装容器的纸箱和塑料筐等;对旧报纸和书籍进行回收、分类再制成生产的原材料纸浆;利用金属废弃物的再生性,在回收后重新熔炼成有用的原材料,等等。

上述对物资的回收和再加工过程形成了回收物流,但回收物资品种繁多,变化较大,且流通的渠道也不规则,因此,对回收物流的管理和控制的难度较大。

5）废弃物流

商品的生产和流通系统中所产生的无用的废弃物,如开采矿山时产生的土石、炼钢生产中的钢渣、工业废水以及其他各种无机垃圾等。这些废弃物已没有再利用的价值,但如果不妥善加以处理,就地堆放会妨碍生产甚至造成环境污染。对这类废弃物的处理过程产生了废弃物流。

为了更好地保障生产和生活的正常秩序,对废弃物资的研究也显得十分重要。虽然废弃物流没有经济效益,但是具有不可忽视的社会效益。

2. 物流活动的功能要素

中国《物流术语》国家标准(2001年)中,物流的定义是:"物品从供应地向接收地实体流动过程中,根据实际需要,将运输、储存、装卸、搬运、包装、流通加工、配送、信息处理等基本功能实施的有机结合"。以下就物流活动的这些构成要素分别加以探讨。

1）运输

运输是使物品发生场所、空间移动的物流活动。运输系统是由包括车站、码头等运输结点、运输途径、交通工具等在内的硬件要素,以及交通控制和营运等软件要素组成的有机整体,并通过这个有机整体发挥综合效应。具体看,运输体系中"运输"主要指长距离的商品和服务移动,而短距离少量的输送常常称为"配送"。

2）储存

储存在物流系统中起缓冲、调节和平衡的作用,它有时间调整和价格调整的机能。例如,农作物一年收获 $1 \sim 2$ 次,必须加以储存以保证平时正常需要,防止价格大幅度起落。储存的主要设施是仓库。

3）流通加工

流通加工是指在流通阶段为保存而进行的加工或者为同一机能形态转换而进行的加工。例如,切割、细分化、钻孔、弯曲、组装等轻微的生产活动。除此之外,还包括单位化、价格贴付、标签贴付、备货、商品检验等为使流通顺利进行而从事的辅助作业。如今,流通加工作为提高商品附加值、促进商品差别化的重要手段之一,其重要性越来越明显。

4）包装

包装是在商品输送或保管过程中,为保证商品的价值和形态而从事的物流活动。从机能上看,包装可以分为保持商品品质而进行的工业包装;为使商品能顺利抵达消费者手中、提高商品价值、传递信息等以促进销售为目的的商业包装两大类。

5）装卸

装卸是跨越交通机构和物流设施而进行的,发生在输送、保管、包装前后的商品取放活动,它包括商品放入、卸出、分拣、备货等行为。

6）信息处理

物流信息主要包括与商品数量、质量、作业管理相关的物流信息和已订、发货及其货款支付相关的商流信息。通过收集与其物流活动有关的信息,可以使物流活动有效、顺利的进行。随着信息技术的发展和在物流活动中的普及,物流信息开始趋于集成化和系统化,涉及订货、在库管理、商品进出、输送和备货等五大要素的业务流已在信息系统的集成上实现了一体化。

5.1.2 物流对电子商务的重要作用

传统商务中商流、物流、信息流是分离的,商流解决的是商品价值与使用价值的实现,经过商流,商品变更了所有权,物流解决的是商品生产地域与销售地域的位移,所有权没有改变,信息流解决的是流通主体之间的信息传递。

在电子商务中,强调信息流、商流、资金流和物流的整合,而信息流作为连接的纽带贯穿于电子商务交易的整个过程中,起着串联和监控的作用。电子商务信息流、商流、资金流的处理都可以通过计算机和网络通信设备实现。对于无形的商品及服务,如各种电子出版物、信息咨询服务以及有价信息软件等,可以直接通过网络传输的方式进行电子化配送;而对于大多数有形的商品和服务来说,物流仍然要由物理的方式进行传输。电子商务环境下的物流,通过机械化和自动化工具的应用和准确、及时的物流信息对物流过程的监控,将使物流的速度加快、准确率提高,能有效地减少库存,缩短生产周期。

物流在电子商务流程中的重要作用可大体分为以下几点。

1. 物流是生产过程的保障

无论是传统商务还是电子商务,生产都是商品流通之本,从物流的概念中可以看出,商品生产的顺利进行需要各类物流活动支持,整个生产过程实际上就是一系列的物流活动:

- 供应物流从生产全过程的原材料采购开始,将生产所需的材料采购到位,保证生产的进行。
- 生产物流涉及的原材料、半成品的物流贯穿于生产的各工艺流程之间,以实现生产的流动性。
- 回收物流进行对生产过程中的部分余料和可重复利用的物资进行回收。
- 废弃物物流对完成对生产过程中废弃物的处理。

合理化、现代化的物流活动可以降低生产成本、优化库存结构、减少资金占压和缩短生产周期,保障了生产的高效进行。相反,如果没有现代物流的支持,商品的生产将难以顺利进行,电子商务便捷的优势将不复存在。

2. 物流服务于商流

商流活动的最终结果是将商品所有权由卖方转移到买方,但是实际上在交易合同签订后,商品实体并没有立即发生转移。在传统商务中,商流的结果必须由相应的物流活动来执行完成,也就是卖方按买方的需求将商品实体以适当的方式和途径转移。在电子商务下,消费者通过上网点击购物,完成了商品所有权的转移过程,即商流过程。但电子商务活动并未结束,只有商品和服务真正转移到消费者手中,商务活动才告以终结。因此,物流在电子商务交易的商流中起到了后续者和服务者的作用,没有现代化物流,电子商务的商流活动将是一纸空文。

综上所述,电子商务作为网络时代的一种全新的交易模式,相对于传统商务是一场革命。但是,电子商务必须有现代化的物流技术的支持,才能体现出其所具有的无可比拟的先进性和优越性,在最大程度上使交易双方得到便利,获得效益。因此,只有大力发展作为电子商务重要组成部分的现代化物流,电子商务才能得到更好的发展。

3. 物流是实现"以客户为中心"的根本保证

电子商务的出现,在最大程度上方便了最终消费者。他们不必再跑到拥挤的商业街,一家又一家挑选自己所需的商品,而只要坐在家里,在 Internet 上搜索、查看、挑选,就可以完成他们的购物过程。但试想,他们所购的商品迟迟不能送到,或者商家所送并非自己所购,那消费者还会选择网上购物吗?物流是电子商务中实现"以客户为中心"理念的最终保证,缺少现代化的物流技术,电子商务给消费者带来的购物便捷等于零,消费者必然会转向他们认为更为安全的传统购物方式,网上购物存在的必要性也将受到冲击。

5.1.3 电子商务物流的特点

电子商务对物流服务提出了新的要求,电子商务物流具备一系列新的特点。

1. 信息化

电子商务时代,物流信息化是电子商务的必然要求。物流信息化表现为物流信息收集的代码化、物流信息处理的电子化、物流信息传递的标准化和实时化、物流信息存储的数字化,以及物流信息自身的商品化等。

2. 自动化

物流自动化的基础是信息化,自动化的核心是机电一体化,自动化的外在表现是无人化,自动化的效果是高效率。物流自动化可以扩大物流作业能力、提高生产力、减少物流作业差错等。

3. 网络化

网络化是物流信息化的必然,是电子商务下物流活动的主要特征之一。当今世界Internet 等全球网络资源的可用性及网络技术的普及为物流的网络化提供了良好的外部环境。物流网络化有两层含义:一是物流配送系统的计算机通信网络;二是组织内部物流管理的网络化,依靠企业内部网 Intranet。

4. 智能化

物流智能化是物流自动化、信息化的一种高层次应用。为了提高物流现代化的水平,物流智能化已成为电子商务物流发展的一个新趋势。目前,专家系统、机器人等相关技术在国际上已经有比较成熟的研究成果,为物流智能化提供了可能。

5. 柔性化

柔性化本来是为实现"以客户为中心"理念而在生产领域提出的,但需要真正做到柔性化,即真正能根据消费者需求变化来灵活调节生产工艺,没有配套的柔性化物流系统是不可能达到目的的。柔性化的物流正是适应生产、流通与消费的需求而发展起来的一种新型物流模式。

另外,物流设施、商品包装的标准化、物流的社会化也都是电子商务下物流模式的新特点。

5.1.4 电子商务下的第三方物流

电子商务的优势之一就是能简化业务流程,降低企业运作成本,提高客户的满意度。客户需求的多样化和个性化要求提供多频度、小数量、及时运送的高水准物流服务,同时物流行业激烈的竞争要求物流运输企业以适当的成本优势提供差别化的物流服务,特别是近年来,企业管理的一个重要的发展趋势是企业采取选择和集中的经营战略,专注于主业和成长行业,其他业务采取外购和委托方式,其中之一是把物流运输业务完全委托给专门的物流运输企业去完成,这样物流运输业与它的客户形成共同利益关系,与供应链的参与各方整合在一起。综上所述,第三方物流可以为电子商务成本优势的建立和可靠、高效的运作提供保证。

第三方物流随着物流产业的发展而发展,是物流专业化的重要形式。第三方物流的占有率与物流产业的水平之间有着非常紧密的相关性。发达国家的物流产业实例分析表明,独立的第三方物流占据全社会物流的 50% 以上时,物流产业才能形成。所以,第三方物流的发展程度反映和体现了一个国家物流产业发展的整体水平。

第三方物流的产生和发展是社会资源优化配置的必然结果,它描述了供应链体系中一种新型的合作关系。

1. 第三方物流的定义

第三方物流(Third Party Logistics,3PL)的定义为:物流渠道中的专业化物流中间人,以签订契约的方式,在一定期间内,为客户提供所有的或某些方面的物流业务服务。因此,第三方物流也被称为“契约物流”,是 20 世纪 80 年代中期才在欧美发达国家出现的新概念。由于物流经营者不参与商品的交易过程,只是提供从生产到销售的整个流通过程中专门的物流服务,诸如商品运输、储存配送,以及增值性物流服务。在某种意义上,可以认为第三方物流是物流专业化的一种形式。

2. 第三方物流的特征

第三方物流的实质就是借助现代信息技术,在规定的时间和空间范围内,向物流消费者提供契约所规定的个性化、专业化以及系列化物流服务。其特征突出表现在以下几个方面:

(1) 关系契约化。第三方物流是通过契约形式,来规范物流经营者与消费者之间的关系。物流经营者根据契约规定的要求,提供多功能直至全方位的一体化物流服务,并依据契约来管理提供的所有物流服务活动及其过程。第三方物流发展物流联盟也是通过契约的形式,来明确各物流联盟参加者之间责任与权利的相互关系。

(2) 服务个性化。不同的物流消费者对物流服务具有不同的要求,第三方物流需要根据不同物流消费者在企业形象、业务流程、产品特征、需求特性、竞争差异等方面的不同要求,提供针对性的个性化物流服务和增值服务。从事第三方物流的经营者也因为市场竞争、物流资源、物流能力的影响,需要形成核心业务,不断强化所提供物流服务的特色,以增强物流市场的竞争力。

(3) 功能专业化。第三方物流提供的是专业化的物流服务。从内容设计、过程操作、技术工具、运作管理等方面都必须体现出专业化水平，这既是物流消费者的要求，也是第三方物流自身发展的需要。

(4) 管理系统化。第三方物流应具有系统化的物流功能，这是第三方物流产生和发展的基本要求。因此，第三方物流必须建立现代化的管理系统才能满足社会发展的需要。

(5) 信息网络化。信息技术的广泛应用是第三方物流得以发展的重要基础。在物流服务过程中，信息的充分共享和有效利用，极大地提高了物流的效益和效率，并进一步促进了物流管理的科学化。

(6) 资源共享化。第三方物流经营者不仅可以构筑自己的信息网络和物流网络，同时还可以在互利互惠的基础上共享物流消费者的网络资源。

3. 第三方物流对电子商务的作用

第三方物流在物流资源优化方面具有较明显的优势，可以帮助企业采用供应链策略来管理物流，处理供应链末端的任务，如退货和产品包装。遵循供应链管理体系的基本原则，尽可能在靠近消费者的地点和时间完成产品的交付。第三方物流企业通过遍布全球的运送网络和服务网络大大缩短了交纳周期，改进了客户服务质量。

企业在电子商务中实施第三方物流的主要作用可以归纳为以下几个方面。

(1) 降低作业成本

第三方物流可以为委托企业平均降低 10%～20% 的成本，这也是许多企业选择外包的主要原因之一。专业的第三方物流经营者利用规模生产的专业优势和成本优势，通过提高各环节能力的利用率来节省费用。

(2) 致力于核心业务

生产企业利用第三方物流的最大收获是节约成本，降低资产规模，企业能用有限的资金投资其他核心业务领域。企业要获得竞争优势，必须巩固和扩展自身的核心业务。这就要求企业致力于核心资源的优化配置，将有限的资源集中于核心业务，研究开发新的产品参与竞争。因此，越来越多的企业将自己的非核心业务外包给专业化的公司。

(3) 减少资金积压

利用第三方物流的先进技术、设备和软件，能够减少委托企业的投资，提高企业的资金周转速度，从而提高资金回报率，促进资源的有效配置。调查表明，第三方物流需要投入大量资金用于购买物流技术设备，包括软件、通信和自动识别系统。74% 的第三方物流企业购买物流技术、条码系统的平均支出达到 100 万美元。

(4) 降低库存

企业不可能承受原材料和半成品库存的无限增长，尤其是要及时将高价值的零部件送往装配点，以保证最低库存。第三方物流经营者借助精心策划的物流计划和适时运送手段，可以帮助制造企业最大限度地降低库存，改善企业的现金流量，实现成本优势。

(5) 提升企业形象

第三方物流经营者属于物流专家，他们利用完备的设施和训练有素的员工对整个供应链上的物流实现完全的控制，减少物流计划的盲目超前性和无序性。他们通过遍布全球的运送网络和服务提供商(分承包方)大大缩短了交纳周期，帮助客户改进服务，树立自己的品牌形象。第三方物流经营者通过"量体裁衣"式的设计,制定出以客户为导向、低成本、高效率的物流方案,为企业参与竞争创造了有利条件。

(6) 拓展国际业务

随着经济全球化的加快,越来越多的企业参与国际市场竞争,第三方物流可以帮助这些企业构筑其国际营销渠道,开展国际业务,并参与全球竞争。

(7) 整合供应链管理

一体化物流要求企业对整个供应链进行整合,通过外包改善物流服务质量,提高客户服务水平。因此,越来越多的企业考虑借助第三方物流的专业能力,合作进行供应链整合。

【案例 5.1】 UPS 国际物流公司与 Fender 国际公司的合作

Fender(美国在欧洲的吉他生产厂家)委托 UPS 对其配送系统进行集约化和条理化组合,以帮助自己实现在欧洲的营业额翻番的目标。

UPS 负责管理 Fender 国际公司从世界各地厂家通过海、陆运来的货物,并利用荷兰的物流中心掌握 Fender 的存货,物流中心雇员检验产品质量、监视库存,履行分销商和零售商的订单。Fender 利用 UPS 的集约化物流中心,可以减少运送时间,更有效地监控产品的质量,发送不同品种的订单货物。

UPS 为 Fender 供应链提供增值服务的奇特之处就在于 UPS 作为物流商,在把吉他运到零售商那里之前,就已经把吉他调好音、包装完毕,当零售商从包装箱里拿出吉他时,这个吉他就可以马上用于弹奏,过去在美国能够提供的服务,现在到了欧洲也同样能够达成这种服务水平。

毫无疑问,随着第三方物流业务范围的不断扩展,越来越多的企业将选择第三方物流作为其整合供应链的关键环节。

5.2 现代物流管理信息系统

5.2.1 生产物流信息系统

企业资源计划(Enterprise Resource Planning,ERP)是在制造资源计划(Material Requirements Planning Ⅱ,MRPⅡ)和准时制生产(Just In Time,JIT)基础上,把客户需求和企业内部的生产活动,以及供应商的制造资源结合在一起,体现完全按用户需求制造的一种供应链管理思想。

作为一项重要的供应链管理的运作技术,ERP 在整个供应链的管理过程中注重对信息流和物流的控制。通过企业员工的工作业务流程,促进资金、材料的流动和价值的增值,并决定了各种流的流量和流速。为给企业提供更好的管理模式和管理工具,ERP 还在不断地吸收先进的管理技术和 IT 技术,如人工智能、精益生产、并行工程、Internet/Intranet、数据库等。未来的 ERP 将在动态性、集成性、优化性和广泛性方面得到发展。

ERP 系统的核心管理思想就是按照"供"与"需"的要求,实现对整个供应链的有效管理,主要体现在以下三个方面:

(1) 体现对整个供应链资源进行管理的思想。

（2）体现精益生产、同步工程和敏捷制造的思想。

（3）体现事先计划与事中控制的思想。

ERP 所包含的管理思想是非常广泛和深刻的,这些先进的管理思想之所以能够实现,又同信息技术的发展和应用分不开。ERP 不仅面向供应链,体现精益生产、敏捷制造、同步工程的精神,而且必然要结合全面质量管理以保证质量和客户满意度;结合准时制生产以消除一切无效劳动与消费、降低库存和缩短交货期;它还要结合约束理论来定义供应链上的瓶颈环节、消除制约因素来扩大供应链的有效产出。

随着信息技术和现代管理思想的发展,ERP 的内容还会不断扩展。ERP 的发展趋势将与电子商务系统和物流管理系统实现无缝对接,真正提高企业的市场竞争能力。

5.2.2　电子自动订货系统

电子自动订货系统(Electronic Ordering System,EOS)是指将批发、零售商场所发生的订货数据输入计算机,即刻通过计算机通信网络连接的方式将资料传送至总公司、批发业、商品供货商或制造商处。EOS 按应用范围可分为企业内的 EOS(如连锁店经营中各个连锁分店与总部之间建立的 EOS 系统),零售商与批发商之间的 EOS 系统以及零售商、批发商和生产商之间的 EOS 系统。

EOS 系统能及时准确地交换订货信息,它在企业物流管理中的作用如下:

（1）对于传统的订货方式,如上门订货、邮寄订货、电话、传真订货等,EOS 系统可以缩短从接到订单到发出订货的时间,缩短订货商品的交货期,减少商品订单的出错率,节省人工费。

（2）有利于减少企业的库存水平,提高企业的库存管理效率,同时也能防止商品,特别是畅销商品缺货现象的出现。

（3）对于生产厂家和批发商来说,通过分析零售商的商品订货信息,能准确判断畅销商品和滞销商品,有利于企业调整商品生产和销售计划。

（4）有利于提高企业物流信息系统的效率,使各个业务信息子系统之间的数据交换更加便利和迅速,丰富企业的经营信息。

企业在应用 EOS 系统时应注意:

（1）订货业务作业的标准化,这是有效利用 EOS 系统的前提条件。

（2）商品代码的设计。在零售行业的单品管理方式中,每一个商品品种对应一个独立的商品代码,商品代码一般采用国家统一规定的标准。对于统一标准中没有规定的商品则采用本企业自己规定的商品代码。商品代码的设计是应用 EOS 系统的基础条件。

（3）订货商品目录手册的制作和更新。订货商品目录手册的设计和运用是 EOS 系统成功的重要保证。

（4）计算机以及订货信息输入和输出终端设备的添置和 EOS 系统设计是应用 EOS 系统的基础条件。

（5）需要制定 EOS 系统应用手册并协调部门间、企业间的经营活动。

5.2.3　销售时点系统

销售时点信息系统(Point Of Sales,POS)是指通过自动读取设备(如收银机)在销售商品时直接读取商品销售信息(如商品名、单价、销售数量、销售时间、销售店铺、购买客户等)，并通过通信网络和计算机系统传送至有关部门进行分析加工以提高经营效率的系统。POS系统最早应用于零售业，以后逐渐扩展至其他如金融、旅馆等服务行业，利用POS信息的范围也从企业内部扩展到整个供应链。下面以零售业为例对POS系统进行说明。

1. POS系统的运行步骤

POS系统的运行由以下5个步骤组成。

(1) 商店销售商品都贴有表示该商品信息的条形码或OCR(Optical Character Recognition)标签。

(2) 在客户购买商品结账时，收银员使用扫描读数仪自动读取商品条形码标签或OCR标签上的信息，通过店铺内的微型计算机确认商品的单价，计算客户购买总金额等，同时返回给收银机，打印出客户购买清单和付款总金额。

(3) 各个店铺的销售时点信息通过VAN以在线联结方式即时传送给总部或物流中心。

(4) 在总部，物流中心和店铺利用销售时点信息来进行库存调整、配送管理、商品订货等作业。通过对销售时点信息进行加工分析来掌握消费者购买动向，找出畅销商品和滞销商品，以此为基础，进行商品品种配置、商品陈列、价格设置等方面的作业。

(5) 在零售商与供应链的上游企业(批发商、生产厂家、物流业者等)结成协作伙伴关系(也称为战略联盟)的条件下，零售商利用VAN以在线联结的方式把销售时点信息即时传送给上游企业。这样上游企业可以利用销售现场的最及时准确的销售信息制定经营计划，进行决策。例如，生产厂家利用销售时点信息进行销售预测，掌握消费者购买动向，找出畅销商品和滞销商品，把销售时点信息(POS信息)和订货信息(EOS信息)进行比较分析来把握零售商的库存水平，以此为基础制定生产计划和零售商库存连续补充计划。

2. POS系统的功能特征

POS系统具有4个明显的功能特征。

1) 单品管理、职工管理和客户管理

零售业的单品管理是指对店铺陈列展示销售的商品以单个商品为单位进行销售跟踪和管理的方法。由于POS系统的应用使高效率的单品管理成为可能。

职工管理是指通过POS终端机上的记时器的记录，依据每个职工的出勤状况，销售状况(以月、周、日甚至时间段为单位)进行考核管理。

客户管理是指在客户购买商品结账时，通过收银机自动读取零售商发行的客户ID卡或客户信用卡来把握每个客户的购买品种和购买额，从而对客户进行分类管理。

2) 自动读取销售时点的信息

在客户购买商品结账时POS系统通过扫描读数仪自动读取商品条形码标签或OCR标签上的信息，在销售商品的同时获得实时的销售信息是POS系统的最大特征。

3) 信息集中管理

在各个POS终端获得的销售时点信息以在线联结方式汇总到企业总部，与其他部门发送的有关信息一起由总部的信息系统加以集中并进行分析加工，如把握畅销商品和滞销商品以及新商品的销售倾向，对商品的销售量和销售价格、销售量和销售时间之间的相关关系进行分析，对商品店铺陈列方式、促销方法、促销期间、竞争商品的影响进行相关分析等。

4）连接供应链

供应链参与各方合作的主要领域之一是信息共享，而销售时点信息是企业经营中最重要的信息之一，通过它能及时把握客户的需要信息，供应链的参与各方可以利用销售时点信息并结合其他的信息来制定企业的经营计划和市场营销计划。目前，领先的零售商正在与制造商共同开发一个整合的物流系统的整合预测和库存补充系统（Collaborative Forecasting and Replenishment，CFAR），该系统不仅分享 POS 信息，而且一起联合进行市场预测，分享预测信息。

3. 应用 POS 系统的效果

应用 POS 系统的效果如表 5-1 所示。

表 5-1　应用 POS 系统的效果

作业水平	收银台业务的省力化	商品检查时间缩短 高峰时间的收银作业变得容易 输入商品数据的出错率大大减低 职工培训教育时间缩短 核算购买金额的时间大大缩短 店铺内的票据数量减少 现金管理合理化
	数据收集能力大大提高	信息发生时点收集 信息的依赖性强化 数据收集的省力化、迅速化和实时化
店铺营运水平	店铺作业的合理化	提高收银台的管理水平 贴商品标签和价格标签、改变价格标签的作业迅速化和省力化 销售额和现金额随时把握 检查输入数据作业简便化 店铺内票据减少
	店铺营运的效率化	能把握库存水平 人员配置效率化、作业指南明确化 销售目标的实现程度变得容易测定 容易实行时间段减价 能把握畅销商品和滞销商品的信息 货架商品陈列、布置合理化 发现不良库存 对特殊商品进行单品管理成为可能
企业经营管理水平	提高资本周转率	可以提前避免出现缺货现象 库存水平合理化 商品周转率提高
	商品计划的效率化	销售促进方法的效果分析 把握客户购买动向 按商品品种进行利益管理 基于销售水平制定采购计划 有效的店铺空间管理 基于时间段的广告促销活动分析

5.2.4 物流配送信息系统

电子商务物流配送效率的高低直接影响到整个供应链的经营效果,因此为了满足整个供应链的经营效果,许多物流运输企业特别是大型物流运输企业从战略高度出发建立自己的战略信息系统,应用货物跟踪系统、运输车辆运行管理系统等物流信息管理系统,提高企业的经营效率。下面着重介绍物流运输企业广泛采用的物流配送信息系统。

1. 货物跟踪系统

货物跟踪系统是指物流运输企业利用物流条形码和 EDI 技术及时获取有关货物运输状态的信息(如货物品种、数量、货物在途情况、交货期间、发货地和到达地、货物的货主、送货责任车辆和人员等),提高物流运输服务的方法。具体说就是物流运输企业的工作人员在向货主取货时,在物流中心重新集装运输时,在向客户配送交货时,利用扫描仪自动读取货物包装或者货物发票上的物流条形码等货物信息,通过公共通信线路、专用通信线路或卫星通信线路把货物的信息传送到总部的中心计算机进行汇总整理,这样所有被运送的货物的信息都集中在中心计算机里。货物跟踪系统提高了物流运输企业的服务水平,其具体作用表现在以下四个方面。

(1) 当客户需要对货物的状态进行查询时,只要输入货物的发票号码,马上就可以知道有关货物状态的信息。查询作业简便迅速,信息及时准确。

(2) 通过货物信息可以确认货物是否将在规定的时间内送到客户手中,能即时发现没有在规定的时间把货物交付给客户的情况,便于马上查明原因并及时改正,从而提高运送货物的准确性和及时性,提高客户服务水平。

(3) 作为获得竞争优势的手段,提高物流运输效率,提供差别化物流服务。

(4) 通过货物跟踪系统所得到的有关货物运送状态的信息,丰富了供应链的信息分享源,有关货物运送状态信息的分享有利于客户预先做好接货以及后续工作的准备。

建立货物跟踪系统需要较大的投资,如购买设备、标准化工作、系统运行费用等。因此只有具备实力的大型物流运输企业才能够应用货物跟踪系统。但是随着信息产品和通信费用的低价格化以及 Internet 的普及,许多中小物流运输企业也开始应用货物跟踪系统。在信息技术广泛普及的美国,物流运输企业建立本企业的网页,客户通过 Internet 与物流运输企业联系运货业务和查询运送货物的信息。在我国,许多物流运输企业也开始建立本企业的网页,通过 Internet 从事物流运输业务。

2. 车辆运输管理系统

在物流运输行业,由于作为提供物流运输服务手段的运输工具(如卡车、火车、船舶、飞机等)在从事物流运输业务过程中处于移动分散状态,在作业管理方面会遇到其他行业所没有的困难。但是随着移动通信技术的发展和普及,出现了多种车辆运行管理系统,下面将介绍两种车辆运行管理系统,一种是适用于城市范围内的应用 MCA(Multi Channel Access)无线技术的车辆运行管理系统,另一种是适用于全国、全球范围的应用通信卫星和全球定位系统的车辆运行管理系统。

1) MCA 无线技术的车辆运行管理系统

MCA 无线系统由无线信号发射接收控制部门、运输企业的计划调度室与运输车辆组成。通过无线信号发射接收控制部门,运输企业的计划调度室与运输车辆能进行双向通话,无线信号管理部门通过科学地划分无线频率来实现无线频率的有效利用。由于MCA 系统无线发射功率的限制,它只适用于小范围的通信联络。如城市内的车辆计划调度管理,在我国北京、上海等城市的大型出租运输企业都采用 MCA 系统。

物流运输企业在利用 MCA 无线系统的基础上结合客户数据库和自动配车系统进行车辆运行管理。具体来说,在接到客户运送货物的请求后,将货物品种、数量、装运时间、地点、客户的联络电话等信息输入计算机,同时根据运行车辆移动通信装置发回的有关车辆位置和状态的信息,通过 MCA 系统由计算机自动地向最靠近客户的车辆发出装货指令,由车辆上装备的接收装置接收装货指令并打印出来。利用 MCA 技术的车辆运行管理系统不仅能提高物流运输企业效率,而且能提高客户服务的满足度。

2) 通信卫星、GPS 技术和 GIS 技术的车辆运行管理系统

在全国范围甚至跨国范围进行车辆运行管理就需要采用通信卫星、全球定位系统(Global Positioning System ,GPS)和地理信息系统(Geography Information System,GIS)。采用通信卫星、GPS 技术和 GIS 技术的车辆运行管理系统中,物流运输企业的计划调度中心和运行车辆通过通信卫星进行双向联络。具体地说,物流运输企业计划调度中心发出的装货运送指令,通过公共通信线路或专用通信线路传送到卫星控制中心,由卫星控制中心把信号传送给通信卫星,再经通信卫星把信号传送给运行车辆,而运行车辆通过 GIS 系统确定车辆准确所在位置,找出到达目的地的最佳路线,同时,通过车载的通信卫星接送天线、GPS 天线、通信联络控制装置和输出入装置把车辆所在位置和状况等信息通过通信卫星传回企业计划调度中心。这样物流运输企业通过应用通信卫星、GPS 技术和 GIS 技术不仅可以对车辆运行状况进行控制,而且可以实现全企业车辆的最佳配置,提高物流运送业务效率和客户服务满足程度。例如,美国物流运输租赁企业 J·B·HANT 公司在出租车辆上安装卫星通信和车辆控制系统,该公司不仅利用这些系统进行双向联络通信、车辆调配管理、装货信息管理,而且利用这些系统对交通规则的遵守情况、车辆空载、燃料费等方面进行实时管理。

但是,采用通信卫星、GPS 技术和 GIS 技术的车辆运行管理系统初期投资大,并且利用通信卫星进行通信联络的费用高。在发达国家,目前只有大型物流运输企业采用通信卫星、GPS 技术和 GIS 技术进行车辆运行管理。

3. 中小物流运输企业的信息交流网络

物流运输企业中的绝大多数是中小企业,而这些企业都以当地业务为主,属于地方企业。当运送范围超过了它通常的营业区域,在运送货物到达目的地之后回程时,往往找不到需要发往本地区的货物而空车返回。这样对企业来说,会增加成本减少利润,对社会来说,则会造成资源的浪费。而当运输业务集中出现时,又往往会超出(中小)企业的运输能力,这时它需要其他企业的支持,否则会降低客户服务水平,造成机会损失,因此需要把零散的中小物流运输企业组织起来,建立一个面向这些企业提供和交流运输业务供求信息的系统。1991 年,以全日本卡车协会和日本货物运送协同组合联合会为中心,就建立了

一个以确保回程货物为目的的求车和求货信息交换和撮合系统(KIT)。

【案例5.2】 山东省初步建成物流信息化综合服务平台

截至2008年初,山东省已建成服务于青岛、烟台、日照港口及胶济铁路、济青高速等重点物流信息平台近60个。在此基础上,组织建设的山东省物流信息化综合服务平台打破了山东省物流信息在行业、体制和所有制上的分割,引导流通业企业采用先进、适用的信息技术,实现生产商、流通商和需求商的信息交流与整合,降低了流通成本,提高了流通效率。青岛实现区港联动后,逐步开通完善了整个半岛都能共享的山东半岛城市群区域物流公共信息平台,从根本上改变了半岛城市群物流业各自为政、多头规划的状况。

5.3 电子商务供应链管理

在当前的经济环境下,一个企业的兴衰存亡不仅决定于它的内部技术、管理、资金等自身实力及水平的高低,也决定于它外部的与之相连的供应链的实力及水平,以及这家企业与整个供应链上各个相关企业的关系。例如,波音747飞机的制造需要400万余个零部件,可这些零部件的绝大部分并不是由波音公司内部生产的,而是由65个国家中的1500个大企业和15 000个中小企业提供的。如果上游不能及时按质保量供应,下游不能及时确保销售,企业自身经营管理再科学合理也难保利润的实现。

现代供应链管理即通过综合从供应者到消费者供应链的运作,使物流达到最优化。从某种意义上讲,供应链是物流系统的充分延伸,是产品与信息从原料到最终消费者之间的增值服务。电子商务将供应链的各个参与方联结为一个整体,实现了供应链的电子化管理。

5.3.1 供应链管理概述

1. 供应链管理的概念

2001年,我国发布实施的《物流术语》国家标准(GB/T18354-2001)对供应链(Supply Chain,SC)的定义是:"生产及流通过程中,涉及将产品更新换代或服务提供给最终客户的上游或下游企业,所形成的网络结构",如图5-2所示。并将供应链管理(Supply Chain Management,SCM)定义为:"利用计算机网络技术全面规划供应链中的商流、物流、信息流、资金流等,并进行计划、组织、协调与控制等。"

图5-2 供应链模式图

总部设于美国俄亥俄州立大学的全球供应链论坛(Global Supply Chain Forum,GSCF)将供应链管理定义成:"为消费者带来有价值的产品、服务以及信息的,从源头供应商到最终消费者的集成业务流程。"

从一般意义上说,供应链管理是指对商品、信息和资金在由供应商、制造商、分销商和客户组成的网络中的流动管理。具体来说,供应链管理是指人们认识和掌握了供应链各环节内在规律和相互联系基础上,利用管理的计划、组织、指挥、协调、控制和激励职能,对产品生产和流通过程中各个环节所涉及的物流、信息流、资金流、价值流以及业务流进行合理调控,以期达到最佳组合,发挥最大效率,迅速以最小的成本为客户提供最大的附加值。

它涉及各种企业及企业管理的方方面面,是一种跨行业的管理,并且企业之间作为贸易伙伴,为追求共同经济利益的最大化而共同努力。供应链管理近年来随着全球制造的出现,供应链在制造业管理中得到普遍应用,成为一种新的管理模式。开展电子商务必须加强供应链管理。

2. 实现供应链管理的意义

1) 供应链管理是企业的第三方利润源泉

供应链管理的实现,把供应商、生产厂家、分销商、零售商等在一条链路上的所有环节都联系起来进行优化,使生产资料以最快的速度,通过生产、分销环节变成增值的产品,到达消费者手中。这不仅降低了成本,减少了社会库存,而且使社会资源达到优化配置。

2) 供应链管理的一个目标就是跨企业的整合

多年来企业一直致力于内部的业务流程重组以提高运营效率。内部效率提高后,许多企业又寻求提高竞争优势的其他途径,包括加快对市场的响应、降低配送成本。以合适的成本在适当的时间和地点以恰当价格出售正确的产品。为了实现这些目标,企业得重新看待同供应商、制造商、分销商、零售商和客户之间的关系。企业同业务伙伴的关系越有效率,相对于竞争对手的优势就越大。这使得竞争关系发生了变化:制造商之间的竞争变成了供应链之间的竞争。这样又促使要保持竞争力的公司加强同业务伙伴之间的关系。最重要的是通过信息网络、组织网络实现了生产及销售的有效连接和物流、信息流、资金流的合理流动。

5.3.2　供应链管理与物流管理的区别与联系

与物流管理相比,供应链管理具有以下一些特点。

1. 是物流一体化的体现

物流一体化是指不同职能部门之间或不同企业之间通过物流合作,达到提高物流效率、降低物流成本的目的。供应链管理实质上是通过物流将企业内部及供应链各结点企业联结起来,改变了交易双方利益对立的传统观念,在整个供应链范围内建立起共同利益的协作伙伴关系。供应链管理把从供应商开始到最终消费者的物流活动作为一个整体进行统一管理,始终从整体和全局上把握物流的各项活动,使整个供应链的库存水平最低,实现供应链整体物流最优化。在供应链管理模式下,库存不是必要的,库存变成了一种平衡机制,供应链管理更强调零库存。供应链管理使供应链成员结成了战略同盟,它们之间进行信息交换与共享,使得供应链的库存总量大幅降低,减少了资金占用和库存维持成本,还避免了缺货现象的发生。

2. 是物流管理的高级阶段

事实上,供应链管理是从物流的基础上发展起来的,在企业动作的层次来看,从实物分配开始,到整合物资管理,再到整合信息管理,通过功能的逐步整合形成了物流的概念。从企业关系的层次来看,则有从制造商向批发商和分销商再到最终客户的前向整合,并且,通过关系的整合形成了供应链管理的概念。从操作功能的整合到渠道关系的整合,使物流从战术的层次提升到战略高度。所以,供应链管理看起来是一个新概念,实际上它是物流在逻辑上的延伸。

3. 是管理决策的发展

供应链管理决策和物流管理决策都是以成本、时间和绩效为基准点的,供应链管理决策在包含运输决策、选址决策和库存决策的物流管理决策的基础上,增加了关系决策和业务流程整合决策,成为更高形态的决策模式。

物流管理决策和供应链管理决策的综合目标,都是最大限度地提高客户的服务水平,供应链管理决策就形成了一个由客户服务目标拉动的空间轨迹。供应链管理的概念涵盖了物流的概念,用系统论的观点看,物流是供应管理系统的子系统。所以,物流的决策必须服从供应链管理的整体决策。

4. 强调组织外部一体化

物流更加关注组织内部的功能整合,而供应链管理认为只有组织内部的一体化是远远不够的。供应链管理是一项高度互动和复杂的系统工程,需要同步考虑不同层次上相互关联的技术经济问题,进行成本效益衡量。例如要考虑在组织内部和组织之间,存货以什么样的形态放在什么样的地方,在什么时候执行什么样的计划;供应链系统的布局和选址决策,信息共享的深度;实施业务过程一体化管理后所获得的整体效益如何在供应链成员之间进行分配;特别是要求供应链成员在一开始就共同参与制定整体发展战略或新产品开发战略等。跨边界和跨组织的一体化管理使组织的边界变得更加模糊。

5.3.3 集成供应链管理系统

1. 基本概念

供应链是由具有多个不同功能的节点形成的链条,每个节点实现供应链的一个或几个功能。供应链各节点之间彼此相互制约、相互影响,组成一个有机整体,共同实现供应链的总目标。为了优化其性能,供应链的各个节点必须以一种协调的方式和节奏运作。但是,电子商务下经济活动的多变性使这种协调关系变得复杂化。这些多变的因素包括:

- 波动的银行利率。
- 市场需求的多变。
- 原材料不能及时到达。
- 生产设备出故障。
- 用户改变或取消订单等。

这些动态因素导致传统供应链的运作实际进程和结果与计划发生偏差。在某些情况下,这些问题可能在局部得到解决,也就是说,可能在某个供应链节点或某个供应链功能范围之内得到协调解决。而在另外一些情况下,问题就不这么简单了,可能需要涉及供应链跨节点、跨组织、跨职能之间的协调。

因此,供应链管理系统必须具有跨越供应链多个节点或功能来协调计划的内在机制。具有这种内在机制的供应链是电子商务的研究重点:集成供应链管理系统。

集成供应链,把供应商、生产厂家、分销商、零售商等在一条链路上的所有节点都联系起来并进行优化,其实质在于企业与其相关企业形成融会贯通的网络整体,对市场进行快速反应。供应链的集成,其实就是将上、下游的企业有机地连接在一起,形成同步的网络体系,使企业与其上、下游之间建立有形或无形的联系,对市场需求做出快速反应。

供应链的集成,改变了过去仅仅在供应链中将费用从一方转移到另一方承担的做法,它优化了整个供应链的执行,给最终客户提供了最优的价值。另外,它还多方位地影响了市场,例如,形成了宽口径、短渠道的流通体系,大大提高了流通效率;还促进了流通现代化,信息技术在各领域的广泛应用;还使产品竞争压力由消费者通过流通体系向生产者快速传递,迫使生产者提高产品品质,降低成本,以满足市场需求。

为了能够及时传播信息,准确地协调决策管理人与系统的行为,供应链在战术和战略层次中需要不断提高供应链管理系统的协调敏捷性和灵活性。正是这种协调的敏捷性和灵活性,最终决定了企业组织能够有效地、协调地实现它自身的目标。这个结论与现代管理要求的敏捷管理与精益管理理论是一致的。

2. 目标、内容和方法

优化供应链管理系统的功能,使供应链的各节点、各功能实现最佳配合与协调,共同保证供应链目标的实现,是集成管理供应链管理系统研究的基本出发点和基本目标。

集成供应链管理系统研究的主要内容包括供应链的需求和资源预测、供应链服务水平、供应链运作的多层次计划、供应链控制机制、供应链的分析诊断咨询、供应链的设计开发和改进、供应链计划的执行、供应链活动的指挥协调、供应链效益评价、供应链的竞争力分析等。

目前,常见的研究思路是将集成供应链管理系统的内在机制视为由相互协作的、智能代理模块组成的网络,每个代理模块实现供应链的一项或几项职能,每个代理模块又与其他代理模块之间协调其行动。为了建立适应电子商务要求的供应链敏捷代理模块,必须建立与供应链各节点配套的实时信息发布与传输系统、智能决策支持系统等。因此,从供应链应用信息技术的实际以及存在的问题看,集成供应链管理系统在现阶段的研究目标集中于以某种方式支持供应链智能代理模块系统的构建。

电子商务的发展将促进优化供应链管理的实现。优化供应链管理的实现,不仅需要高效快速的物流、资金流,更需要快速、正确的信息流,否则,优化供应链管理仅能成为一句空话。而供应链上的各企业,还应有效地利用 Internet。电子商务的发展,将为信息快速、准确地流动提供保证。假设有一个包括制造商、配送中心、批发商、零售商的供应链,且整个供应链内部都建立了 Intranet,实行信息共享。那么零售商的客户消费数据、某个产品的市场销售情况都会通过网络,尽快地反馈到制造商,制造商再对产品进行合理的改进,这必将提高产品的市场占有率,从而使整个供应链对市场需求做出快速反应,给供应链带来极大的利益。

5.4　电子商务供应链管理策略

5.4.1　快速供应

1. 快速供应产生的背景

从 20 世纪 70 年代后期开始,美国纺织服装的进口急剧增加,到 20 世纪 80 年代初期,进口的服装商品大约占到纺织服装行业总销售量的 40% 左右。针对这种情况,美国的纺织服装企业一方面要求政府和国会采取措施阻止纺织品的大量进口,另一方面则进行设备投资改造来提高企业的生产率。但是,即使这样,廉价进口纺织品的市场占有率仍在不断上升,而本地生产的纺织品市场占有率却在连续下降。为此,一些主要的经销商成立了"用国货为荣委员会"(Crated With Pride in USA Council),通过媒体宣传国产纺织品的优点,采取共同的促销活动,同时,委托零售业咨询公司 Kurt Salmon 进行市场调查和分析,研究提高竞争力的方法。Kurt Salmon 在经过大量的调查后指出,虽然纺织品产业供应链各环节的企业都十分注重提高各自的经营效率,但是在供应链上整体的效率却并不高。为此,Kurt Salmon 公司建议零售业者和纺织服装生产厂家合作,在共享纺织品信息资源的基础上,建立一个快速供应系统(Quick Response,QR)来实现客户服务的最大化和库存量、商品缺货、商品风险以及降价最小化的目标,同时促进销售额的大幅度增长。

2. Wal-Mart 公司的 QR 实践

1985 年以后,QR 概念开始在纺织服装等行业广泛地普及和应用。其中,以美国零售业的著名企业 Wal-Mart 公司与服装制造企业 Seminole Manufacturing Co.,以及面料生产企业 Milliken 公司合作建立的 QR 系统最为有名。

Wal-Mart 与 Seminole 和 Milliken 建立 QR 系统的过程可以分为三个阶段。

1) QR 的初期阶段

Wal-Mart 公司 1983 年开始采用 POS 系统,1985 年开始建立 EDI 系统,1986 年与 Seminole 公司和 Milliken 公司在服装商品方面开展合作,开始建立垂直型的 QR 系统。当时合作的领域是订货业务和付款通知业务。通过 EDI 系统发出订货明细清单和受理付款通知业务,提高订货速度和订货准确性,并节约相关业务的作业成本。

2) QR 的发展阶段

为了促进行业内商务过程电子化的发展,Wal-Mart 与业内的其他商家一起成立了 VICS 委员会(Voluntary Inter-Industry Communications Standards Committee)来协调确定行业统一的 EDI 标准和商品识别标准。VICS 委员会制定了行业统一的 EDI 标准,并确定商品识别标准采用通用产品代码(Universal Product Code,UPC)。Wal-Mart 基于行业统一标准设计出 POS 数据的输送格式,通过 EDI 系统向供应方传送 POS 数据。供应方基于 Wal-Mart 传送来的 POS 信息,可以及时了解 Wal-Mart 的商品销售状况、把握商品的需求动向,并及时调整生产计划和材料采购计划。

供应方利用 EDI 系统在发货之前向 Wal-Mart 传送预先发货清单(Advanced

Shipping notice，ASN)。这样，Wal-Mart 事前就可以做好进货准备工作，同时可以省去商品数据的输入作业，使商品检验作业效率化。Wal-Mart 在接收货物时，用扫描设备读取包装箱上的物流条形码（Shipping Carton Marking，SCM），然后把扫描设备读取的信息与预先存储在计算机内的进货清单 ASN 进行核对，判断到货和发货清单是否一致，从而简化了验收作业。在此基础上，利用电子支付系统 EFT 向供应商支付货款。同时只要把 ASN 数据和 POS 数据进行比较，就能迅速知道商品库存的信息。这样做的结果使 Wal-Mart 不仅节约了大量事务性作业的成本，而且还能压缩库存，提高商品的周转率。在此阶段，Wal-Mart 公司开始把 QR 的应用范围进一步扩大到其他商品和供应商。

3）QR 成熟阶段

Wal-Mart 把零售店商品的进货和库存管理的职能转移给供应方（生产厂家），由生产厂家对 Wal-Mart 的流通库存进行管理和控制。即采用生产厂家管理的库存方式（Vendor-Managed Inventories，VMI）。Wal-Mart 让供应方与之共同管理营运 Wal-Mart 的流通中心。在流通中心保管的商品所有权属于供应方。供应方对 POS 信息和 ASN 信息进行分析，把握商品的销售和 Wal-Mart 的库存状况。在此基础上，决定生产时间，把什么类型的商品，以什么方式，向哪些店铺发货。发货的信息预先以 ASN 形式传送给 Wal-Mart，以多批次、小数量进行连续补货，即采用连续补货库存方式（Continuous Replenishment Program，CRP）。由于采用 VMI 和 CRP，供应方不仅能减少本企业的库存，还能减少 Wal-Mart 的库存，实现整个供应链的库存水平最小化。另外，对 Wal-Mart 来说，省去了商品进货的业务，节约了成本，同时能集中精力于销售活动。并且，在事先得知供应商的商品促销计划和商品生产计划的条件下，能够以较低的价格进货，为 Wal-Mart 的价格竞争创造了条件。

从 Wal-Mart 的实践来看，QR 是一个零售商和生产厂家建立战略合作伙伴关系，利用 EDI 等信息技术，进行销售时点的信息交换以及订货补充等其他经营信息的交换，用多额度小数量配送方式连续补货，以实现缩短交纳周期，减少库存，提高客户服务水平和企业竞争力为目的的供应链管理。可以认为 QR 是 JIT 在零售行业的一种应用。

3. QR 成功的条件

Blackburn(1991)在对美国纺织服装业 QR 应用研究的基础上，总结出了 QR 成功的 5 个条件。

(1) 改变传统的经营方式，革新企业的经营意识和组织。这主要体现在以下 5 个方面：

① 企业不能局限于单独依靠自身的力量来提高经营效率，要树立通过与供应链各方建立合作伙伴关系，努力利用各方面资源来提高经营效率的现代经营意识。

② 零售商在垂直型 QR 系统中起主导作用，零售店铺是垂直型 QR 系统的起始点。

③ 在垂直型 QR 系统内部，通过 POS 数据等销售信息和成本信息的相互公开和交换，来提高各个企业的经营效率。

④ 明确垂直型 QR 系统内各个企业之间的分工协作范围和形式，消除重复作业，建立有效的分工协作框架。

⑤ 必须改变传统的事务作业方式，通过利用信息技术实现作业的无纸化和自动化。

（2）开发和应用现代信息处理技术，这是成功进行 QR 活动的前提条件。主要采用的信息技术有商品条码技术、物流条码技术、电子订货系统、POS 数据读取系统、电子数据交换技术、预先发货清单技术、电子支付系统、生产厂家管理库存方式、连续补充库存方式等。

（3）与供应链各方建立（战略）伙伴关系。具体内容包括两个方面：

① 积极寻找和发现战略合作伙伴。

② 在合作伙伴之间建立分工和协作关系。

合作的目标可定为减少库存、避免缺货、降低商品风险、避免降价、减少作业人员、简化事务性作业等。

（4）改变传统的对企业商品信息保密的做法，将销售信息、库存信息、生产信息、成本信息等与合作伙伴交流分享，并在此基础上，共同发现问题、分析问题和解决问题。

（5）供应方必须缩短生产周期，降低商品库存，在商品实际需要将要发生时采用 JIT 生产方式组织生产，减少供应商的在库水平。

4. QR 的效果

根据 Blackburn 的研究，QR 的效果如表 5-2 所示。

表 5-2　QR 的效果

对象商品	构成 QR 系统的供应链企业	零售业的 QR 效果
休闲裤	零售商：Wal-Mart 服装生产厂家：Simile 面料生产厂家：Milliken	销售额：增加 31% 商品周转率：提高 30%
衬衫	零售商：J. C. Penney 服装生产厂家：Oxford 面料生产厂家：Burlinton	销售额：增加 59% 商品周转率：提高 90% 需求预测误差：减少 50%

Blackburn 研究结果显示，零售商在应用 QR 系统后，在三个方面发生了大幅度变化：

（1）应用 QR 系统，销售额的大幅度增加。

① 可以降低经营成本，从而降低了销售价格。

② 伴随商品库存风险的减少，可以保持较低的商品价位。

③ 可以避免缺货，及时把握商机。

④ 易于定位市场需求，保证商品的连续供应。

（2）商品周转率的大幅度提高。应用 QR 系统可以减少商品的库存量，并保证畅销商品的及时补货，加快了商品的周转。

（3）需求预测误差的大幅度下降。根据库存周期长短和预测误差的关系，如图 5-3 所示可以看出，如果在季节开始之前的 26 周进货（即基于预测提前 26 周进货），则需求预测误差（缺货或者积压）可达 40% 左右。如果在季节开始之前 16 周进货，则需求误差为 20% 左右。如果在很靠近季节开始的时候进货，需求误差只有 10% 左右。应用 QR 系统可以及时获取销售信息，把握哪些是畅销商品，哪些是滞销商品，同时通过多频度小数量送货方式实现实需型进货（需要的时候才进货），可使需求误差减少到10%左右。

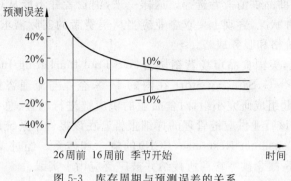

图 5-3　库存周期与预测误差的关系

这里需要指出的是,虽然应用 QR 的初衷是为了对抗进口商品,但是在实际上并没有出现这样的结果。相反,随着竞争的全球化和企业经营战略的全球化,QR 系统管理迅速在各国企业界扩展。现在,QR 方法成为零售商实现竞争优势的主要工具。同时随着零售商和供应商结成战略联盟,竞争方式也从企业与企业之间的竞争转变为战略联盟与战略联盟之间的竞争。

5.4.2　有效客户反应

1. 有效客户反应出现的背景

在 20 世纪 60～70 年代,美国日杂百货业的竞争主要是在生产厂商之间展开。竞争的重心是品牌、商品、经销渠道和大量的广告和促销,在零售商和生产厂家的交易关系中,生产厂家占据支配地位。进入 20 世纪 80 年代,特别是到了 20 世纪 90 年代以后,在零售商和生产厂家的交易关系中,零售商开始占据主导地位,竞争的重心在流通渠道、商家自有品牌(PB)、供应链效率和 POS 系统。同时在供应链内部,零售商和生产厂家之间为取得供应链主导权的控制,同时为商家品牌(PB)和厂家品牌(NB)占据零售店铺货架空间的份额展开了激烈的竞争,这种竞争使得在供应链,各个环节间的成本不断转移,导致供应链整体成本上升,而且容易形成弱肉强食的恶性竞争局面。

在这期间,从零售商角度来看,随着新的零售方式如仓储商店、折扣店以及会员商店的大量出现,使得它们能以相当低的成本运行并以较低的价格销售商品,从而使日杂百货业的竞争更趋激烈。在这种状况下,许多传统超市业者开始寻求对应这种竞争方式的新的管理办法。从生产厂家的角度来看,由于日杂百货商品的技术含量不高,大量无实质性差别的新商品被投放市场,使生产厂家之间的竞争趋同化。生产厂家为了获得销售渠道,通常采用直接或间接的降价方式作为向零售商促销的主要手段,这种方式往往会大量牺牲生产厂家的利益。所以,如果生产商能够与供应链中的零售商结为更为紧密的联盟,将不仅有利于零售业的发展,同时也符合生产厂家自身的利益。

另外,从消费者的角度来看,过度竞争往往会使企业忽视消费者的全面需求。通常消费者要求的是商品的高质量、新鲜度、服务和在合理价格基础上的多样性选择。然而,许多企业往往不是通过提高商品质量、服务和在合理价格基础上的多样选择来满足消费者,而是通过大量的诱导性广告和广泛的促销活动来吸引消费者转化品牌,同时通过提供大量非实质性变化的商品供消费者选择。这样一来,消费者并不能从这种竞争中获得真正的好处,对应于这种状况,客观上要求企业应当从消费者的实际需求出发,制定能够让消费者满意的产品、价格和服务战略。

在上述背景下,美国食品市场营销协会(US Fool Marketing Institute,FMI)联合包括 COCA-COLA,P&G,Safeway Store 在内的 16 家企业与流通咨询企业 Kurt Salmon Associates 公司一起组成研究小组,对食品业的供应链进行调查、总结和分析,并于 1993 年 1 月提出了改进该行业供应链管理的详细报告。在该报告中系统地提出了效率型消费者对应(Efficient Consumer Response,ECR)的概念和体系。经过美国食品市场营销协会的大力宣传,ECR 概念被零售商所接纳并被广泛应用于实践。

2. ECR 的定义和特征

1) ECR 的定义

ECR 对应的是一个生产厂家、批发商和零售商等供应链组成各方相互协调和合作,更好、更快并以更低的成本满足消费者需求为目的的供应链管理系统。

ECR 的优势在于供应链各方为了提高消费者满意这个共同的目标进行合作,分享信息和方法。ECR 是一种把以前处于分离状态的供应链联系在一起来满足消费者需求的工具。ECR 概念的提出者认为 ECR 活动是过程,这个过程主要由贯穿供应链各方的 4 个核心组成(见图 5-4)。因此,ECR 的战略主要集中在以下 4 个领域:

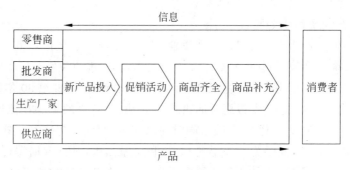

图 5-4　ECR 和供应链过程

(1) 有效的店铺空间安排(efficient store assortment)。

(2) 有效的商品补充(efficient replenishment)。

(3) 有效的促销活动(efficient promotions)。

(4) 有效的新商品开发与市场投入(efficient new product introductions)。

2) ECR 的特征

ECR 的特征表现在三个方面。

(1) 管理意识的创新。传统的产销双方的交易关系是一种此消彼长的对立关系,交易各方以对自己有利的买卖条件进行交易。简单地说,是一种赢-输型(Win-Loss)关系。而 ECR 要求产销双方的交易关系应建立在合作伙伴的基础上,交易各方通过相互协调合作,以低成本向消费者提供高附加值的服务,并在此基础上追求双方的共同利益。简单地说,是一种双赢型(Win-Win)关系。

（2）供应链整体协调。传统的流通活动缺乏效率的主要原因有二：第一，在厂家、批发商和零售商之间存在着企业间联系的非效率性。即传统业务流程中各个企业往往以企业的效益最大化为目标进行活动；第二，在企业内部采购、生产销售和物流等部门或职能部门之间存在着部门间联系的非效率性。即传统的企业组织是以部门或职能为中心进行经营活动的，这些职能部门往往以部门的效益最大化为目标进行活动。而 ECR 要求各部门、各职能、各企业之间消除隔阂，进行跨部门、跨职能和跨企业甚至跨行业的管理和协调，使商品流和信息流在企业内和供应链内顺畅地流动。

（3）涉及范围广。既然 ECR 要求对供应链整体进行管理和协调，ECR 所涉及的范围必然包括零售业、批发业和制造业等相关的多个行业。为了最大限度地发挥 ECR 上所具有的优势，必须对关联的行业进行分析研究，对组成供应链的各类企业进行管理和协调。

3. 应用 ECR 必须遵守的 5 个基本规则

在 FMI 的报告中提出了应用 ECR 时一定遵守的 5 个基本规则如下：

（1）ECR 的目标是以低成本向消费者提供高价值的服务。这种高价值服务表现在更好的商品功能、更高的商品质量、更丰富的商品品种、更便利的购买、使用和维护等方面。ECR 通过整个供应链整体的协调和合作来实现这一目标。

（2）ECR 要求供需双方必须从传统的单纯竞争型的输赢交易关系向战略合作伙伴型的双赢关系转化。需要企业的最高管理层对本企业的组织文化和经营传统进行变革，在供需双方之间建立起具有广泛合作的战略联盟。

（3）及时准确的市场信息在有效地进行市场营销、生产制造、物流采购和运输等重大决策方面起着重要的作用。ECR 要求利用行业之间的信息技术手段在组成供应链的各企业之间交换和分享信息。

（4）ECR 要求从生产线末端的包装作业开始到消费者获得商品为止的整个商品移动过程中产生最大的附加值，使消费者能够在需要的时间及时获得满意的商品。

（5）ECR 为了提高供应链整体的效果（如低成本、少库存、高附加值等），要求建立共同的成果评价体系，以在供应链范围内进行公平的利益分配。

总之，ECR 是供应链各方通过真诚合作来实现消费者满意，并同时达到基于各方利益的整体效益最大化的过程。

4. ECR 系统的构造

ECR 概念是流通管理思想的革新。ECR 作为一个供应链管理系统需要把市场营销、物流管理、信息技术和组织变革有机地结合起来共同发挥作用，以实现 ECR 的目标。ECR 系统的结构如图 5-5 所示。

构造 ECR 系统的具体目标，是实现低成本的流通、基础关联设施建设、消除组织间的隔阂、协调合作满足消费者的需求。组成 ECR 系统的技术要素主要有信息技术、物流技术、营销技术和组织变革技术，下面对这些要素进行必要的说明。

1）营销技术

在 ECR 系统中采用的营销技术主要是商品类别管理（Category Management）和货架空间管理（Space Management）。

商品类别管理是以商品的类别为基本管理单位，寻求整个商品类别收益最大化。具

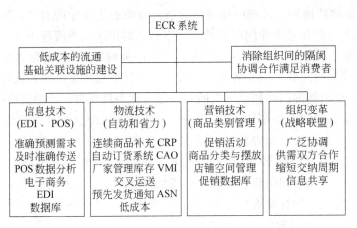

图 5-5　ECR 系统的构造

体来说,企业对经销的所有商品按一定的标准进行分类,确定或评价每一个类别商品的功能、作用、收益性、成长性等指标,在此基础上,综合考虑各类商品的库存水平和店铺货架摆放等因素,制定商品品种计划,以便在提高消费者服务水平的同时增加企业的销售额和收益水平。例如,企业可以把某类商品设定为吸引客户的商品,把另一类商品设定为增加企业收益的商品,从而做到在满足客户需求的同时兼顾企业的利益。

商品类别管理的基础是对商品进行分类。分类的标准、各类商品功能和作用的设定依企业的使命和目标的不同而不同。但在原则上,商品不应该以是否方便企业来进行分类,而应该以客户的需求和购买的方便为依据来进行分类。

店铺空间管理是对店铺的空间安排、各类商品的展示比例、商品在货架上的布置等进行最优化管理。在 ECR 系统中,店铺空间管理和商品类别管理应同时进行、相互作用。在综合店铺管理中,对于该店铺所有类别的商品要进行货架展示面积的分配,对于每个类别下的不同品种的商品也要进行货架展示面积的分配和布置,以便提高单位营业面积的销售额和单位营业面积的收益率。

2) 物流技术

ECR 系统要求商品实现及时配送(JIT)。实现这一要求的方法有连续补充计划(CRP)、自动订货(CAO)、预先发货通知(ASN)、厂家管理库存(VMI)、交叉配送(Cross-Docking)、店铺直送(DSD)等。

连续库存补充计划(Continuous Replenishment Program,CRP)利用及时准确的 POS 数据确定销售出去的商品数量,根据零售商或批发商的库存信息和预先规定的库存补充程序确定发货补充数量和发货时间。以小批量多额度方式进行连续配送,补充零售店铺的库存,提高库存周转轮船,缩短交纳周期和时间。

自动订货(Computer Assisted Ordering,CAO)是基于库存和需求信息利用计算机进行自动订货的系统。

预先发货通知(Advanced Shipping Notice,ASN)是生产厂家或者批发商在发货时利用通信网络提前向零售商传送货物的明细清单。这样零售商就可以事前做好进货工作,同时可以省去货物数据的输入作业,使商品的验收作业效率化。

厂家管理库存(Vendor-managed Inventories,VMI)是上游企业对零售商的流通库存进行管理和控制。具体地说,生产厂家基于零售商的销售、库存等信息,判断零售商的库存是否需要补充。如果需要补充,自动地向本企业的物流中心发出补充零售商库存的发货指令,VMI方法包括了POS、CAO、ASN和CRP等技术。在采用VMI的情况下,虽然零售商的商品库存决策主导权由作为供应商的厂家把握,但是,在店铺的空间安排、货架的布置、商品的摆放等管理决策方面仍然由零售商主导。

交叉配送(Cross Docking)是在零售商的流通中心,把来自各个供应商的货物进行分拣装车,向各个店铺发货。在交叉配送的情况下,流通中心仅是一个具有分拣装运功能的通过型中心,有利于交纳周期的缩短、减少库存、提高库存周转率,从而节约成本。

店铺直送(Direct Store Delivery,DSD)方式是指商品不经过流通配送中心,直接由生产厂家到达店铺的运送方式。采用店铺直送方式可以保持商品的新鲜度、减少商品运输破损、缩短交纳周期。

3) 信息技术

ECR系统应用的主要信息技术有EDI和POS。

信息技术最显著的特征之一是无纸化或电子化。采用EDI可以在供应链企业之间传送订货发货清单、价格信息、付款通知等文书单据。例如,厂家在发货的同时把产品清单也通过EDI方式发送给零售商,这样零售商在商品到货时,用扫描手段自动读取商品包装上的物流条形码获得进货的实际数据,并自动地与预先到达的商品清单进行比较,从而极大地提高了作业的效率。另一方面,利用EDI在供应链企业之间传送并交换销售时点数据、库存信息、新产品开发信息和市场变化信息等直接与营销有关的各种信息。例如,生产厂家可利用销售时点信息来把握消费者的需求动向,安排好生产计划;零售商可利用新产品开发信息预先作好销售计划。因此使用EDI可以提高整个企业,乃至整个供应链的效率。在美国食品行业,根据商品通用码UCC(Uniform Code Council)确定了食品行业的EDI标准DEX(Direct Exchange)和NEX(Network Exchange)。

对零售商来说,通过对POS数据进行整理分析,可以掌握消费者的购买动向,找出畅销商品和滞销商品,作好商品类别管理。借助于POS数据还可以辅助进行库存管理、订货管理等相关工作。对生产厂家来说,通过EDI获取及时准确的POS数据,可以把握消费者的直接需求和潜在需求,制定生产计划和新产品开发计划,另外还可以把POS数据和EOS数据结合起来分析把握零售商的库存水平,进行VMI库存管理工作。

目前,许多零售企业把POS数据和客户卡等结合起来。进一步分析客户的购买行为,以发现不同客户群的个性化需求和潜在的需求,以指导商品促销工作的开展和与生产厂家的战略合作。

4) 组织变革技术

应用ECR系统不仅需要组成供应链的每一个成员紧密协调和合作,还需要每一个企业内部紧密协调和合作,因此,成功应用ECR需要对传统的组织结构进行变革。

在企业内部的组织变革方面,需要把采购、生产、物流、销售等按职能划分的组织形式改变为以商品流程(Flow)为基本的职能横断形组织形式。具体地讲,是把企业经营的所有商品按类别划分,对于每一个商品类别设立一个管理团队(Team),由这些团队为核心构成新的组织形式。在这种组织结构中,给每一个商品类别管理团队设定经营目标(如客户满意度、收益水平、成长率等),同时在采购、品种选择、库存补充、价格制定、促销等方面赋予团队相应的权限。每一个管理团队由一个总负责和几个职能领域成员组成。这样的团队因为规模小,内部交流容易,职能之间易于协调。

在组成供应链的企业之间需要建立双赢的合作伙伴关系。具体地讲,厂家和零售商都需要在各自企业内部建立以商品类别为管理单位的组织。在信息共享的基础上,双方相同商品类别的管理团队可以进行横向合作,讨论从原材料采购、生产计划的制定、销售状况、消费者动向等针对该商品类别的全盘管理问题。

ECR 是供应链各方通过推进真诚合作,来实现消费者满意和合作各方整体效益最大化的过程。在这个过程中,必须解决这样一个问题:即由供应链全体协调合作所产生的利益如何在各个企业之间进行分配。为了解决这个问题,需要搞清楚什么活动带来多少效益,什么活动消耗多少成本。为此,需要把按部门和产品区分的成本计算方式改变为基于活动的成本计算方式(ABC 方式)。基于活动的成本(Activity Based Costing,ABC)计算方式于 20 世纪 80 年代后期在美国开始使用,ABC 方式把成本按活动进行分摊,确定每个活动在各个产品上的分配,以此为基础计算出产品的成本。同时进行基于活动的管理(Activity Based Management,ABM),即改进活动内容,排除不需要的、无效率的活动,进一步降低成本。

习 题 5

5.1 思考题

1. 简述物流在电子商务中的重要作用。
2. 与传统物流相比,电子商务物流具有哪些特点?
3. 简述第三方物流能够快速发展的原因。
4. 简述供应链管理与物流管理的区别与联系。
5. 什么是快速供应系统合作各方的目标?
6. 简述 ECR 系统的构成。
7. 简述 VMI 的工作原理。

5.2 填空题

1. 按照在物流各环节所起的作用,可以将企业物流分为_____、_____、生产物流、回收物流、废弃物流等不同的种类。

2. _____的合理化对工厂的生产秩序和生产成本有很大影响。

3. 物流活动的构成要素包括_____、储存、_____、搬运、包装、流通加工、配送、管理等。

4. 第三方物流的实质就是借助_____,在规定的时间和空间范围内,向物流消费者提供契约所规定的个性化、专业化以及系列化物流服务。

5. 组成 ECR 系统的技术要素主要有_____、物流技术、_____和组织变革技术。

6. 连续库存补充计划是以_____方式进行连续配送,补充零售店铺的库存,提高库存周转,缩短交纳周期和时间。

7. 店铺空间管理是对店铺的空间安排、_____、商品在货架上的布置等进行最优化管理。

8. 在全国范围甚至跨国范围进行车辆运行管理就需要采用通信卫星、_____和_____。

9. 货物跟踪系统是指物流运输企业利用_____和 EDI 技术及时获取有关货物运输状态的信息,提高物流运输服务的方法。

10. 企业资源计划把客户需求和_____,以及供应商的制造资源结合在一起,体现完全按用户需求制造的一种供应链管理思想。

5.3 案例题

多年来,美国 Sun 公司(Sun Microsystems Inc.)在按时交付其工作站产品时存在着很大问题,顾客们不得不为订货等待几个星期。最终事情恶化到 Sun 公司只好认输。它关闭了在全世界的 18 个配送中心,将工作移交给联邦快递公司(Federal Express Corp.)和其他公司。负责全球经营的副总裁罗伯特 J. 格鲁厄姆(Robert J. Graham)承认:"有些人认为我们极愚蠢。"但是,Sun 公司随后就有了良好的记录。

从电路板组装到顾客支持,Sun 公司通过雇用其他人来干所有的活,能够把精力集中在他干得最好的事情上:设计微系统、编写软件和销售工作站。为了有助于保持那些核心功能的效率,Sun 公司已经在几个独立的子公司之间进行拆分,准许每家子公司赚钱。首席执行官斯科特 G. 麦克尼里(Scott G. McNealy)说:"这是经营计算机业务的唯一办法。"

(资料来源:Robert D. Hof, "Deconstructing the Computer Industry," Business Week, Nov. 23, 1992, pp. 92. Reprinted with permission from McGraw-Hill, Inc.)

1. 根据案例,讨论 Sun 公司物流管理模式。

2. 讨论提高企业物流管理效率的方法。

3. 讨论企业如何提高市场竞争力。

第6章 网上支付与网络银行

电子商务是一次新的浪潮,它给世界各国经济带来了一次新的机遇和挑战,特别对金融银行业将产生巨大的影响。无论是传统的交易,还是新兴的电子商务,资金的支付都是完成交易的重要环节,所不同的是电子商务强调支付过程和支付手段的电子化。网上支付主要解决消费者如何用在线方式将货款支付给企业。银行作为支付和结算的最终执行者,起着连接买卖双方的纽带作用。网上银行所提供的电子支付服务是电子商务中关键的要素和最高层次,没有网上支付手段,电子商务只能是电子行情、电子合同或者说是狭义的电子商务,因此网上支付是电子商务结算环节的主要问题,网上银行服务也是电子商务得以顺利发展的基础条件。

6.1 现代支付系统

6.1.1 基本概念

交易双方的资金往来,称为支付(Payment)。任何买卖活动都伴随着资金往来,以清偿在商品交换、劳务活动和金融资产交易中产生的相应债权债务关系。由于银行的"信用"中介作用,商品交易双方的收付活动,经常演化为银行与客户之间、银行客户的开户银行之间的资金收付活动。

支付系统是由一系列支付工具、程序、有关交易主体、法律规则组成的用于实现货币金额所有权转移的完整体系。国际清算银行指出(1992),"支付体系由特定的机构以及一整套用来保证货币流通的工具和过程组成",尽可能高效地组织交易中的资金传送是任何支付系统的主要目标。支付系统由下面几个主要部分构成。

1. 银行

在当前的各种支付系统中,银行扮演着重要的角色,绝大部分交易的支付是以银行转账的形式进行的。因此,要求银行具备高水平的支付业务设施,向广大客户提供支付服务。

2. 清算机构

清算机构负责金融机构间(银行)以及金融机构和非金融机构间资金的清算和结算。例如,美国支付系统的银行间资金清算划拨主要是通过两个系统来实现的:一是,美国联邦储备体系经营管理的联邦电子资金划拨系统(Federal Reserve Communication System,FedWire);二是,纽约清算所协会经营的银行同业支付系统(Clearing House Interbank Payment System,CHIPS)。

3. 支付系统的管理者

管理者负责制定支付系统的运作规章,维护支付系统日常运作。一般由中央银行承担这个角色,也有民间组织做管理者的情况,如 CHIPS 以及 Visa、MasterCard 等信用卡组织。

4. 支付工具

支付工具可以被看作支付命令的载体,是支付体系内用于进行清算的中介,它必须是被交易双方同时认可的一种支付手段。这一载体可被分为有形和无形两种。有形的支付工具有现金、支票、银行卡等,无形的支付工具主要指承载支付命令的电子信息,这些信息必须为有关支付系统所承认。

5. 国家法律与运作规章

国家法律与支付系统的运作规章为支付系统的参与者明确了各自的权利和义务,并对一些基本问题,如支付工具的使用,支付命令的有效性等进行了规定,明确的法律与规章是支付系统正常运作的基础。

6.1.2 支付系统的发展与演进

随着支付工具和支付技术的变革与进步,支付系统大致经历了三个发展阶段。

1. 实物货币支付系统

物物交换到货币交换的转变是支付系统发生的第一次重要变迁。黄金和白银由于它们自身的特性,而充作了一般等价物——货币,并具有支付工具的职能,这是实物货币阶段。

2. 传统信用货币支付系统

纸币的产生是支付系统发生的第二次重大变革。这一阶段,主要通过现金和票据作为支付工具进行支付。

现金支付是现今社会货币支付最普遍的形式,它使用方便,便于携带,特别适合于小额交易,并且不留下交易痕迹。但出于大额支付以及安全性考虑,纸币有不可克服的问题,因此,出现了票据支付,其实质上是利用票据传递支付命令,主要通过收、付款人之间存款账户金额转移进行债权债务结算,一般用于企业之间金额较大的支付。

传统信用货币阶段支付指令的传递完全依靠面对面的手工处理和经过邮政、电信部门的委托传递,因而结算成本高、凭证传递时间长、在途资金积压大、资金周转慢。

3. 电子支付系统与网上支付系统

基于计算机和网络技术的电子支付技术以及电子货币的产生是支付系统发生的第三次变革。电子支付(E-Payment),也称数字化支付(Digital Payment),指的是电子交易的当事人,包括消费者、厂商和金融机构,使用安全电子支付手段通过网络进行的货币支付或资金流转。尤其是 Internet 的蓬勃发展逐步改变了银行支付结算的基本结构和过程,使其从封闭网络,如金融专用网络,进入广域网,为支付体系打开了一道大门。网上支付即是指通过 Internet 完成支付和结算的支付系统,它是电子支付的高级形式,为电子商务支付过程提供了一种全新的运作模式和全新的思想观念,也是本章讨论的重点。

为了更清楚地了解网上支付系统与现金货币支付系统运作的不同,我们以一个消费者分别以现金方式和电子钱包方式,到实体商场和网上商城进行消费所发生的情况为例,加以说明。

图 6-1 描述消费者用现金购物的情形。消费者首先要从银行存款账户上提取现金，然后持现金到商场购物；购物时向商场支付现金；商场收到现金后，营业终了，要将现金送存银行，形成自己的存款。消费者与商场之间一手钱一手货，资金脱离银行，资金转移并不需要通过银行进行清算。

图 6-2 描述消费者用电子钱包在网上商城支付购物的情形。消费者首先要向发卡银行申领电子钱包，并开立账户；然后到网上商城购物，付款时选择使用电子钱包支付；资金由消费者的银行账户转至商场的账户。消费者与商场之间并未发生直接资金转移，资金并不脱离银行，因此，消费者与商场之间的资金转移需要通过银行进行清算。商品交递可以通过网下物流配送系统实现，有些商品可以通过 Internet 直接传递。

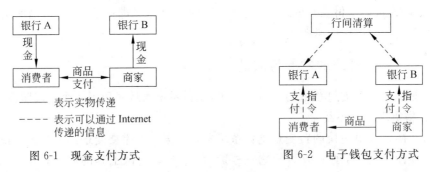

图 6-1　现金支付方式　　　　图 6-2　电子钱包支付方式

通过对比可以看出，与传统的支付方式相比，网上支付系统具有以下特征：

- 网上支付的工作环境是基于一个开放的系统平台（即互联网）；而传统支付则是在较为封闭的系统中运作。因此，利用网上支付系统，交易不必是面对面进行的，可以是远距离的，这是全面实现电子商务的关键因素。
- 网上支付是采用先进的技术通过数字流转来完成信息传输的，资金在 Internet 中以无形的方式进行转账和划拨，将"现金流动"、"票据流动"转变成计算机网络系统中的"数据流动"。
- 网上支付具有方便、快捷、高效、经济的优势。用户只要拥有一台上网的 PC，便可足不出户，在很短的时间内完成整个支付过程，支付费用也大大降低。
- 网上支付使用的是最先进的通信手段，而传统支付使用的则是传统的通信媒介；网上支付对软、硬件设施的要求很高，一般要求有联网的微型计算机、相关的软件及其他一些配套设施，而传统支付则没有这么高的要求。就目前而言，网上支付也带来一些新的问题，例如安全问题。

6.1.3　银行电子化与电子商务之间的关系

银行电子化最初虽然不源于电子商务活动，但电子商务的发展推动了银行电子化，尤其是网上银行的发展进程，与此同时，网上银行也为电子商务发展提供强大的助推力。

电子商务的发展，使得个人和企业消费者对支付结算和现金管理产生了更高的需求。银行电子化为实现电子商务高效、便捷的支付结算奠定了基础。随着计算机和通信技术的逐步引入，传统银行发生业务处理方式的转变可以分为三个阶段，即单机批处理阶段、联机实时处理阶段和金融电子网络化阶段。经过 20 多年的艰苦努力，我国的现代化支付系统(China National Advanced Payment System,CNAPS)建设已经取得了很大的进展,这对于我国开展电子商务活动无疑给予了强有力的支持。

在银行业务电子化的基础上,产生了大量新型银行服务项目。银行向广大客户提供了各种增值金融信息服务,银行同往来银行、企事业单位、商业部门、政府管理部门,以至每个家庭,都建立了紧密的联系,银行业务深入到社会的各个角落。网上资金信息的高速传递,使得电子商务要求的资金集中调配和实时划拨成为可能。

银行电子化、网络化是现代银行的一个里程碑,促使银行业发生了根本性变革,并且与电子商务活动一样,具有一些共同特征,例如,"3A"特征、虚拟化运作、低成本、高效益、高效率、个性化经营等特征。

6.2　网上支付系统

6.2.1　电子商务网上支付流程

如图 6-3 所示,电子商务活动中的网上购物及支付过程可以分为下面七个步骤:

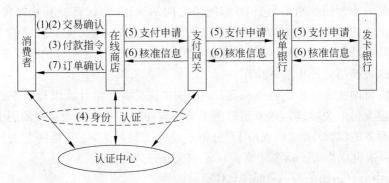

图 6-3　网上支付流程图

(1) 消费者通过 Internet 选定所要购买的物品,并在网上输入订货单,订货单上需包括所购商品名称及数量、交货时间及地点、联系方式等相关信息。

(2) 通过电子商务服务器与有关在线商店联系,在线商店做出应答,告诉消费者所填订货单的货物单价、应付款数、交货方式等信息是否准确,是否有变化。

(3) 消费者选择付款方式,确认订单,签发付款指令。

(4) 在安全交易模式中,交易的参与各方要经过认证中心的身份认证。

(5) 在线商店接受订单后,向消费者所在银行请求支付认可。信息通过支付网关到收单银行,再到发卡银行确认。

(6) 核准的支付信息将返回给在线商店。

(7) 在线商店依据支付信息,发送订单确认信息给消费者。消费者端软件可记录交易日志,以备将来查询。

当支付信息显示消费者账户支付正常时,在线商店发送货物,或提供服务;并通知收单银行将钱从消费者的账号转移到商家账号,或通知发卡银行请求支付。在认证操作和支付操作中间一般会有一个时间间隔,例如,在每天的下班前请求银行结当天的账。

6.2.2　网上支付系统的基本构成

从电子商务网上支付流程看,网上支付系统通常需要以下几个基本组件:商家/消费者系统、开户行、支付工具、支付网关和安全认证。

1. 商家/消费者系统

电子商务网上支付需要消费者端配置的软件有浏览器、商家服务器环境中的各类软件,有的还需要安装电子钱包等软件。

2. 开户行

开户行包括发卡银行和收单银行。发卡银行指向消费者(持卡人)提供支付卡的金融机构,收单银行指与商家建立业务联系的金融机构。

3. 支付工具

目前,国际上使用的网上支付工具主要包括银行卡、数字支票、数字现金等。

4. 支付网关(Payment Gateway)

一般来讲,支付网关是指连接银行的金融专用网络和 Internet 的一组服务器。金融专用网通常是一个封闭的网络,它和外部网络之间的通信、协议转换和数据转换(银行网络使用特定格式的数据)、数据加解密都由支付网关来完成,以保证金融网的安全。支付网关接收消费者、网上商家以及银行的各种支付授权请求并发送相应的授权应答消息,它起着一个数据转换与处理中心的作用。

早期的支付网关通常由银行单独建设,也有由多家商业银行或银行卡中心或自动清算所联合共建支付网关,目前,越来越趋向于把相应功能转移到商业银行的网上银行来完成。在电子商务的浪潮中,也出现由 IT 公司建设的支付网关,也就是网上支付服务由某 IT 公司提供,这也成为电子商务中人们议论和关注的焦点之一。

5. 认证中心(Certificate Authority,CA)

在网上交易中,消费者、商家、银行不可能直接见面,为了确认交易各方的身份以及保证交易的不可否认,需要有一份数字证书进行检验,这就是安全电子证书。安全电子证书由 CA 认证中心来发放。

6.2.3　网上支付系统的种类

1. 按结算方式分类:全额和净额

全额结算是指在资金转账前并不进行账户金额的对冲,以实际的支付金额进行转账的结算方式。

净额结算是指在进行双方或多方的资金转账前,先对各方账户上的余额进行相互冲减,之后才转移剩余资金金额的结算方式。这样,银行只须在清算周期期末的指定结算时间,把支付净额转给清算所。

2. 按交易的金额分类:大额和小额

按照支付系统所处理的每笔资金转移的金额分类,有大额支付系统和小额支付系统。大额系统用于每笔支付金额超过某一数量的支付业务,小额系统内支付金额一般较小。

电子商务的 B2B 交易的大宗支付主要通过大额支付系统完成,而小额支付系统一般为小额贸易支付和个人消费服务。

3. 按结算时效分类:实时和非实时

所谓结算时效是指某一支付工具发出指令后,资金从某人转给某人或从某账户转到其他账户所用的时间长短。所用的时间越长,时效性越差,时间越短,时效性越好。

支付系统按时效性可分为实时性和非实时性两种。实时性支付系统的时效性是最理想的,当一方发出支付指令时,结算也同时完成(即实时)。在非实时的支付系统中,从系统收到支付指令到完成结算之间有一定的时间间隔。此间隔的长短随支付系统的不同而异。

时效性的好坏与结算方式有密切的关系。全额结算方式有可能使时效性达到理想状态。这是因为在全额结算中,支付系统将对每一笔支付指令进行资金的转移,资金转移的速度与计算机系统的处理速度直接相关。当今计算机的性能早已使这种资金转移可瞬间完成。

但是对于净额结算来说,时间间隔(收到支付指令与进行实际资金转账之间)无法避免,这是由净额结算的方式决定的。要进行净额结算,必须要设定结算周期,在结算周期结束时,再对账户进行轧差。时效性与结算周期的长短直接相关。

6.3 网上支付解决方案

本节将按所用支付工具的类型,分别介绍几种网上支付的实施方案。随着计算机技术的发展,电子支付的方式越来越多,这些支付方式可以分为三大类:一类是银行卡,包括信用卡、借记卡、现金卡等;一类是电子支票,包括电子汇款(Electronic Funds Transfer,EFT)等;一类是电子货币,如电子现金、电子钱包等。这些方式各有自己的特点和运作模式,适用于不同的交易过程。

6.3.1 银行卡网上支付

一般认为,1915 年世界上第一张信用卡诞生,它是商家与消费者之间的一种直接的商业信用关系。1950 年大莱公司(Diners-Club)成立,并开始发行大莱卡,第一次以买卖双方之外的第三者身份开始发行信用卡。现在 Visa 和 MasterCard 是世界上两个最大的信用卡国际组织。1952 年美国富兰克林国民银行发行了信用卡,首开银行信用卡的先例。在中国,1985 年中国银行珠海分行发行了第一张信用卡——中银卡,一年后,中国银行北京分行开始发行长城卡。

如今银行卡已经是一种十分普及的支付工具,银行卡支付方式成为近年来最常见的网上支付解决方案。银行卡网上支付中的主要问题是安全问题。网上支付所产生的欺诈风险较传统支付方式更大,主要是因为网络传输的快速特征,使得欺诈在发现之前有可能已经蔓延,而网络全球性特征又使欺诈行为的扩散不受地域限制。同时,Internet 作为开放性的网络,其本身在安全性方面就有很多漏洞。因此,围绕安全问题的解决,产生各类银行卡网上支付方案。

1. 信息加密传输方式

在现代加密技术的支持下，即使网上传送的敏感信息被截获，由于受到加密机制的保护，造成信息泄露的可能性也很小。但信息的加密往往要求信息发出方和接收方采用同样的软件，这对电子商务来说是一大障碍。因此，近年来出现了一些加密标准，以使不同的软件遵守共同的协议。其中较有代表性的是安全套接层协议（Secure Sockets Layer，SSL）和安全电子交易协议（Secure Electronic Transactions，SET）。

1）基于 SET 的网上支付

1995 年 10 月，包括 MasterCard、Netscape（以开发 Internet 浏览器而著名的美国公司）和 IBM 在内的联盟开始着手进行安全电子支付协议 SEPP 的开发。与此同时，Visa 和 Microsoft 组成的联盟也正在开发另一种不同的网络支付规范 STT。这样就出现了一个不幸的局面，世界的两大信用卡组织分别支持独立的网络支付解决方案。这种局面持续了数月，直到 1996 年 1 月，这些公司才宣布他们将联合开发一种统一的系统，即 SET。SET 并不是一种通用的支付协议，它限制在卡基支付或类似的应用中。

SET 协议并未对电子商务的一般流程进行改动，只是在一般流程之上，对信息的传递规定了复杂的流程和加/解密方式。在 6.2.1 所描述的电子商务网上支付流程中，当步骤（3）中消费者选择用 SET 方式付款时，SET 开始起作用。

SET 保证支付信息的安全性、完整性，商家和持卡人、银行各方的合法性和交易的不可否认性，特别是保证了不会把持卡人的信用卡信息泄露给商家。SET 间接建立交易各方彼此间的信任关系，平等保护支付各方，这是信用经济必不可少的。

2）基于 SSL 的网上支付

SSL 电子支付安全协议是国际上最早的一种电子商务安全协议，至今仍然有许多网上商店在使用。这个协议是根据邮购的原理设计的。在传统的邮购活动中，客户首先寻找商品信息，然后汇款给商家，商家再把商品寄给客户。这里，商家是可以信赖的，所以，客户先付款给商家。在电子商务交易过程中，按照 SSL 协议，客户购买信息（包括银行卡信息）首先发往商家，商家再将信息转发银行，银行验证客户信息的合法性后，通知商家付款是否成功。

SSL 协议运行的基础是商家对消费者信息保密的承诺。如美国著名的 Amazon 网上书店在它的购买说明中明确表示："当你在亚马逊公司购书时，受到'亚马逊公司安全购买保证'保护，所以，你永远不用为你的信用卡安全担心"。上述流程显示，SSL 协议有利于商家的安全而不利于消费者的安全，客户的信息首先传到商家，商家阅读后再传到银行。这样，客户资料的安全性便受到威胁。在电子商务的开始阶段，由于参与电子商务的公司大都是一些大公司，信誉较高，这个问题没有引起人们的重视。随着电子商务参与厂商的迅速增加，对厂商的认证问题越来越突出，因此目前改进的 SSL 协议也引进了 CA 认证。

2. 第三方参与支付的方式

通过第三方的协助来保证银行卡信息的安全，即在消费者和商家之间，不直接进行银行卡信息的传递，而是以一定方式通过第三方来完成。第一虚拟系统（FV，First Virtual）和 CyberCash 信用卡网上支付系统是这种模式的代表。

1）FV 信用卡网上支付

1994 年 12 月，第一虚拟公司（First Virtual Holdings，http://www.firstvirtual.com）推出了一种以信用卡为基础的支付模式，这种模式简称为 FV。该支付机制是一个不用加密的支付系统，其目标就是在网络上进行小额交易，并且无需专用的客户端软件和硬件，简单易行。

消费者首先要持有 FV 接受的信用卡，并在 FV 建立账户。消费者通过填写注册单或通过电话等其他通信工具，将信用卡信息和电子邮件地址传递给 FV。由 FV 系统为消费者发送虚拟 PIN（标识网上身份的号码，简称 VPIN），消费者可以用它替代信用卡信息在网上传输。

图 6-4 给出消费者利用 FV 在网上购物的情况。

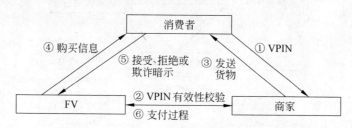

图 6-4 利用 FV 系统进行购买的流程示意图

（1）当消费者在 FV 特约网上商家购物时，消费者输入其 VPIN，并送往商家。

（2）通过查询 FV 服务器，商家确认该 VPIN 的有效性。

（3）如果 VPIN 没有在黑名单中，那么商家发送货物给消费者。

（4）此时，FV 系统并不进行支付，而是通过电子邮件或 WWW 格式向消费者发送信息，以确认是否有真实的“购买意愿”。

（5）消费者回复有三种可能性：即接受、拒绝或欺诈暗示。对于第三种情况，意味着物品并非消费者所订购，该 VPIN 会立即被列入黑名单。当拒绝时，表示不愿对此进行支付。当得到肯定，继续支付过程。

（6）FV 系统脱离 Internet，利用信用卡授信系统网络进行信用卡真实性、消费者身份合法性、信用额度的确认，请求垫付。由 FV 将从信用卡公司转移过来的代垫金额中扣除应收手续费后，增加商家的存款账户余额。通常由消费者集中一次在适当时间和信用卡公司进行结算。

在这个过程中，如果 VPIN 在网上被盗窃，会产生假冒的购买者，直到该 PIN 被列入黑名单，由于支付请求是通过电子邮件发送给消费者的，因此会有一定的时间延时。但从运行情况看，该系统发生的欺诈的比例很小，而且即使发生欺诈问题，损失也只是一笔交易，而不会是很大的损失。

2）CyberCash 信用卡网上支付

CyberCash 公司（http://www.cybercash.com）成立于 1994 年 8 月，主要为 Internet 上的金融交易提供软件和服务解决方案。CyberCash 的“安全互联网支付系统”使消费者能够利用信用卡在 CyberCash 会员商店进行安全购买。CyberCash 支付系统于 1995 年

4 月开始运行。

图 6-5 给出 CyberCash 系统的概况。CyberCash 的网关服务器与现行金融基础设施相连,即一边与 Internet 相连,一边与银行处理器相连。CyberCash 的支付流程与 FV 系统类似,消费者和商家首先在 CyberCash 系统设立账户。消费者在 CyberCash 主页上免费下载 CyberCash 软件,通过运行该软件将信用卡信息注册到系统,在信息传递过程中使用了复杂的加密技术。在购买时,包括消费者信用卡信息在内的购买信息通过该网关进行传送。真正信用卡支付在银行网络中完成,交易结果通过 CyberCash 网关返回商家。如果支付交易成功,商家将给消费者发送物品。可见,CyberCash 为银行网络与 Internet 之间信息的安全传输提供服务。

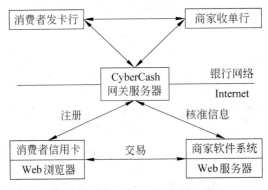

图 6-5　Cyber Cash 系统模拟图

3. 智能卡

智能卡(Smart Card or IC)是一种自带处理芯片的卡片。它可以利用自带的芯片实现储值功能,在资金转移时,无须进行联机授权,可以直接通过智能卡上的芯片进行资金转移。这种智能卡通常被称作电子钱包。在芯片的支持下,智能卡具有可靠的安全性。智能卡无须第三方提供的支持,就可以实现消费者和商家之间资金安全的直接转移。这一特点使智能卡成为在 Internet 进行支付最简单的办法。通常智能卡还设有"自爆"装置,如果犯罪分子想打开 IC 卡非法获取信息,卡内软件上的内容将立即自动消失。

在电子商务交易支付时,消费者只要将智能卡插入一个与网络相连的读卡设备,并登录到为消费者服务的银行 Web 站点上,智能卡会自动告知银行账号、密码和其他一切加密信息。完成这两步操作后,消费者就能将指定金额从智能卡通过网络安全地转移到商家的设备上,之后,商店可以直接通过有关设备与银行连接,增加其账户余额。

智能卡的优点十分突出。首先,它具有匿名性,使用智能卡支付与使用现金支付十分相似。商家在接到某个智能卡传来的金额时,不会知道消费者是谁,除了余额增加外也不会留下任何记录。第二,消费者使用智能卡时,不必在银行留有账户。另外,通过智能卡,商店可以在交易结束的同时得到款项,而无须像一般银行卡那样,经过与银行的结算后才得到款项,这会减少商家面临的信用风险。智能卡支付方式的最大缺点在于,不论是消费者还是商店,都需要安装特殊的读卡设备。

英国 National-Westminster 银行开发的电子钱包 Mondex 是世界上最早的电子钱包

系统,于1995年7月首先在有"英国的硅谷"之称的Swindon试用。起初,名声并不那么响亮,不过很快就在Swindon打开了局面,并被广泛应用于超级市场、酒吧、餐饮店、停车场、电话间和公共交通车辆之中。这是由于电子钱包使用起来十分简单,只要把Mondex卡插入终端,三五秒钟之后,卡和收据条便从设备付出,一笔交易即告结束,读取器将从Mondex卡中扣除掉本次交易的费用。电子钱包如同现金一样,一旦遗失或被窃,Mondex卡内的金钱价值不能重新发行。有的卡如被别人拾起照样能用,有的卡内写有持卡人的姓名和密码锁定功能,只有持卡人才能使用,较现金还安全一些。Mondex卡损坏时,持卡人就向发行机关申报卡内所余余额,由发行机关确认后重新制作新卡发还。

我国一些银行也开始提供电子钱包服务,例如中国银行的"中银电子钱包"。

6.3.2　电子支票网上支付

在电子商务中,B2B网上交易对电子支票的需求是很大的,这推动了对电子支票系统的研究与开发。

1. 电子支票的概念

电子支票是以纸制支票为模型,其中包含有与纸质支票完全相同的支付信息,如收款方账户信息、付款方账户信息、金额和日期等。将这些信息电子化,根据支付指令,将资金从一个账户转移到另一个账户,实现银行客户间的资金结算。电子支票的运作流程和由第三方提供安全性支持的银行卡支付方式十分相似,银行卡网上支付方式要求消费者拥有银行卡,而电子支票只需消费者拥有支票账户即可。电子支票保持传统支票的风格,便于使用和推广,降低了支票的处理成本,提高传输速率,同时减少了在途资金,提高了银行客户的资金利用率。

电子支票支付遵循金融服务技术联盟(Financial Services Technology Consortium, FSTC)提交的BIP(Bank Internet Payment)标准(草案)。典型的电子支票系统有NetCheque、NetBill、E-check等。

目前,电子支票的支付一般是通过专用网络、设备、软件及一套完整的用户识别、标准报文、数据验证等规范化协议完成数据传输,从而控制安全性。对公共网络上的电子支票兑现,人们仍持谨慎的态度,因此电子支票的广泛普及还需要有一个过程。

2. 电子支票支付流程

电子支票支付过程包含四个实体,即消费者、商家、银行金融机构以及验证中心。使用电子支票进行支付之前,要求消费者在提供电子支票服务的银行注册,开具电子支票,电子支票应具有银行的数字签名。

电子支票支付流程如图6-6所示。

(1) 消费者通过网络向商家发出电子支票,同时向银行发出付款通知单。

(2) 商家通过验证中心对消费者提供的电子支票进行验证,验证无误后将电子支票送交银行索付。

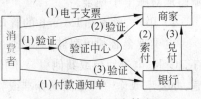

图6-6　电子支票支付流程

（3）银行在商家索付时，通过验证中心对消费者提供的电子支票进行验证，验证无误后即向商家兑付或转账。不同银行之间的支票清算，由金融网络完成，整个交易处理过程在数秒内即可实现。

6.3.3　电子现金网上支付

在商业交易中，现金仍然是最普遍、应用最广泛的支付工具。与银行卡等其他支付工具相比，现金具有如下一些优点：现金是通用的，是法定货币，任何收款人有义务接受它；现金是无记名支付工具，任何人都可以拥有并使用现金，无需银行账户；使用现金支付，不涉及到手续费的问题；现金通常是当面支付，不会给接受方造成额外的风险等。所以，人们对现金的使用一直情有独钟。

为了把现金的优点和计算机的方便结合在一起，人们创造出电子现金。电子现金具有纸质现金的某些特性，例如一定范围内的通用性、某种程度上的匿名性、支付的即时性等。同时由于其存在方式是电子的，也带来了存储、传送和处理上的方便。

电子现金依附的载体主要有两种，一种是智能卡（IC 卡），另一种是计算机硬盘。前者也就是在"6.3.1 银行卡网上支付方案"中讲到的电子钱包，如 Mondex 卡。这里主要讲解后一种形式的电子现金。

1. 电子现金的概念

电子现金（E-cash），也称网络货币，是一种以数据形式流通的货币。它把现金数值转换成为一系列的加密序列数，通过这些序列数来表示现实中各种金额的币值。用户在开展电子现金业务的银行开设账户并在账户内存钱后，就可以在接受电子现金的商店购物。

当用户拨号进入网上银行，使用口令（Password）和个人识别码（PIN）来验证身份，直接从其账户中下载成包的小额电子"硬币"，形成电子现金。然后，这些电子现金被存放在用户的硬盘当中，直到用户在网上商城进行购买消费。为了保证交易安全，计算机还为每个硬币建立随时选择的序号，并把这个号码隐藏在一个加密的信封中，保证电子现金使用者的隐私权。

2. 电子现金支付的特点及存在的问题

使用电子现金支付方式具有以下特点。

1）E-Cash 的管理者与商家之间应有协议和授权关系

电子现金具备货币价值，通常由某一家银行来管理，但在某些西方国家，E-Cash 发行和运营的权力并不限于银行。E-Cash 的信用或承认范围决定了它的可交换和可兑换范围。例如，某一家银行发行的电子现金能被其他银行接受，那么这些银行之间就能够毫无障碍地对账电子现金。

2）用户、商家和 E-Cash 的管理者都需使用各种电子存储设备和 E-Cash 软件

电子现金必须可存储和检索。可存储是指可以将电子现金存储在用户计算机的外存、IC 卡、电子钱包或其他更易于传输的各种电子存储设备中。可检索是允许用户在家庭、办公室或途中对存储在标准或特殊用途的设备中的电子现金进行检索查询。

3）E-Cash 的管理者负责用户和商家之间的资金转移

4）E-Cash 安全性由 E-Cash 系统保障

在实际应用过程中,电子现金具有明显的可复制性和可重复性,这与各种传统现金明显不同。因此必须防止电子现金复制和重复使用的问题,确保电子现金的安全性。E-Cash 发行者在发放电子货币时使用数字签名。商家在每次交易中,将电子现金传送给 E-Cash 管理者,由 E-Cash 管理者验证用户支持的电子货币是否无效(伪造或使用过等)。目前,E-Cash 主要应用于小额支付交易。

目前,电子现金支付方式尚存在以下一些问题,例如:

1) 使用范围有限

目前,只有少数商家接受电子现金,而且只有少数机构提供电子现金发行和管理服务。

2) 现行成本较高

电子现金对于硬件和软件的技术要求都较高,例如,需要一个大型的数据库存储用户完成的交易和 E-Cash 序列号以防止重复消费。因此,尚需开发出成本更低廉的电子现金技术解决方案。

3) 存在货币兑换问题

由于电子现金仍以传统的货币体系为基础,因此德国银行只能以德国马克的形式发行电子现金,法国银行发行以法郎为基础的电子现金,因此从事跨国贸易就必须要使用特殊的兑换软件。

4) 安全风险较大

如果用户存有电子现金的硬盘损坏,电子现金是无法恢复的,这个风险许多消费者都不愿承担。更令人担心的是电子伪钞的出现将给发行人及用户带来毁灭性的损失。

5) 其他问题

从技术上讲,电子现金发行者可以很广泛,但如果不加以控制,电子商务将不可能正常发展,甚至由此带来相当严重的经济金融问题。对于无国家界限的电子商务应用来说,电子现金还存在税收、法律、外汇汇率不稳定、货币供应干扰和金融危机可能性等潜在问题。因此,有必要制定严格的经济金融管理制度,保证电子现金的正常运作。

尽管存在这些问题,电子现金的使用仍呈现增长势头。随着更为安全可行的电子现金解决方案的出现,电子现金一定会像商家和银行界预言的那样,成为未来电子商务方便的交易支付手段。

3. DigiCash 的 E-Cash 网上支付

总部设在荷兰,由国际著名密码学家 David Chaum 于 1990 年创立的 DigiCash 公司(http://www.digicash.com),是 E-Cash 领域的开拓者和典型代表。DigiCash 公司开发了 E-Cash 网上支付体系,其运作模式如图 6-7 所示。

1) 建立账号购买 E-Cash

(1) 消费者在 E-Cash 发布银行设立 E-Cash 账号,利用传统货币、信用卡等购买 E-Cash 证书,这些电子现金就有了价值,并被分成若干成包的"硬币",可以在特约商户购物。消费者使用的电子钱包软件随机生成一个 100 位的序列号。这一序列号被软件打包

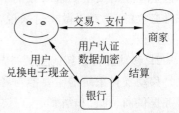

图 6-7 DigiCash 电子现金交易模型

(Blind)后,被送往消费者的开户银行。打包是一个加密的过程。

(2) 使用计算机电子现金终端软件从 E-Cash 银行取出一定数量的电子现金存在硬盘上,通常少于 100 美元。银行检查消费者传来的信息上的电子签名,并从签名者的账户上扣除一定金额。

(3) 银行向打包数据添加一串数字,这样使电子现金生效,并将其送回消费者。

(4) 消费者对这些电子现金解包(Unblind)。解包后的电子现金不包含任何表示消费者身份的数据。

2) 用 E-Cash 进行交易

(1) 消费者向网上商店发出购买请求。

(2) 商店向消费者的电子钱包软件发出支付请求。

(3) 在消费者确认后,软件便将解包之后的电子现金发往商店。

3) 确认现金

(1) 商店将电子现金发往银行,检查电子现金的合法性。

(2) 银行通过数据库检查此序列号的电子现金是否被使用过。如果电子现金未被使用过,银行便将此电子现金的序列号存入数据库,以备下次查询,然后贷记商店的账户,并通知商店。如果电子现金在数据库中留有记录,表明并非第一次使用,那么便向商店发出拒绝信息。

4) 完成交易

在电子现金得到确认后,商店向消费者开出发票,发送货物,客户确认货物,交易完成。

6.3.4 微支付与移动支付

移动支付是一种新兴的电子商务支付形式,现在越来越多的用户开始用手机缴纳话费、购买彩票,甚至在商场消费。

1. 基本概念

所谓移动支付,是指借助手机、掌上电脑、笔记本电脑等移动通信终端和设备,通过手机短信息、交互式语音应答(Interactive Voice Response,IVR)、无线应用协议(Wireless Application Protocol,WAP)等多种方式所进行的银行转账、缴费和购物等商业交易活动。

移动支付可以分为微支付和宏支付两大类。微支付的交易额一般少于 10 美元,主要应用于游戏、视频内容的下载等,而宏支付是指交易金额较大的支付行为,两者之间最大的区别在于对安全要求的级别不同。对于宏支付来说,金融机构参与的安全交易机制是非常必要的;而对于微支付来说,使用移动网络本身的用户识别模组卡(SIM 卡)鉴别机制就可以。

2. 移动支付系统的主要参与者

移动支付系统的主要参与者包括设备终端提供商、移动运营商、金融机构、移动支付服务提供商、商家和消费者。其中,移动运营商、金融机构和移动支付服务提供商为系统运行搭建了平台。

1）移动运营商

移动运营商的主要任务是搭建移动支付平台，为移动支付提供安全的通信渠道。可以说，移动运营商是连接用户、金融机构和服务提供商的重要桥梁，在推动移动支付业务的发展中起着关键性的作用。移动运营商从每笔业务中提取一定比例的佣金。

图 6-8　移动运营商支持移动支付业务

2）金融机构

作为与用户手机号码关联的银行账户的管理者，银行需要为移动支付平台建立一套完整、灵活的安全体系，从而保证用户支付过程的安全通畅。金融机构从每笔移动支付业务的获得利润分成，手机银行账户上的预存金额，也能增加其储蓄额。

3）移动支付服务提供商

作为银行和运营商之间的衔接环节，独立的第三方移动支付服务提供商具有整合移动运营商和银行等各方面资源并协调各方面关系的能力，能为手机用户提供丰富的移动支付业务，吸引用户为应用支付各种费用。从欧洲的情况来看，最早出面推广和提供移动支付服务的并不是那些主流的移动运营商，而是像瑞典 Paybox 这样的第三方门户网站。不管用户属于哪家移动运营商，也不管其个人金融账号属于哪家银行，只要在这家公司登记注册后，就可以在该公司的平台上享受到丰富的移动支付服务。

3. 移动支付业务的运作模式

当前,移动支付的运作模式主要有以下三类:以移动运营商为运营主体的移动支付业务、以银行为运营主体的移动支付业务和以第三方服务提供商为运营主体的移动支付业务。

1) 以移动运营商为运营主体

当移动运营商作为移动支付平台的运营主体时,移动运营商会以用户的手机话费账户或专门的小额账户作为移动支付账户,用户所发生的移动支付交易费用全部从用户的话费账户或小额账户中扣减。目前,中国移动与新浪、搜狐等网站联合推出的短信、点歌服务以及与中国少年儿童基金会等福利机构联合推出的募捐服务,都是由移动公司从用户的话费当中扣除的方式来实现的。

以移动运营商为运营主体的移动支付业务具有如下特点:直接与用户发生关系,不需要银行参与,技术实现简便;运营商需要承担部分金融机构的责任,如果发生大额交易将与国家金融政策发生抵触,因此,目前这种方式进行的交易也仅限于 100 元以下的交易;用户每月的手机话费和移动支付费用很难区分,无法对非话费类业务出具发票,税务处理复杂。

2) 以银行为运营主体

银行通过专线与移动通信网络实现互联,将银行账户与手机账户绑定,用户通过银行卡账户进行移动支付。银行为用户提供交易平台和付款途径,移动运营商只为银行和用户提供信息通道,不参与支付过程。当前我国大部分提供手机银行业务的银行(如招商银行、广发银行、工商银行等)都有自己运营移动支付平台。

以银行为运营主体的移动支付业务具有如下特点:各银行只能为本行用户提供手机银行服务,移动支付业务在银行之间不能互联互通;各银行都要购置自己的设备并开发自己的系统,因而会造成较大的资源浪费;对终端设备的安全性要求很高,用户需要更换手机或 STK 卡(新一代的智能卡)。应当看到,每位用户正常情况下只拥有一部手机,但他可能同时拥有几个银行的账户。如果一部手机只能与一个银行账户相对应,那么用户无法享受其他银行的移动支付服务,这会在很大程度上限制移动支付业务的推广。

3) 以第三方服务提供商为运营主体

移动支付服务提供商是独立于银行和移动运营商的第三方经济实体,同时也是连接移动运营商、银行和商家的桥梁和纽带。通过交易平台运营商,用户可以轻松实现跨银行的移动支付服务。例如,Paybox. netAG 与 IBM 公司合作开发的 WebSphere 平台,可以在其上构建移动支付平台。

以第三方交易平台为运营主体提供移动支付业务具有如下特点:银行、移动运营商、平台运营商之间分工明确、责任到位;平台运营商发挥着"插转器"的作用,将银行、运营商等各利益群体之间错综复杂的关系简单化,将多对多的关系变为多对一的关系,从而大大提高了商务运作的效率;用户有了多种选择,只要加入到平台中即可实现跨行之间的支付交易;平台运营商简化了其他环节之间的关系,但在无形中为自己增加了处理各种关系的负担;在市场推广能力、技术研发能力、资金运作能力等方面,都要求平台运营商具有很高的行业号召力。

4. 微支付流程

通用的微支付流程模型如图 6-9 所示,其中虚线表示离线方式。微支付模型中 C (Consumer,简称 C)是使用微电子货币购买商品的主体;M(Merchant,简称 M)为用户提供商品并接收支付;B(Broker,简称 B)是作为可信第三方存在的,用于为 C 和 M 维护账号、通过证书或其他方式认证 C 和 M 的身份、进行货币销售和清算,并解决可能引起的争端,它可以是一些中介机构,也可以是银行等。

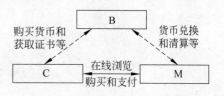

图 6-9　典型的微支付流程模型

在进行支付之前,C 一般通过离线方式获取微电子货币或交易中使用的数字证书,一般情况下,C 在 B 处建立账号。C 通过在线方式同 M 进行联系,浏览选择商品和进行支付。M 一般可以在本地验证电子货币的真伪,但一般不能判断是否 C 在重复消费。每隔一定的时间,如一天或一周等,M 会把 C 支付的微电子钱币提交给 B 进行兑现,B 可以对电子货币进行验证,以防止 M 的欺骗和 C 的重复消费,这个步骤一般通过离线方式完成。

6.4　网　上　银　行

网上银行是银行体系顺应电子商务的发展而产生并发展起来的。电子商务的发展一方面要求商家和消费者的开户银行提供有效的网上资金支付支持;另一方面,电子商务的发展也给银行带来了机遇,网上银行为突破银行传统的业务模式,拓展和延伸银行的服务提供了可能。

网上银行是银行电子化的高级形式。它无需分支机构,就能通过 Internet 将银行服务铺向全国乃至世界各地,使客户在任何地点、任何时刻能以多种方式方便地获得银行的个性化、全方位服务。1995 年 10 月 18 日,世界上第一个网络银行——"安全第一网络银行"(Security First Network Bank,SFNB)出现之后,网络银行如雨后春笋般涌现。

6.4.1　基本概念

网上银行(Internet Banking),又称网络银行、在线银行,是指银行在互联网上建立站点,通过互联网向客户提供信息查询、对账、网上支付、资金转账、信贷、投资理财等金融服务。更通俗地讲,网上银行就是银行在互联网上设立的虚拟银行柜台,传统的银行服务不再通过物理的银行分支机构来实现,而是借助技术手段在互联网上实现。

网上银行业务是一种全新的服务模式,图 6-10 描绘了网上银行建设所包括的三个层次。

1. 完善内部增值网建设是网上银行建设的基础

银行通过完善内部增值网建设和各种跨行电子银行系统建设,将 IT 技术渗透到银

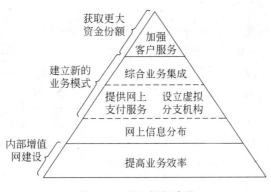

图 6-10 网上银行建设

行的所有业务、管理和决策过程中,提高金融机构的综合业务处理水平、信息化水平、管理水平和防范金融风险的能力,可以有效地降低银行的运行成本。

2. 银行采用 Web 技术建立新的业务模式

新的业务模式主要通过 Internet 实现,主要包括网上信息发布和信息传递、提供网上支付服务、建立虚拟分支机构和同业伙伴联盟,建立虚拟的金融超级市场并实现综合业务集成,即金融一条龙服务。

3. 加强客户服务以获取更大的资金份额

网上银行使商业银行的经营理念从以物(资金)为中心逐渐走向以客户为中心。传统的经营观念注重地理位置、资产数量、分行和营业点的数量,而网上银行的经营理念在于如何获取信息并最好地利用这些信息为客户提供多角度、全方位的金融服务,有利于体现"银行服务以人为本"的金融服务宗旨。网上银行带来的经营理念的改变,将为传统商业银行创造出新的竞争优势。网上银行还可以在低成本条件下实现对客户"一对一"服务,服务产品更具别化、业务对每个人更具针对性,更容易对客户的情况进行统计分析,更容易确立市场目标,以帮助银行建立长期稳定的客户群体。

与传统银行相比,网上银行具有以下特征。

1. 全面实现无纸化交易

传统银行使用的票据和单据大部分被电子支票、电子汇票和电子收据所代替;原有的纸币被电子货币,即电子现金、电子钱包、电子银行卡所代替;原有纸质文件的邮寄变为通过数据通信网进行传送。

2. 服务方便、快捷、高效、可靠

传统银行提供的柜台业务服务受到工作时间和营业场所的限制,而在 Internet 环境支持下,客户可以随时随地进入网上银行,顾客只需要坐在家中操作鼠标和键盘,就可以开设账户,进行收付交易,而且无需排队等候。网上银行的"3A"服务大大缩短了资金在途时间,提高了资金的利用率和整个社会的经济效益。

3. 经营成本低廉

据美国网上银行运作的报告表明,Internet 银行经营成本只相当于经营收入的

15%～20%,而普通银行的经营成本占收入的 60%;开办一个网络银行所需的成本只有
100 万美元,还可利用电子邮件、讨论组等技术,提供一种全新的真正的双向交流方式。
在 Internet 上进行金融清算每笔成本不超过 13 美分,而在银行自有的个人计算机软件上
处理一笔交易的成本则达到 26 美分,电话银行服务的每笔交易成本为 54 美分,而传统银
行分理机构的处理成本更高达 108 美元。所以,网络银行业务成本优势显而易见。而且,
由于采用了虚拟现实信息处理技术,网上银行可以在保证原有的业务量不降低的前提下,
减少营业点的数量。

4. 简单易用

使用网上银行的服务不需要特别的软件,甚至不需要任何专门的培训。只要有一台
能够上网的计算机,即可根据网络银行网页的显示,按照提示进入自己所需的业务项目。
简捷明快的用户指南,使一般具有 Internet 基本知识的网民都可以很快掌握网上银行的
操作方法。网上 E-mail 通信方式也非常灵活方便,便于客户与银行之间以及银行内部之
间的沟通。

5. 以客户为中心的经营理念

网上银行拉近了银行与客户的距离。由于进入障碍少、接触客户面广,在客户和银行
间开辟了新的沟通渠道。这样有助于银行利用客户资料分析发掘潜在的客户源,制造适
当的营销战略,针对客户需求开发设计新的金融商品。这样,银行经营将不再以产品为导
向,而主要以客户为导向,提供更优质、个性化的服务和友好的界面以吸引新顾客、保持老
顾客。

6. 业务范围拓宽,服务功能增强

传统银行的业务范围较为清晰,网上银行突破了银行传统的业务操作模式,摒弃了银
行由前台接柜开始的传统服务流程,把银行的业务直接在 Internet 上推出。在金融行业
经营成为趋势的背景下,借助信息技术,网上银行能够融合银行、证券、保险等分业经营的
金融市场,减少各类金融企业针对同一客户的重复劳动,拓宽金融企业进行产品功能综合
的创新空间,向客户提供更多"量体裁衣"式的金融服务。网上银行还能够利用自身在客
户、资金和信息等方面的优势,从事诸如信息发布、商品交易、物流配送等业务,使银行由
原来单一的存取款中心发展为无所不能的"金融超市"。

6.4.2 网上银行经营模式

可以从网上银行经营实体、网上银行业务模式、网上银行技术模式的角度来分析网上
银行提供银行服务的方式及业务类型。

1. 按网上银行经营实体分类

从网上银行经营实体的角度来看,目前网上银行可以分为两种。第一种是没有网下
经营网点的、所有业务全部在网上展开的所谓"虚拟"银行,例如"安全第一网络银行"。
第二种是传统银行通过 Internet 的形式开展网上银行服务,即"鼠标加水泥"模式,目前大
部分网上银行都属于这一类。主要原因是完全脱离传统银行的网上银行,在存在条件方
面,包括消费观念、商务环境、技术手段、法律制度等,尚没有成熟。因此,网上银行与传统

银行结合,在过渡时期面向不同环境平台而存在,传统银行仍然保持原有的网点,而网上银行则为人们在"虚拟"社会提供金融服务。在组织上,仍然是在传统银行内部设立网上银行部,负责网上银行业务的开展。

2. 按网上银行业务模式分类

从网上银行业务模式来看,目前网上银行的业务可以分为两种:个人网上银行业务和企业网上银行业务。实际上,从某个角度来说,银行服务是一种信息服务,即利用银行的特殊地位,以规模经济的方式获得客户想知道的金融信息。因此,未来的网上银行业务可能会侧重投资理财方面的金融咨询服务,这更可以发挥网上银行在提供个性化服务方面的优势。另外,由于网上银行是建立信息技术的基础之上,因此可以低成本地提供程序化的业务,由此银行可以将无利可图的、可以自动完成的业务,如信息查询、转账服务、修改密码等业务放在网上,而网下开展高附加值的、非程序化的客户服务。

3. 按网上银行技术模式分类

从网上银行技术模式来看,从开始的电话银行到网上银行的发展,经历了一个从封闭网络到开放网络的变化过程。开放网络不仅表现在可以多点接入,也表现在可以多种方式接入。因此多种接入服务将陆续出现,基于 GRPS 协议的无线手机接入,机顶盒接入将是网上银行发展的热点,并且各个网络(电话网、Internet 网、无线网)的融合也将是一个趋势。

6.4.3　网上银行的交易流程和主要功能

1. 网上银行的交易流程

(1) 网上银行的客户使用浏览器通过 Internet 连接到网上银行中心,并且发起网上交易请求。

(2) 网上银行中心接收、审核客户的交易请求,然后将交易请求转发给相应的综合业务处理主机。

(3) 综合业务处理主机完成交易处理,返回处理结果给网上银行中心。

(4) 网上银行中心对交易结果进行再处理后返回相应的信息给客户。

2. 网上银行的主要功能服务

网上银行面向客户提供的典型功能服务种类如下。

1) 信息服务类

信息服务类主要用于为客户提供与银行相关的信息,帮助客户更好地了解和使用银行业务,内容包括银行基本信息发布、银行业务和服务项目的介绍、银行网点、自动柜员机 ATM 网点和特约商家的分布情况等。

2) 检索查询类

检索查询类主要用于对银行交易和业务数据的查询,也可以包括相关信息的查询。内容包括个人综合账户余额查询、个人综合账户交易历史查询、企业综合账户余额查询、企业综合账户交易历史查询、支票情况查询、企业往来信用证查询、客户贷款账户资料查询、汇总状态查询、利率查询等。

3）交易类

除需人员直接参与的现金交易之外的任何交易均可通过网上银行进行，服务对象是网上银行业务的银行签约用户。内容包括网上转账（即实现网上银行签约账户之间的转账）、网间转账（即客户可将网上银行账户的款项转入综合业务网络其他账户）、代收和代付费业务（例如从活期或信用卡账户代扣代缴日常水费、电费、煤气费、电话费和公用事业付费等）、个人小额抵押贷款、个人外汇买卖、企业外汇买卖、兑换等。

4）扩展业务类

包括企业银行服务、中间业务如证券交易、网上购物和网上支付、移动电子交易、个性化金融服务等。

6.4.4　网上银行体系结构

网上银行是银行新的服务前端，是 Internet 到银行传统业务处理中心的通道。网上银行体系结构通常采取网上银行中心（网银中心）——传统业务处理系统的两级结构模式。网银中心完成 Internet 与传统业务处理系统之间的交易信息格式转换，传统业务处理系统完成具体的账务处理。整个系统包括网站、网上银行中心、CA 中心、传统业务处理系统、签约柜台等部分。

1. 网站

负责提供银行的主页服务，其中包括与网上银行系统的链接、各种公共信息和形象宣传。

2. 网上银行中心

在 Internet 与传统业务处理系统之间安全地转发网上银行服务请求和处理结果，负责客户申请受理、业务管理、报表处理、客户信息管理等。

3. CA 认证中心

负责审核、生成、发放和管理网上银行系统所需要的证书。

4. 传统业务处理系统

各银行的综合业务主机系统。

5. 签约柜台

设置于营业柜台，负责客户身份及签约账户的真实性审核。

6.5　网上银行业务实例

6.5.1　企业银行

企业银行（Corporation-Banking）是指银行的企业客户使用位于企业办公室的计算机、电话等处理终端，通过网络连接到银行业务处理系统；客户通过操作设备可以发出各种指令，进行资金转账、债务清偿、投资等金融活动，而不须前往银行柜台办理。

企业银行的主要服务对象是各大中型企事业单位，同时还包括政府机关等具有法人身份的组织。随着银行电子化的深入,银行对企业提供的服务也发生了质的变化,这表现在多个方面。

首先银行对企业的服务范围大大扩展了,银行由于使用了电子设备从而在银行的数据库里存储了大量有关的金融交易数据,同时新技术的使用还使得银行具有了对这些数据进行归类、加工、处理的能力。这样,银行除了可以为企业提供传统的票据管理和资金转账等服务之外,还可以为企业提供各种信息服务,协助企业投资理财,为企业提供各种投资咨询服务。

其次,银行的服务方式也发生了变化。银行开始转变过去在企业理财方面的简单协助方式,转而积极投入到企业的财务经营过程中,为企业筹划财务。这些变化都说明了银行电子化的浪潮使得银行在企业经济中的地位作用由被动转为主动,从一个后援的角色转变为共同前进的伙伴的角色。这一系列的变化充分地体现在企业银行业务中。

一般说来,企业银行对企业客户提供的服务可分为金融交易服务和信息服务两大块。下面以中国工商银行企业网上银行为例,介绍企业网上银行的主要功能。

1. 企业网上银行的账户管理

登录企业网上银行管理模块后就可以进入企业网上银行的账户管理页面(见图 6-11),在这里,企业客户可以对自己账户的相关信息有一个全面的了解。

图 6-11　企业网上银行的账户管理页面

2. 企业收款业务

在这个模块里，企业可以将收费的清单作为文件上传到银行端，银行负责完成企业需要完成的业务(见图 6-12)。

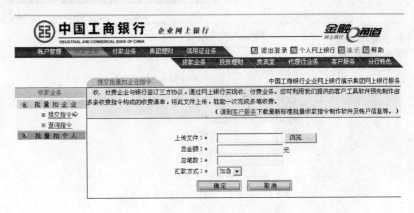

图 6-12 企业网上银行收款业务页面

3. 网上付款业务

企业客户登录此页面后，将需要付款的相关信息在相应的表单中填写准确无误后，提交给银行服务器，通过银行系统完成付款业务(见图 6-13)。

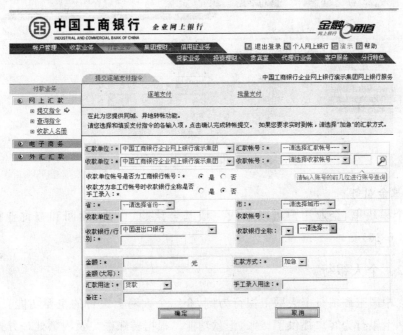

图 6-13 企业网上银行付款业务页面

4. 网上贷款业务

在这个模块里，企业用户通过填写相应的贷款信息，可以在线进行贷款业务(见图 6-14)。

图 6-14　企业网上银行贷款业务页面

5. 买卖对公国债

在这个模块里,企业用户可以在线进行国债的申购和买卖业务(见图 6-15)。

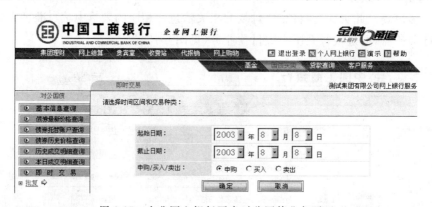

图 6-15　企业网上银行买卖对公国债业务页面

6. 公基金业务

在这个模块里,企业用户可以在线完成基金认购、申购、赎回和查询业务明细等操作(见图 6-16)。

6.5.2　个人银行

下面以中国工商银行个人网上银行为例,介绍个人网上银行的主要功能。中国工商银行个人网上银行为客户提供了转账、汇款功能。根据转账账户及内部处理方式的不同,又进一步细分为个人转账、行内汇款、跨行汇款三大子功能,其功能结构图如图 6-17 所示。下面介绍其中几个主要功能。

1. 个人转账业务

个人转账可分为卡内转账、卡间转账、对外转账。个人网银还向有证书的理财金客户

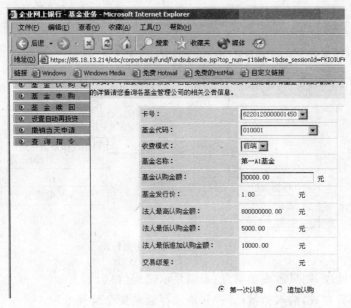

图 6-16 企业网上银行基金申购业务页面

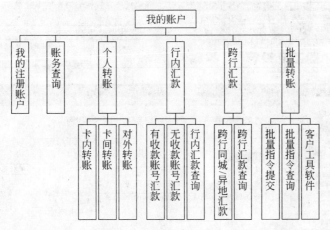

图 6-17 中国工商银行个人网上银行功能结构图

提供批量转账功能。业务流程如图 6-18 所示。

个人转账采用联机实时处理方式,主要步骤如下:

- 转账时自动判断账号,将交易指令送至主机处理。
- 主机系统对账户要素合法性进行检验,判断账户类型、状态、通兑标志、挂失标志、币种及性质(钞户/汇户)、存期(定期一本通)等要素正确,即可受理,否则返回拒绝信息。
- 主机处理时先记转出户,再记转入户,若成功,则进行记未登折记录、更新账号相关数据、记录结算类日志。
- 记录网上银行系统网点服务器日志。

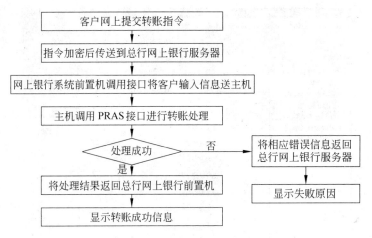

图 6-18　个人转账业务流程图

- 若正常处理,则显示成功信息;否则显示错误信息。
- 资金清算方式,纳入储蓄同城/异地通存通兑资金清算处理。

个人转账操作页面如图 6-19～图 6-21 所示。

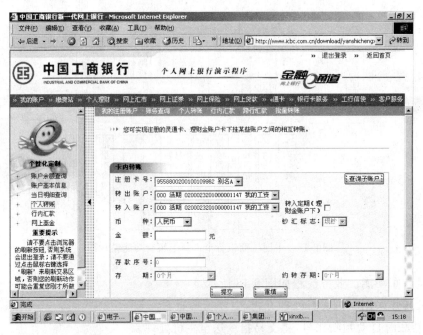

图 6-19　卡内转账页面

2. 个人行内汇款业务

行内汇款指收、付款方均在工行的同城、异地汇款业务。异地汇款又可以分为汇往有账号个人或企业和汇往无账号个人两种。业务流程如图 6-22 所示。行内汇款操作页面如图 6-23 所示。

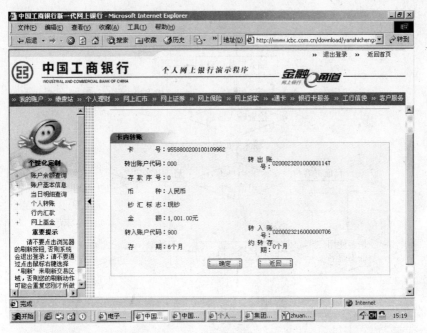

图 6-20 个人卡内转账的确认页面

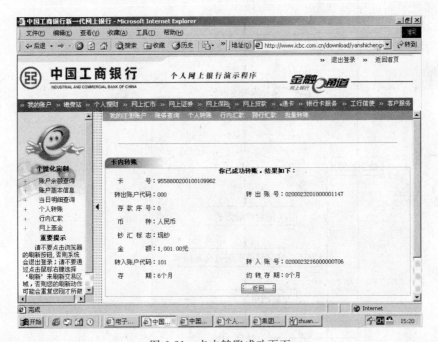

图 6-21 卡内转账成功页面

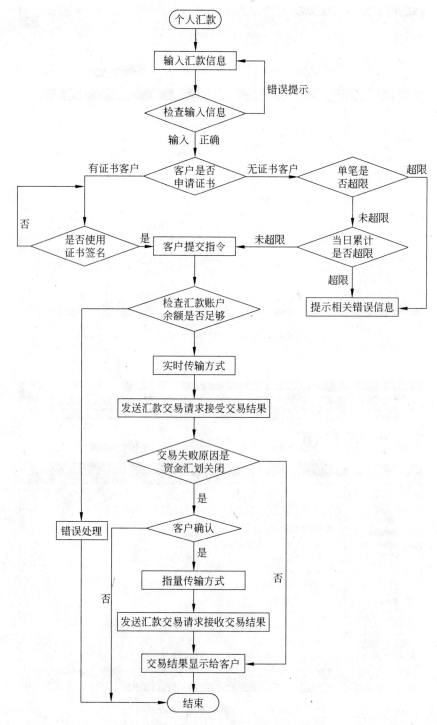

图 6-22　个人行内汇款业务流程图

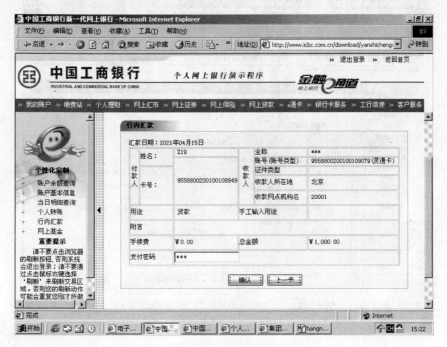

图 6-23 行内汇款操作页面

3. 个人跨行汇款业务

中国工商银行跨行支付系统(简称 IBPS,下称跨行支付系统)是处理异地或同城商业银行跨行之间支付业务的系统,是中国人民银行现代化支付系统的商业银行端的支付业务处理系统,也是我国现代化支付清算体系的一个重要组成部分。

已在中间业务平台开发完成跨行支付功能,并按人行的统一部署逐步在全国范围内进行推广。为实现网上银行跨行支付指令通过各分行中间业务平台与现代化跨行支付系统相对接,确保跨行支付指令的不落地处理,特在新一代个人网上银行中同步开通网上跨行汇款功能。业务流程如图 6-24 所示。

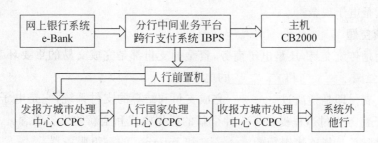

图 6-24 个人跨行汇款业务流程

个人跨行汇款操作页面如图 6-25 所示。

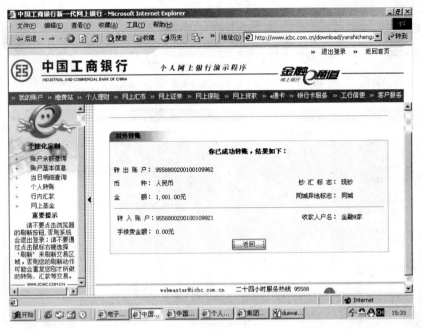

图 6-25　个人跨行汇款操作页面

习　题　6

6.1　思考题

1. 与传统的支付相比,网上支付具有哪些优势?

2. 简述网上支付流程的几个主要步骤。

3. 简述银行卡网上支付的几种解决方案。

4. FV 信用卡网上支付是如何防止欺诈的?

5. 简述以移动运营商为主体的移动支付模式。

6. 什么是电子现金?

6.2　填空题

1. 无论是传统交易,还是电子商务,资金的支付都是完成交易的重要环节,所不同的是电子商务强调_____和_____的电子化。

2. 网上支付即是指通过_____完成支付和结算的支付系统,它是电子支付的高级形式,为电子商务支付过程提供了一种全新的运作模式和全新的思想观念。

3. 支付网关是指连接银行的_____和 Internet 的一组服务器。

4. 网上支付系统按结算方式可以分为_____结算和_____结算。

5. 从电子商务网上支付包括几个基本组件:商家/消费者系统、开户行、_____、支付网关和_____。

6. SSL 协议是根据邮购的原理设计的,其基础是_____的承诺。

7. 电子现金依附的两种主要载体是智能卡和_____。

8. 移动支付是指借助_____,通过手机短信息、交互式语音应答、无线应用协议等多种方式所进行的银行转账、缴费和购物等商业交易活动。

9. 网上银行更能体现以_____为中心的经营理念。

6.3 上机题

访问中国工商银行网站,体验个人网络银行业务。

第7章 电子商务法律问题

7.1 电子商务交易产生的法律新问题

电子商务的突出特征是通过 Internet 使重要的商业活动通过由计算机及通信信道构成的网络世界完成,这种网络世界构成了一个区别于传统商业环境的新环境,被称为"虚拟"世界。在这个世界里,来自于全世界各个角落的人和企业均可以缔结交易,用户只要打开一个网站进行搜索和点击,无须谋面和使用笔墨,瞬间即可以完成寻找交易对象、缔结合同、支付等交易行为。中国互联网络信息中心(CNNIC)2008 年 1 月发布的《中国互联网络发展状况统计报告》显示,截至 2007 年 12 月,中国网民数已达到 2.1 亿人,有4640 万人使用网络购物,占网民总数的 22.1%,电子商务已经成为社会接受的商务模式。不过,我国虽然在电子商务领域具有相关的技术规范,但针对电子商务的模式规范尚处于空白状态。电子商务这种环境和手段的改变,使得在传统交易方式下形成的规则难以完全适用于新环境下的交易,因此,需要有新的法律规范,创造适应电子商务运作的法制环境。这些新问题大致有以下 11 种。

1. 电子商务运作平台建设及其法律地位问题

在电子商务环境下,交易双方的身份信息、产品信息、意思表示(合同内容)、资金信息等均通过交易当事人自己设立的或其他人设立的网站上传递和储存,世界上不特定的人均可借助计算机发出和接受网络上的信息,并通过一定程序与其他人达成交易。在通过中介服务商提供平台进行交易的情形下,服务商的地位和法律责任问题就成为一个复杂的问题。网站与在网站上设立虚拟企业进行交易的人之间、网站与进入站点进行交易的消费者之间是什么法律关系,在网站传输信息不真实、无效或其他情形下引起的损失,网站承担什么责任,受损失的交易参与者如何救济就是电子商务法要解决的问题。

2. 在线交易主体及市场准入问题

在法律世界里,不存在虚拟主体,而电子商务恰恰偏离了法律的要求,出现虚拟主体。电子商务法要解决的问题是在确保网上交易的主体是真实存在的,且能够使当事人确认它的真实身份。这要依赖工商管理和网上商务主体公示制度加以解决。而主体的管制实质上也是一个市场准入和网上商业的政府管制问题。

在现行法律体制下,任何长期固定地从事营利性事业的人(主体)必须进行登记。而网络具有开放性,电子商务因此也具有开放性,任何人均可以设立网站(主页)或设立在线商店或专卖店销售其生产或经销的商品。这样,哪些主体可以从事在线商务,如何规范在线商事行为等便成为电子商务法研究的问题。

3. 电子合同问题

在传统商业模式下,除即时结清的或数额小的交易无须记录外,一般要签订书面的合同,以免在对方失信不履约时作为证据,追究对方的责任。而在在线交易情形下,所有当事人的意思表示均以电子化的形式储存于计算机硬盘或其他电子介质中,而这些记录方式不仅容易被涂擦、删改、复制、遗失等,而且离不开计算机或相关工具不易为人所感知,亦即不能脱离其特定的工具而作为证据存在,所有这些便是电子合同问题。电子合同与传统合同有很大的区别,突出表现在书面形式,包括电子签名的有效性、电子合同收到与合同成立地点、合同证据等方面的问题。

4. 电子商务中产品交付的特殊问题

在线交易的标的物分两种,一种是有形货物,另一种是信息产品。应当说,有形货物的交付仍然可以沿用传统合同法的基本原理,而对于物流配送中引起的一些特殊问题,也要作一些探讨。而信息产品的交付则具有不同于货物交付的特征,对于产品权利的转移、交付和退货等需要作详细的探讨。

5. 特殊形态的电子商务规范问题

在电子商务领域存在一些特殊的商务形式,如网络广告、网上拍卖、网上证券交易等,这些在传统法律领域就受到特殊规范的商业形式,转移至网上进行后,如何规范和管制,便是"电子商务模式规范"和"网络购物服务规范"必须探讨的问题,以便电子商务市场有法可依。

6. 网上电子支付问题

在简易电子商务形式下,支付往往采用汇款或直接付款方式,而典型的电子商务则应在网上完成支付。网上支付是通过虚拟银行的电子资金划拨来完成的,而实现这一过程涉及网络银行与网络交易客户之间的协议、网络银行与网站之间的合作协议法律关系以及安全保障问题。因此,需要制定相应的法律,明确电子支付的当事人包括付款人、收款人和银行之间的法律关系,制定相关的电子支付制度,认可电子签名的合法性。同时还应出台对于电子支付数据的伪造、更改、涂销问题的处理办法。

7. 在线不正当竞争与网上无形财产保护问题

网络为企业带来了新的经营环境和经营方式,在这个特殊的经营环境中,同样会产生许多不正当的竞争行为。这些不正当竞争行为有的与传统经济模式下相似,但在网络环境下又会产生一些特殊的不正当竞争行为,这些不正当竞争行为大多与网上新形态的知识产权或无形财产权的保护有关,特别是因为域名、网页、数据库等引起一些传统法律体系中的不正当行为,需要探讨一些新规则。这便是在线不正当竞争行为的规范问题。实际上,保护网上无形财产是维持一个有序的在线商务运营环境的重要措施。

8. 在线消费者保护问题

电子商务市场的虚拟性和开放性,网上购物的便捷性,使消费者保护成为突出的问题,尤其是如何保障网上产品或广告信息的真实性、有效性,以及消费者信赖不实或无效信息发生交易的纠纷问题。特别是在我国商业信用不高的情形下,网上商品良莠不齐,质量难以让消费者信赖,而一旦出现质量问题,修理、退赔或其他方式的救济又很难,成为困扰电子商务发展的问题之一。加上支付手段、物流配送的落后,使方便的购物变得不方便甚至增加成本。寻求在电子商务环境下执行《消费者权益保护法》的方法和途径,制定网上消费者保护的特殊法律条文,既维护了消费者权益也是保障电子商务健康发展的法律制度的组成部分。

9. 网上个人隐私保护问题

计算机和网络技术为人们获取、传递、复制信息提供了方便，加上网络的开放性、互动性，凡是进行在线消费（购物或接受信息服务）均须将个人资料留给商家，而对这些信息的再利用成为网络时代普遍的现象。如何规范商家的利用行为，保护消费者隐私权，就成为一个新问题。这一问题实质上仍然是如何保护消费者利益、树立消费者信任的重要组成部分。

10. 网上税收问题

作为一种商业活动，电子商务是应当纳税的，但从促进电子商务发展的角度看，在一定时期内实行免税是很有必要的。从网络交易的客观实际来看，由于其逐步发展为全球范围内的交易，因此管理十分困难。每天通过因特网所传递的资料数据相当大，其中某些信息就是商品，如果要监管所有的交易，必须对所有的信息都进行过滤，这在事实上是不可能的。如果按照现有的税法进行征税，必然要涉及到税务票据问题，但电子发票的实际运用技术还不成熟，其法律效力尚有较大的争论。

11. 在线交易法律适用和管辖冲突问题

电子商务法只是解决在线交易中的特殊法律问题，在线交易仍然适用传统的法律框架和体系，因此，虽然交易在网络这个特殊的"世界"完成，但它仍然要适用现实的法律。由于因特网超地域性，这给法律的适用和法院管辖提出了难题。因此，对于网络环境引起的法律适用和管辖冲突问题的研究也就成为电子商务法的重要组成部分。

7.2　电子商务交易各方的法律关系

在网络商品直销和网络商品中介交易过程中，买卖双方、客户与交易中心、客户与银行、银行与认证中心都将彼此发生业务关系，从而产生相应的法律关系。

7.2.1　电子商务交易中买卖双方当事人的权利和义务

买卖双方之间的法律关系实质上表现为双方当事人的权利和义务。买卖双方的权利和义务是对等的。卖方的义务就是买方的权利，反之亦然。

1. 卖方的义务

在电子商务条件下，卖方应当承担三项义务。

1）按照合同的规定提交标的物及单据

提交标的物和单据是电子商务中卖方的一项主要义务。为划清双方的责任，标的物交付的时间、地点和方法应当明确规定。如果合同中对标的物的交付时间、地点和方法未做明确规定的，应按照有关合同法或国际公约的规定办理。

2）对标的物的权利承担担保义务

与传统的买卖交易相同，卖方仍然应当是标的物的所有人或经营管理人，以保证将标的物的所有权或经营管理权转移给买方。卖方应保障对其所出售的标的物享有合法的权利，承担保障标的物的权力不被第三人追索的义务，以保护买方的权益。如果第三人提出对标的物的权利，并向买方提出收回该物时，卖方有义务证明第三人无权追索，必要时应当参加诉讼,出庭作证。

3) 对标的物的质量承担担保义务

卖方应保证标的物质量符合规定。卖方交付的标的物的质量应符合国家规定的质量标准或双方约定的质量标准,不应存在不符合质量标准的瑕疵,也不应出现与网络广告相悖的情况。卖方在网络上出售有瑕疵的物品,应当向买方说明。卖方隐瞒标的物的瑕疵,应承担责任。买方明知标的物有瑕疵而购买的,卖方对瑕疵不负责任。

2. 买方的义务

在电子商务条件下,买方同样应当承担三项义务。

1) 买方应承担按照网络交易规定方式支付价款的义务

由于电子商务的特殊性,网络购买一般没有时间、地点的限制,支付价款通常采用信用卡、智能卡、电子钱包或电子支付等方式,这与传统的支付方式也是有区别的。但在电子交易合同中,采用哪种支付方式应明确规定。

2) 买方应承担按照合同规定的时间、地点和方式接受标的物的义务

由买方自提标的物的,买方应在卖方通知的时间内到预定的地点提取。由卖方代为托运的,买方应按照承运人通知的期限提取。由卖方运送的,买方应做好接受标的物的准备,及时接受标的物。买方迟延接受时,应负迟延责任。

3) 买方应当承担对标的物验收的义务

买方接受标的物后,应及时进行验收。规定有验收期限的,对表面有瑕疵的应在规定的期限内提出。发现标的物的表面有瑕疵时,应立即通知卖方,瑕疵由卖方负责。买方不及时进行验收,事后又提出表面有瑕疵,卖方不负责任。对隐蔽瑕疵和卖方故意隐瞒的瑕疵,买方发现后,应立即通知卖方,追究卖方的责任。

3. 对买卖双方不履行合同义务的救济

卖方不履行合同义务主要指卖方不交付标的物或单据或交付迟延;交付的标的物不符合合同规定以及第三者对交付的标的物存在权利或权利主张等。当发生上述违约行为时,买方可以选择以下救济方法:

(1) 要求卖方实际履行合同义务,交付替代物或对标的物进行修理、补救。

(2) 减少支付价款。

(3) 对迟延或不履行合同要求损失赔偿。

(4) 解除合同,并要求损害赔偿。

买方不履行合同义务,包括买方不按合同规定支付货款和不按规定收取货物,在这种情况下,卖方可选择以下救济方法:

(1) 要求买方支付价款、收取货物或履行其他义务,并为此可以规定一段合理额外的延长期限,以便买方履行义务。

(2) 损害赔偿,要求买方支付合同价格与转售价之间的差额。

(3) 解除合同。

7.2.2　网络交易中心的法律地位

网络交易中心在电子商务中介交易中扮演着介绍、促成和组织者的角色。这一角色决定了交易中心既不是买方的卖方,也不是卖方的买方,而是交易的居间人。它是按照法

律的规定、买卖双方委托业务的范围和具体要求进行业务活动的。

网络交易中心的设立,根据《中华人民共和国计算机信息网络国际联网管理暂行规定》第 8 条,必须具备以下 4 个条件:

(1) 是依法设立的企业法人或者事业法人。

(2) 具有相应的计算机信息网络、装备以及相应的技术人员和管理人员。

(3) 具有健全的安全保密管理制度和技术保护措施。

(4) 符合法律和国务院规定的其他条件。

网络交易中心应当认真负责地执行买卖双方委托的任务,并积极协助双方当事人成交。网络中心在进行介绍、联系活动时要诚实、公正、守信用,不得弄虚作假,招摇撞骗,否则须承担赔偿损失等法律责任。

网络交易中心必须在法律许可的范围内进行活动。网络交易中心经营的业务范围、物品的价格、收费标准等都应严格遵守国家的规定。法律规定禁止流通物不得作为合同标的物。对显然无支付能力的当事人或尚不明确具有合法地位的法人,不得为其进行居间活动。

在国际互联网上从事居间活动的网络交易中心还有一个对口管理的问题。按照《中华人民共和国计算机信息系统安全保护条例》规定,进行国际联网的计算机信息系统,由计算机信息系统的使用单位报省级以上的人民政府公安机关备案。拟建立接入网络的单位,应当报经互联单位的主管单位或者主管单位审批;办理审批手续时,应当提供其计算机信息网络的性质、应用范围和所需主机地址等资料。联网机构必须申请到经过国务院批准的互联网络的接入许可证,并且持有邮电部门核发的放开电信许可证,才可以面向社会提供网络连入服务。由于网络交易中心提供的服务性质上属于电信增值网络业(Value-added Network),其所提供的服务不是单纯的交易撮合,而是同时提供许多经过特殊处理的信息于网络之上,故而增加了单纯网络传输的价值。所以,在业务上,网络交易中心还应接受各级网络管理中心的归口管理。

买卖双方之间各自因违约而产生的违约责任风险应由违约方承担,而不应由网络交易中心承担。因买卖双方的责任而产生的对社会第三人(包括广大消费者)的产品质量责任和其他经济(民事)、行政、刑事责任也概不应由网络交易中心承担。

7.2.3　网络交易客户与虚拟银行间的法律关系

在电子商务中,银行也变为虚拟银行。网络交易客户与虚拟银行的关系变得十分密切。除少数邮局汇款外,大多数交易要通过虚拟银行的电子资金划拨来完成的。电子资金划拨依据的是虚拟银行与网络交易客户所订立的协议。这种协议属于标准合同,通常是由虚拟银行起草并作为开立账户的条件递交给网络交易客户的。所以,网络交易客户与虚拟银行之间的关系仍然是以合同为基础的。

在电子商务中,虚拟银行同时扮演发送银行和接收银行的角色。其基本义务是依照客户的指示,准确、及时地完成电子资金划拨。作为发送银行,在整个资金划拨的传送链中,承担着如约执行资金划拨指示的责任。一旦资金划拨失误或失败,发送银行应向客户进行赔付,除非在免责范围内。如果能够查出是哪个环节的过失,则由过失单位向发送银行进行赔付,如不能查出差错的来源,则整个划拨系统分担损失。作为接收银行,其法律地位似乎较为模糊。一方面,接收银行与其客户的合同要求它妥当地接收所划拨来的资金,也就是说,它一接到发送银行传送来的资金划拨指示便应立即履行其义务。如有延误或失误,则应依接收银行自身与客户的合同处理。另一方面,资金划拨中发送银行与接收银行一般都是某一电子资金划拨系统的成员,相互负有合同义务,如果接收银行未能妥当执行资金划拨指示,则应同时对发送银行和受让人负责。

在实践中,电子资金划拨中常常出现因过失或欺诈而致使资金划拨失误或迟延的现象。如是过失,自然适用于过错归责原则。如是欺诈所致,且虚拟银行安全程序在电子商务上是合理可靠的,则名义发送人需对支付命令承担责任。

银行承担责任的形式通常有三种。

1) 返回资金,支付利息

如果资金划拨未能及时完成,或者到位资金未能及时通知网络交易客户,虚拟银行有义务返还客户资金,并支付从原定支付日到返还当日的利息。

2) 补足差额,偿还余额

如果接收银行到位的资金金额小于支付指示所载数量,则接收银行有义务补足差额;如果接收银行到位的资金金额大于支付指示所载数量,则接收银行有权依照法律提供的其他方式从收益人处得到偿还。

3) 偿还汇率波动导致的损失

对于在国际贸易中,由于虚拟银行的失误造成的汇率损失,网络交易客户有权就此向虚拟银行提出索赔,而且,可以在本应进行汇兑之日和实际汇兑之日之间选择对自己有利的汇率。

7.2.4　认证机构在电子商务中的法律地位

认证中心扮演着一个买卖双方签约、履约的监督管理的角色,买卖双方有义务接受认证中心的监督管理。在整个电子商务交易过程中,包括电子支付过程中,认证机构都有着不可替代的地位和作用。

在网络交易的撮合过程中,认证机构(Certificate Authority,CA)是提供身份验证的第三方机构,由一个或多个用户信任的、具有权威性质的组织实体组成。它不仅要对进行网络交易的买卖双方负责,还要对整个电子商务的交易秩序负责。因此,这是一个十分重要的机构,往往带有半官方的性质。

在采用公开密钥的电子商务系统中,对文件进行加密传输的过程包括六个步骤:

(1) 买方从虚拟市场上寻找到欲购的商品,确定需要联系的卖方,并从认证机构获得卖方的公开密钥。

(2) 买方生成一个自己的私有密钥并用从认证机构得到的卖方的公开密钥对自己的私有密钥进行加密,然后通过网络传输给卖方。

(3) 卖方用自己的公开密钥进行解密后得到买方的私有密钥。

(4) 买方对需要传输的文件用自己的私有密钥进行加密,然后通过网络把加密后的文件传输到卖方。

（5）卖方用买方的私有密钥对文件进行解密得到文件的明文形式。

（6）卖方重复上述步骤向买方传输文件，实现相互沟通。

在上述过程中，只有卖方和认证中心才拥有卖方的公开密钥，或者说，只有买方和认证中心才拥有买方的公开密钥，所以，即使其他人得到了经过加密的买卖双方的私有密钥，也因为无法进行解密而保证了私有密钥的安全性，从而也保证了传输文件的安全性。

公开密钥系统在电子商务文件的传输中实现了两次加密解密过程：私有密钥的加密和解密与文件本身的加密和解密。买卖双方的相互认证是通过认证中心提供的公开密钥来实现的。在实际交易时，认证中心需要向咨询方提交一个由 CA 签发的包括个人身份的证书、持卡人证书、商家证书、账户认证、支付网关证书、发卡机构证书等多项内容的电子证书，使交易双方彼此相信对方的身份。顾客向 CA 申请证书时，可提交自己的驾驶执照、身份证或护照，经验证后，颁发证书，证书包含了顾客的名字和他的公钥，以此作为网上证明自己身份的依据。

这种认证过程同样可以运用在电子支付过程中，持卡人要付款给商家，但持卡人无法确定商家是有信誉的而不是冒充的，于是持卡人请求 CA 对商家认证。CA 对商家进行调查、验证和鉴别后，将包含商家公钥的证书传给持卡人。同样，商家也可对持卡人进行验证。证书一般包含拥有者的标识名称和公钥，并且由 CA 进行过数字签名。

电子商务认证机构的法律地位，现行的法律中尚无涉及。许多部门都想设立这样一个机构，毕竟，这样一个机构对于买卖双方来说都是非常重要的。

工商行政管理部门是一个综合性的经济管理部门，在日常管理工作中所直接掌握的各类企业和个体工商户的登记档案及商标注册信息、交易行为信息、合同仲裁、动产抵押、案件查处、广告经营、消费者权益保护等信息，可以从多个方面反映电子商务参与者的信用情况。工商行政管理部门拥有全国最权威的经济主体数据库、覆盖面最广的市场信息数据库、最准确的商标数据库、最广泛的消费者保护网络。依靠这些数据库，可以很好地完成电子商务认证机构的各项任务。

隶属于国家工商局的电子商务认证机构的功能主要有：接受个人或法人的登记请求，审查、批准或拒绝请求，保存登记者登记档案信息和公开密钥，颁发电子证书等。

电子商务认证机构对登记者履行下列监督管理职责：

（1）监督登记者按照规定办理登记、变更、注销手续。

（2）监督登记者按照电子商务的有关法律法规合法从事经营活动。

（3）制止和查处登记人的违法交易活动，保护交易人的合法权益。

登记者有下列情况之一的，认证机构可以根据情况分别给予警告、报告国家工商管理局、撤销登记的处罚：

（1）登记中隐瞒真实情况，弄虚作假的。

（2）登记后非法侵入机构的计算机系统，擅自改变主要登记事项的。

（3）不按照规定办理注销登记或不按照规定报送年检报告书，办理年检的。

（4）利用认证机构提供的电子证书从事非法经营活动的。

7.3 电子商务立法范围

7.3.1 电子商务法的调整对象

调整对象是立法的核心问题,它揭示了立法调整的因特定主体所产生的特定社会关系,也是一法区别于另一法的基本标准。根据电子商务的内在本质和特点,一般认为电子商务法的调整对象应当是电子商务交易活动中发生的各种社会关系,而这类社会关系是在广泛采用新型信息技术,并将这些技术应用到商业领域后才形成的特殊的社会关系,它交叉存在于虚拟社会和实体社会之间,有别于实体社会中的各种社会关系,且完全独立于现行法律的调整范围。

7.3.2 电子商务法所涉及的技术范围

电子商务是一新生事物,在起草电子商务法时,应注意处理当前这一主题的广泛含义。对电子商务立法范围的理解,应从"商务"和"电子商务所包含的通信手段"两个方面考虑。一方面,应深入了解商务的含义。对"商务"一词应作广义解释,使其包括不论是契约型或非契约型的一切商务性质的关系所引起的种种事项。商务性质的关系包括但不限于下列交易:供应或交换货物或服务的任何贸易交易;分销协议;商务代表或代理;客账代理;租赁;工厂建造;咨询;工程设计;许可贸易;投资;融资;银行业务;保险;开发协议或特许;合营或其他形式的工业或商务合作;空中、海上、铁路或公路的客、货运输。另一方面,"电子商务"概念所包括的通信手段有以下各种以使用电子技术为基础的传递方式:通过电子手段,例如,通过因特网进行的自由格式的文本的传递,以电子数据交换方式进行的通信,计算机之间以标准格式进行的数据传递;利用公开标准或专有标准进行的电文传递。在某些情况下"电子商务"概念还可包括电报和传真复印等技术的使用。如果说"商务"是一个子集,"电子商务所包含的通信手段"为另一子集,电子商务立法所覆盖的范围应当是这两个子集所形成的交集,即"电子商务"标题之下可能广泛涉及的因特网、内部网和电子数据交换在贸易方面的各种用途。

应当注意的是,虽然拟定电子商务法时经常提及比较先进的通信技术。如电子数据交换和电子邮件,但电子商务法所依据的原则及其条款也应照顾到适用于不太先进的通信技术,如电传、传真等。可能存在这种情况,即最初以标准化电子数据交换形式发出的数字化信息,后来在发信人和收信人之间传递过程中某一环节上改为采用电子计算机生成的电传形式或电子计算机打印的传真复印形式来传送。一个数据电文可能最初是口头传递的,最后改用传真复印,或者最初采用传真复印形式,最后变成了电子数据交换电文。电子商务的一个特点是它包括可编程序电文,后者的计算机程序制作是此种电文与传统书面文件之间的根本差别。这种情况也应包括在电子商务法的范围内,因为考虑到各用户需要一套连贯的规则来规范可能交互使用的多种不同通信技术。应当注意到,作为更普遍的原则,任何通信技术均不应排除在电子商务法范围之外,因此未来技术发展也必须顾及。

7.3.3 电子商务法所涉及的商务范围

联合国《电子商务示范法》对"电子商务"中的"商务"一词已作了广义解释:"使其包括不论是契约型或非契约型的一切商务性质的关系所引起的种种事项。商务性质的关系包括但不限于下列交易:供应或交换货物或服务的任何贸易交易;分销协议;商务代表或代理;客账代理;租赁;工厂建造;咨询;工程设计;许可贸易;投资;融资;银行业务;保险;开发协议或特许;合营或其他形式的工业或商务合作;空中、海上、铁路或公路的客、货运输。"

从本质上讲,电子商务仍然是一种商务活动。因此,电子商务法需要涵盖电子商务环境下的合同、支付、商品配送的演变形式和操作规则;需要涵盖交易双方、居间商和政府的地位、作用和运行规范;也需要涵盖涉及交易安全的大量问题;同时,还需要涵盖某些现有民商法尚未涉及的特定领域的法律规范。

7.4 电子商务交易安全的法律保护

电子商务交易安全的法律保护问题,涉及到两个基本方面:第一,电子商务交易首先是一种商品交易,其安全问题应当通过民商法加以保护;第二,电子商务交易是通过计算机及其网络而实现的,其安全与否依赖于计算机及其网络自身的安全程度。我国目前还没有出台专门针对电子商务交易的法律法规,究其原因,还是上述两个方面的法律制度尚不完善,因而面对迅速发展的这种商品交易与计算机网络技术结合的新的交易形式难以出台较为完善的安全保障规范性条文。所以,我们应当充分利用已经公布的有关交易安全和计算机安全的法律法规,保护电子商务交易的正常进行,并在不断的探索中,逐步建立适合中国国情的电子商务的法律制度。

7.4.1 联合国电子商务交易安全的法律保护

1. 联合国《电子商务示范法》

1)《电子商务示范法》的制定

自 1990 年起,联合国国际贸易法委员会 UNCITRAL 就做出了题为《对利用电子方法拟定合同所涉及法律问题的初步研究》的报告,具有划时代的意义。该报告指出,在今后有关电子商务的工作中将用"电子数据交换(EDI)"替代以往的"自动数据处理",由此电子商务的概念正式出现在联合国国际贸易法委员会论坛上,并成为联合国大会报告的总标题。

1996 年 5 月,贸发会召开了第 29 届会议,认为《电子数据交换电子商务及有关的数据传递手段法律事项示范法草案》通过以来的两年间,国际贸易形势发生了很大变化,电子商务的发展势头强劲,迫切需要统一的法律参考。

1996 年 6 月,联合国国际贸易法委员会提出了《电子商务示范法》蓝本,为各国电子商务立法提供了一个范本。《电子商务示范法》是迄今为止世界上第一个关于电子商务的法律。它的出台,使电子商务的主要法律问题有了法律依据,起到了有关电子商务法规的示范作用,能够帮助那些在传递和存储信息的现行法规不够完善或者已经过时的国家去完善健全其法律法规和惯例,有助于所有国家增强他们使用的通信和信息办法的立法,并有利于那些目前尚无这种立法的国家制定相关的法律、法规。

随着信息高速公路和国际互联网络技术的发展,电子邮件和电子数据交换等现代化通信手段在国际贸易中的使用正在迅速增多。然而,以非书面电文形式来传递具有法律意义的信息可能会因使用这种电文所遇到的法律障碍,或这种电文法律效力的不确定性而受到影响。《电子商务示范法》的目的即是要向各国立法者提供一套国际公认的规则,说明怎样去消除此类法律障碍,如何为"电子商务"创造一种比较可靠的法律环境。此外,《示范法》中表述的原则还可供电子商务的用户个人用来拟定为克服进一步使用电子商务所遇到的法律障碍,可能所必需的某些合同解决方法。

《电子商务示范法》在规定数据电文的法律效力时,所持的基本原则是"对数据电文不加歧视",不能仅仅以某项信息采用数据电文的形式为理由而否认其法律效力,但是《示范法》也没有承认任何数据电文都不加区分的一律具有法律效力,而是采用了"功能等同方法"。即当数据电文能够满足一些最低要求并能达到书面形式的基本功能时,就能同起着相同作用的相应书面文件一样,享受同等程度的法律认可。

作为示范法,该法的内容对各国不具有直接的法律效力,只有各国在立法过程中将这些内容明确规定于法律法规中时,方对各国当事人具有约束力。但它对于各国的电子商务立法具有很大的建议和指导作用,在电子商务法律领域具有不可忽视的重要作用。

2)《电子商务示范法》的主要内容

(1)《示范法》的内容

《示范法》的内容包括两大部分:电子商务总则、电子商务的特定领域,共 17 条。主要包括:

- 数据电文适用法律要求。《示范法》第 5 条规定,"不得仅仅以某项信息采用数据电文形式为理由而否定其法律效力、有效性或可执行性。"
- 书面形式。《示范法》第 6 条规定,"如法律要求须采用书面形式,则假若一项数据电文所含信息可以调取以备日后查用,即满足了该项要求。"

(2)签字

为了确保须经过核证的电文不会仅仅由于未按照纸张文件特有的方式加以核证而否认其法律价值,《示范法》第 7 条规定:"如法律要求要有一个人签字,则对于一项数据电文而言,倘若情况如下,即满足了该项要求。"

- 使用了一种方法,鉴定了该人的身份,并且表明该人认可了数据电文内含的信息。
- 从所有各种情况看来,包括根据任何相关协议,所用方法是可靠的,对生成或传递数据电文的目的来说也是适当的。

《示范法》第 7 条采用了一种综合办法,它确定了在何种情况下数据电文即可视为经过了具有足够可信度的核证,而且可以生效执行,视之达到了签字要求,此种签字要求目前构成了电子商务的障碍。第 7 条侧重于签字的两种基本功能:一是确定一份文件的作者,二是证实该作者同意了该文件的内容。其确立的原则是,在电子环境中,只要使用一种方法来鉴别数据电文的发端人,并证实该发端人认可了该数据电文的内容,即可达到签字的基本法律功能。

（3）数据电文的可接受性和证据力

《示范法》第 9 条规定，"在任何法律诉讼中，证据规则的适用在任何方面均不得以下述任何理由否定一项数据电文作为证据的可接受性。"

- 仅仅以它是一项数据电文为由。

- 如果它是举证人按合理预期所能得到的最佳证据，以它并不是原样为由。

对于以数据电文为形式的信息，应给予应有的证据力。在评估一项数据电文的证据力时，应考虑到生成、储存或传递该数据电文的办法的可靠性，保持信息完整性的办法的可靠性，用以鉴别发端人的办法，以及任何其他相关因素。"

（4）合同的订立和有效性

《示范法》第 11 条规定，"就合同的订立而言，除非当事各方另有协议，一项要约以及对要约的承诺均可通过数据电文的手段表示。如使用了一项数据电文来订立合同，则不得仅仅以使用了数据电文为理由而否定该合同的有效性或可执行性"。第 12 条同时规定，"就一项数据电文的发端人和收件人之间而言，不得仅仅以意旨的声明或其他陈述采用数据电文形式为理由而否定其法律效力、有效性或可执行性。"

（5）数据电文的归属

（6）数据电文的确认收讫

除《示范法》本身外，联合国国际贸易法委员会还颁布了《电子商务示范法指南》，内容包括立法背景和条文说明，将有助于向各国政府和学者解释做出这些规定的原因和考虑，并有助于各国考虑是否根据本国的特殊情况对《示范法》的某些条款做出更改。

2. 联合国《电子签字示范法》

随着电子商务的大规模推广，交易安全问题越来越突出。电子签字作为保障电子商务交易安全的重要手段，受到国际社会和各国政府的高度重视。2001 年 3 月 23 日，联合国国际贸易法委员会通过了《电子签字示范法》，这是联合国国际贸易法委员会继《电子商务示范法》之后，又一部专门针对电子商务的示范法。该法将电子商务活动中的数据签字（Digital signature）、电子签名等具有相同内容的不同表述统一起来，提出了一套完整的法律制度，为电子签字在电子商务交易中的广泛应用奠定了坚实的法律基础。

1）电子签字（Electronic signature）的概念

1999 年 9 月，联合国国际贸易法委员会电子商务工作组第 35 次会议曾经在《电子签字统一规则草案》中对电子签字的概念给出了一个表述，但在第 36 次会议上，第 35 次会议关于电子商务概念的条款没有通过，因为"强化电子签字"这一概念所引起的问题尚有待澄清。2001 年 3 月 23 日，联合国国际贸易法委员会电子商务工作组第 38 次会议通过的《贸易法委员会电子签字示范法》重新给出了电子签字的定义："'电子签字'系指在数据电文中，以电子形式所含、所附或在逻辑上与数据电文有联系的数据，它可用于鉴别与数据电文有关的签字人和表明此人认可数据电文所含信息。"

《贸易法委员会电子签字示范法》提出的电子签字概念，将电子商务活动中的数据签字（Digital signature）、电子签名等具有相同内容的不同表述统一起来，充分体现了不偏重任何技术的原则。在促进电子签字发展的同时，也考虑到公钥加密技术的替代问题，考虑到其他电子签字方式的发展问题,例如,使用生物测定法或其他一些此类技术。2000年9月召开的联合国国际贸易法委员会电子商务工作组第37次会议通过的《电子签字统一规则》已经提出,除了建立在公钥加密技术之上的强化电子签字外,还有其他更多各种各样的设施使得"电子签字"方式的概念更加宽泛,这些正在或将要使用到的签字技术,都考虑到执行上述手写签字的某一个或未提及的功能。例如,某一签字技术,需要通过使用建立在手写签字的仿生设施才能进行证实,在这种设施中,签字者就需要使用特殊的笔签字,而不是使用电脑屏幕或数据签字簿。该手写签字将通过电脑进行分析,并以一套数据值的方式存储起来。这套数据值可能被附加在数据信息之后,也可能被接受者为确认目的而查看。但这一技术使用的前提是手写签字的样品已经通过仿生设施预先存入系统并进行了分析。会议认为,在电子环境中,信息原件与复制件是没有区别的,两者都不存在于纸上,也不要求手写签字。由于以电子形式拦截和篡改信息极为容易,且无迹可寻,加之处理巨量交易要求有极高的速度,因而欺诈的可能性极为巨大。当前市场上可以获得的,或者是正在开发的各种技术的目的是意欲提供一种技术方式。通过这种技术方式,手写签字特征的一些或全部功能在电子环境中都可能被完成。这种技术可能被更为广义地定义为"电子签字"。

2) 电子签字的功能

以纸张为基础的传统签字主要是为了履行下述功能:

- 确定一个人的身份。
- 肯定是该人自己的签字。
- 使该人与文件内容发生关系。

应当注意的是,除了传统的手书签字之外,还有各种各样的程序如盖章、打孔等,有时都称之为"签字",可提供不同程度的确定性。例如,在某些国家,有一条总的规定,货物销售合同如果超过一定的金额,必须经过"签字"才能生效执行。但是,在那种情况下所采用的签字概念是盖图章、打孔甚至签字印章或者信笺头的印字都可视为满足了签字要求。另一种极端是,规定在传统的手书签字之外,还须加上额外的安全程序,例如,再由证人对签字做出确认。

为了保证电子商务活动的正常进行,需要具有书面签字功能的电子签字。调查各种正在被使用或仍在研制开发中的签字技术,可以发现,所有这些技术的共同目的都是为了寻求手写签字和在纸质环境中的其他认证方式(如封缄或盖章)提供功能相同的替换物。但在电子商务环境中这些技术还可能实现别的功能,这些功能是从签字功能中伴生的,但在纸质环境中却不能找到严格类似的替代物。

3) 电子签字中当事各方的基本行为规范

按照《电子签字示范法》,参与电子签字活动包括签字人、验证服务提供商和依赖方。"签字人"是指持有电子生成数据并以本人身份或以其所代表的人的名义行事的人;"验证服务提供商"是指签发证书或可以提供与电子签字相关的其他服务的人;"依赖方"是指可以根据证书或电子签字行事的人。

《电子签字示范法》制订了签字当事方(即签字人、依赖方和验证服务提供商)行为的评定标准。

（1）签字人的行为

《电子签字示范法》第8条规定了签字人的行为。如果签字生成数据可用来生成具有法律效力的签字，则各签字人应当做到如下条款：

- 采取合理的防范措施，避免他人擅自使用其签字生成数据。
- 在发生下列情况时，毫无任何不适当的迟延，向签字人按合理预计可能依赖电子签字或提供电子签字辅助服务的任何人员发出通知，签字人知悉签字生成数据已经失密；或签字人知悉的情况引起签字生成数据可能已经失密的很大风险。
- 在使用证书支持电子签字时，采取合理的谨慎措施，确保签字人做出的关于证书整个周期的或需要列入证书内的所有重大表述均精确无误和完整无缺。

若签字人未能满足上述要求应承担责任。

（2）依赖方的行为

《电子签字示范法》第11条规定了依赖方的行为。如果依赖方未能做到如下条款，应当承担法律后果。

- 采取合理的步骤核查电子签字的可靠性。
- 在电子签字有证书证明时，采取合理的步骤。
- 核查证书的有效性或证书的吊销或撤销。
- 遵守对证书的任何限制。

（3）验证服务提供商的行为

《电子签字示范法》第9条规定了验证服务提供商的行为。如果验证服务提供商为证明一个作为签字使用可具有法律效力的电子签字而提供服务，则该验证服务提供商应当做到如下条款。

- 按其所做出的关于其政策和做法的表述行事（例如，在验证管理声明或任何其他种类的政策声明中所做的表述和承诺）。
- 采取合理的谨慎措施，确保其做出的有关证书整个周期的或需要列入证书内的所有重大表述均精确无误和完整无缺。
- 提供合理可行的手段，使依赖方得以从证书中证实下列内容：

    a. 验证服务提供商的身份。

    b. 证书中所指明的签字人在签发证书时拥有对签字生成数据的控制。

    c. 在证书签发之时或之前签字生成数据有效。

- 提供合理可行的手段，使依赖方能在适当情况下从证书或其他方面证实下列内容：

    a. 用以鉴别签字人的方法。

    b. 对签字生成数据或证书的可能用途或使用金额上的任何限制。

    c. 签字生成数据有效和未发生失密。

    d. 对验证服务提供商规定的责任范围或程度的任何限制。

    e. 是否存在签字人依照规定发出通知的途径。

    f. 是否提供了及时的撤销服务。

    g. 验证服务提供商应提供签字人依照规定发出通知的途径，应确保提供及时的撤销服务;应使用可信赖的系统、程序和人力资源提供其服务。

4) 符合电子签字的要求

《电子签字示范法》第 6 条阐述了符合电子签字的要求。

(1) 凡法律规定要求有某人的签字时,如果根据各种情况,包括根据任何有关协议,使用电子签字既适合生成或传送数据电文所要达到的目的,而且也同样可靠,则对于该数据电文而言,即满足了该项签字要求。

(2) 无论第(1)款提及的要求是否作为一项义务,或者法律只规定了没有签字的后果,第(1)款均适用。

(3) 就满足第(1)款所述要求而言,符合下列条件的电子签字视作可靠的电子签字:

① 签字生成数据在其使用的范围内与签字人而不是还与其他任何人相关联。

② 签字生成数据在签字时处于签字人而不是还处于其他任何人的控制之中。

③ 凡在签字后对电子签字的任何篡改均可被觉察。

④ 如签字的法律要求目的是对签字涉及的信息的完整性提供保证,凡在签字后对该信息的任何篡改均可被觉察。

(4) 第(3)款并不限制任何人下列任何方面的能力:

① 为满足第(1)款所述要求的目的,以任何其他方式确立某一电子签字的可靠性。

② 举出某一电子签字不可靠的证据。

第 6 条是《电子签字示范法》中的核心条款,该条款的目的是确保任何真实的电子签字具有与手写签字同样的法律后果。

5) 电子签字的法律地位

如果某项签字技术可满足高度可靠性和安全性的要求,就应该有对可靠性和安全性的技术特性进行评估的方法,这种签字技术也应相应地获得某种形式的承认。国家可以建立任何实体,如认证机构(CA),承认对电子签字的使用,确立其效力或以其他方式验证其质量。

若法律确定实行电子签字,则在确定某一证书或某一电子签字是否具有法律效力或在多大程度上具有法律效力时,不得考虑签发证书或生成或使用电子签字的地理地点;或签发人或签字人的营业地所在地。

7.4.2 世界上其他各国计算机立法状况

电子商务是利用计算机网络进行的交易活动,其交易安全的法律调整属于计算机安全法律调整的范畴。随着计算机的大规模应用,计算机立法已提到各国立法的议事日程上来。越是计算机事业发达的国家,计算机立法工作的进展就越迅速。其立法重点在于控制计算机犯罪,保护私人权利,保护计算机软件版权,保护电子商务、电子金融的正常运转,维护网络正常秩序等。

1. 美国

20 世纪 70 年代以前,美国尚无数据盗用、信息窃取、非法进入计算机系统的有关法律条款。1967 年在计算机界小有名气的汉考克(Hancock)利用职业之便,偷偷复制了公司 49 个软件产品,并企图以 500 万美元的价格出手。当他站在被告席上时,他的律师懊慨陈词:"公司什么财产被盗了? 什么财产不见了?"回答当然是否定的。接着,律师又提出:"既然公司没有丢失任何财产,又怎么能指控我的当事人犯有盗窃财产罪呢?"案件的结果无关紧要,问题是传统的法律第一次受到剧烈的冲击。之后,计算机犯罪案件和事故以每年几十倍的速度增长,迫使美国司法界把计算机立法问题提到议事日程。1974 年,美国通过了《个人数据法》。1975 年,美国召开了首届计算机安全与犯罪会议,有关方面提交了多份专题报告,许多报刊都报道了此次会议,并刊载了大量有关计算机犯罪的文章。会议之后,有关计算机法律方面的专著也大量出版。1977 年,美国参议员亚伯拉罕·利比柯夫向国会提交了"联邦计算机系统保护法案"。虽然当年该法案未获得通过,但起到了抛砖引玉的作用。1978 年,佛罗里达州(Florida)在这一提案的基础上制定了世界上第一个计算机犯罪法(Computer Crime Act)。该法将计算机犯罪划分为三种类型:

(1) 侵犯知识产权罪,包括擅自故意地对属于或存于计算机系统或计算机网络内外的数据、程序或支持文件进行修改、破坏或泄露机密数据的行为。

(2) 侵犯计算机装置和设备罪,包括擅自故意地对计算机、计算机系统或计算机网络的装置或设备进行修改、破坏、获取、毁坏或损坏的行为。

(3) 侵犯计算机用户罪,包括擅自故意地对任一计算机、计算机系统或计算机网络进行或引起存取访问,或者控制或引起计算机服务系统向它的授权用户提供服务,而使这些服务全部或部分地按预定计划为他人占有,或代表他人利益,或者联合作案的行为。

效仿佛罗里达州,田纳西州(Tennessee)、维吉尼亚州(Virginia)等各州也相继颁布了计算机犯罪法。以后,美国 50 个州的 48 个州都出台了与计算机犯罪有关的法律。

1984 年美国联邦政府订立了独立的计算机法规——《半导体芯片保护法案》(Semiconductor Chip Protection Act of 1984),对于半导体芯片的保护内容、受保护要件、取得保护的程序、保护期限、必须提存的物品、公开表示、所有权归属、救济及损害赔偿等问题都作了详细的规定。这一法律的制定有着多方面的意义:

第一,承认传统知识产权法(著作权法、专利法等)对计算机软件、硬件的保护无能为力,弥补了传统知识产权法无法满足的半导体芯片保护的要求。

第二,集成电路有其特殊之处,非单独立法无法涵盖其特性。

第三,针对计算机技术飞速发展的现实,将半导体芯片的保护期缩短为十年。

第四,将著作权与专利权混为一体,取得权利的要件与著作权类似,但给予专属的权利保护。

第五,具有相当的保护主义色彩,外国人需要依据互惠或其他要件才能取得美国的保护。

第六,指明了未来计算机保护的方向。

1984 年 9 月 17 日,美国总统里根签署了国家安全决策指导 145 号。这是一个涉及卫星通信及自动化信息系统的政策性文件。两年后,即 1986 年,美国联邦政府正式颁布了《伪造访问设备和计算机欺骗与滥用法》和《电子通讯隐私法》。1988 年 1 月 7 日联邦政府又出台了《联邦计算机安全法》。这一法案是 1987 年 1 月 6 日由国会议员丹·克利克曼(Dan Glickman)和简·布鲁克斯(Jan Brooks)起草并经美国众议院通过,一年以后经里根总统签署批准正式成为法律。该法是针对国家标准局的计算机标准程序,政府范围的计算机安全,以及联邦计算机系统的管理部门、操作部门和应用部门人员的安全培训而制定的。该法明确了国家标准局的重要地位,提出国家标准局的任务是为联邦自动数据处理设备中的信息的实际安全和保密提供所需的标准和指导原则。同时,国家标准局还要协助有关部门建立计算机标准程序,制定计算机安全计划,加强计算机安全实践,培养计算机操作人员的计算机安全意识。此外,该法案还授予总统一定的权限。由于该法不是刑事法律,没有对破坏计算机安全的行为人规定刑事处罚。

1996 年 2 月,美国总统克林顿签署了《正派通信法案》(Communication Decency Act)。这一法案禁止任何人在公共网络上传播黄色或带有猥亵内容的信息。虽然这一法案在美国引起某些信息公司的一些反对意见,但毕竟反映了美国政府对网络管理的态度和意图。与此同时,美国的许多相关法律也都增加了有关计算机的内容。如《联邦证据法》对计算机证据作出了相应的规定;《统一商法典》对有关电子商务问题做出了相应的规定。

2. 英国

英国在 1984 年出台了《数据保护法》,较为完整地概括了数据保护的方方面面:个人数据的保护、数据处理标准化的加强、计算机及其资源滥用的防止、国际贸易安全的保证等。甚至明文规定,所有经过英伦三岛的数据,不管这些数据是何处理的,都在控制保护之列。这可能是为了纠正其他国家对英国的偏见。1978 年,瑞典数据保护董事会就明确规定:任何单位和个人不得向英国输出数据,并且一连两次拒绝向英国输出的数据发放签证,唯一的原因是当时的英国没有数据保护法。紧接着,英国又出台了《警察与犯罪证据条例》,对计算机生成的文件资料能否作为控诉犯罪、揭露犯罪事实的证据做出了明确规定。该条例的第 69 节指出,只有系统管理员提出证言的下列数据才能提交法庭:

(1) 对于由计算机生成的文件资料,若对方提不出正当理由说明该资料是由于使用计算机不当所产生的,那么该资料可以作为证据。

(2) 在整个产生文件资料期间,计算机运行正常,如不正常,但在任何方面都不影响打印输出文件的生成或内容的准确,那么,该文字资料可作为证据。但若文件内容太少,则不能作为证据。

(3) 警察有权进入计算机犯罪现场搜索和取证。1987 年 10 月 5 日,英国议会决定在通信网络中引入 EDI(电子数据交换)贸易形式。1989 年 4 月 5 日对这一决定作了修改和补充。1989 年 12 月以后,英国议会又连续公布了与奥地利、芬兰、冰岛、挪威、瑞典、瑞士等国开展电子贸易的决定。为了紧随计算机技术的飞速发展,1991 年 7 月 22 日,英国议会召开会议总结了 1987~1989 年英国 EDI 贸易的发展状况(这一阶段被称为电子数据交换贸易的第一阶段),同时决定建立第二阶段(1991 年以后)的电子数据交换贸易程序。这一程序共有 7 章,分别对 EDI 贸易的操作和交易安全作了详细的规定。

1992 年 3 月 31 日,英国议会出台了关于信息系统安全的决定。这一决定勾画了英国信息系统安全的整体战略,设立了信息管理高级办公机构,提出了较为详细的行动计划和具体的行动措施,建立了信息安全保护基金和预算机构,使信息安全保护工作步入规范化的轨道。

1996 年 9 月,英国又颁布了《三 R 互联网络安全规则》,主要目标是为了消除网络中儿童色情内容和其他毒化社会环境的不良信息。该法规对网络服务提供者、网络信息提供者和网络用户的有关职责和义务都作了具体的规定，可操作性很强。所谓"三 R"，就是英文"分级管理、举报告发、承担责任"（Regularity，Report，Responsibility）三个术语的词头，它简单明确地表达了控制网上有害信息的三项基本措施。

3. 法国

1988 年 1 月 5 日法国颁布的刑法中，将下列行为定为犯罪：

（1）凡以欺骗手段打入或控制整个或部分数据自动处理系统的行为。

（2）有意地并且无视第三者的权利，阻碍数据自动处理系统的工作，或者使其发生错误的行为。

（3）有意地并且无视第三者的权利，直接或间接地将数据植入系统中，或者消除或修改处理系统原有的数据，或者消除或修改自动处理系统的数据或传播方式的行为。

（4）在计算机存储的文件中掺假，对第三者构成损害的行为。

对计算机犯罪行为，可以处以两个月至五年的监禁，并伴有一定数额的罚金。

1996 年 6 月，法国邮电、电信及空间部长级代表费永提出一项《费永修正案》，对 1986 年颁布的有关通信自由的法律做出补充，主要目的是要控制来自境外的不良信息。控制的方式，一是用技术手段封堵不良信息源及其通道；二是提倡网络从业人员和用户自律，尽量减少法律诉讼；三是在国家最高视听委员会下面设立一个计算机通信委员会，专门负责制定法规和监督管理。根据费永的要求，一个专家委员会起草并于 1997 年 3 月公布了专门规范互联网络的法律文本《互联网络宪章（草案）》。该草案对保护未成年人、保护人类尊严、言论自由、保护个人隐私权、遵守公共秩序、保护知识产权、保护消费者利益等方面作了比较全面的规定。该草案受到经济合作组织的好评，并将作为该组织内部制定有关法律的重要参考依据。

4. 新加坡

新加坡在计算机立法方面始终走在东南亚的前面。1996 年 7 月，新加坡宣布对互联网络的经营服务实行分类许可证制度，其目的是规范网络经营与服务，控制网络中的有害信息，保证网络的健康发展。为此，新加坡广播管理局还公布了互联网络内容指导原则，对不允许在网络中传播的信息内容做出了规定。

新加坡也是东南亚第一个正式定义参与电子商务各方权利与责任的国家。1998 年 7 月，新加坡公布了为电子商务提供全面法律框架的电子交易法案（Electronic Transaction Bill）。这一法案将有助于新加坡成为开展电子商务的值得信任的国家。新加坡贸易与工业部部长 Lee Yock Suan 阐述了提出这一法案的基本出发点。他说："我们希望融入到全球电子商务发展的浪潮之中，确立新加坡在国际电子商务交易中的中枢地位。要达到这一目的，相应的法律和政策框架必须到位。这将使世界上进行的电子商务可以在新加坡以安全保险的方式进行。"

新加坡的《全面电子商务法》已经在 1998 年底成为正式的法律。这项法律内容包括参与交易的买卖双方身份认证的程序；有关可以数字化的在线签订的电子合同的程序；验证电子商务文件发出和接受时间以及认证它们完整性的程序；承认纯电子记录出处的程序以及允许可以电子提交公营部门服务的程序。

新加坡的《全面电子商务法》为建立公共密钥基础设施做出规定。在该公共密钥基础设施中，认证机构(CA)将起到电子交易中可以信任的第三方的作用，并且负责向电子商务用户签发数字证书。新加坡已经建立了该国第一家认证机构——CA Nettrust Pte. Ltd 公司，并且于 1998 年 7 月与加拿大政府签署了交叉认证的协议。

7.4.3　我国电子商务交易安全的法律保护

1. 我国涉及交易安全的法律法规

在现代社会的各种环节中，商品的交换扮演了非常重要的角色。相对于生产、分配及消费而言，交换体现了动态的效益价值。而交换秩序则是实现交换价值的基本前提。这种基本前提在法律上就表现为对交易安全的保护。交易安全较之静态的财产安全，在法律上亦体现了更丰富的自由、争议、效益与秩序的价值元素。

我国现行的涉及交易安全的法律法规主要有四类：

(1) 综合性法律。主要是民法通则和刑法中有关保护交易安全的条文。

(2) 规范交易主体的有关法律。如公司法、国有企业法、集体企业法、合伙企业法、私营企业法、外资企业法等。

(3) 规范交易行为的有关法律。包括经济合同法、产品质量法、财产保险法、价格法、消费者权益保护法、广告法、反不正当竞争法等。

(4) 监督交易行为的有关法律。如会计法、审计法、票据法、银行法等。

我国法律对交易安全的研究起步较晚，且长期以来注重对财产静态权属关系的确认和安全保护，未能反映现代市场经济交易频繁、活泼、迅速的特点。虽然上述法律制度体现了部分交易安全的思想，但大都没有明确的交易安全的规定，在司法实践中也没有按照这些制度执行。如《民法通则》第六十六条规定的"本人知道他人以本人的名义实施民事行为而不做否认表示则视为同意"，体现了交易安全中常见代理的思想，但却没有形成一套清晰的表现代理制度。在立法和司法解释上，背离交易安全精神的规范大量存在。在立法上，如《民法通则》第五十八条、《经济合同法》第七条关于民事行为无效的规定，过分扩大民事行为无效的范围，有损于交易主体对其交易行为的合法性信赖即交易安全利益。在司法解释方面，1987 年 7 月 21 日最高人民法院《关于在审理经济合同纠纷案件中具体适用〈经济合同法〉的若干问题解答》中，明显过分偏置于静的安全，而忽视动的安全，背离交易安全保护的精神。2004 年 8 月 28 日，十届全国人大常委会第十一次会议表决通过了《电子签名法》，并已经从 2005 年 4 月 1 日起开始施行。这部法律规定，可靠的电子签名与手写签名或者盖章具有同等的法律效力。电子签名法的通过，标志着我国首部"真正意义上的信息化法律"已正式诞生，这部法律将对我国电子商务、电子政务的发展起到极其重要的促进作用。

2. 我国涉及电子商务交易规范的法律法规

据国家工业和信息化部的统计数据显示，截至 2008 年 2 月，我国网民总数达 2.21 亿人，超过美国跃居全球首位。这无疑为中国电子商务的发展提供了良好平台与巨大潜力。然而，正处在起步阶段的电子商务及网络购物业务，目前存在的各种弊端严重阻碍其健康发展。为规范网上交易行为，促进电子商务持续健康发展，商务部组织有关单位和专家起草了《电子商务模式规范》和《网络购物服务规范》,于 2008 年春天就《电子商务模式规范》和《网络购物服务规范》进行网上征求意见,以期使电子商务市场有法可依,并结束各地管理办法各自为政的局面。

《电子商务模式规范》和《网络购物服务规范》两份管理办法的内容主要涵盖了对商家法人资格、备案执照、经营行为、支付方式、服务体系等各个环节的考核要求。其中规定,电子商务平台不得为无资质的商户开展有害有毒物品、药品、危险化学品等特殊商品的销售提供服务,未经审批不得经营药品、医疗器械等特殊商品。

《电子商务模式规范》征求意见稿中规定了服务提供方主体法人资格、服务对象主体法人资格、中立的第三方参与经营、实物交易、在线支付、售后服务、独立的技术配套设施以及人员技能等方面规范。征求意见稿还指出,电子商务经营者必须遵守相关法律法规及相关部门规章,必须保留用户注册信息,必须对所有的交易建立记录和储存系统,登录和交易日志等交易数据记录至少保存十年,并保护交易双方的隐私权,必须建立安全制度,采取安全防范措施。

此外,《规范》中还对电子商务的交易方式进行了规范,其中指出在线支付是指卖方与买方通过电子商务网站进行交易时,网站通过银行或具有金融业务资质的单位为其提供资金结算服务的一种业务。网站应该具备通过银行为交易提供资金结算的服务,也就是应该具备安全的在线支付功能(含身份认证、电子签名等),除此之外还应该有其他的资金结算渠道供市场参与方选择,这些渠道应该是具备资质的第三方支付机构。

这两份管理办法不仅对 B2B(企业与企业交易)、B2C(商业与消费者交易)的商家进行了各方面的规范,还对 C2C 领域的个人交易者进行了规范,要求在交易中的个人必须以实名进行,同时支付方式也必须保留真凭实据,涉及退换货等问题要追究法律责任等。在征求意见稿中,对个人网上开店办理执照和纳税等方面的并没有明确规范要求。

3. 我国涉及计算机安全的法律法规

我国的计算机安全立法工作开始于 20 世纪 80 年代。1981 年,公安部开始成立计算机安全监察机构,并着手制定有关计算机安全方面的法律法规和规章制度。1986 年 4 月开始草拟《中华人民共和国计算机信息系统安全保护条例》(征求意见稿)。1988 年 9 月 5 日第七届全国人民代表大会常务委员会第三次会议通过的《中华人民共和国保守国家秘密法》,在第三章第十七条中第一次提出:"采用电子信息等技术存取、处理、传递国家秘密的办法,由国家保密工作部门会同中央有关机关规定"。1989 年,我国首次在重庆西南铝厂发现计算机病毒后,立即引起有关部门的重视。公安部发布了《计算机病毒控制规定(草案)》,开始推行"计算机病毒研究和销售许可证"制度。

1991 年 5 月 24 日,国务院第八十三次常委会议通过了《计算机软件保护条例》,这一条例是为了保护计算机软件设计人的权益,调整计算机软件在开发、传播和使用中发生的利益关系,鼓励计算机软件的开发与流通,促进计算机应用事业的发展,依照《中华人民共和国著作权法》的规定而制定的。这是我国颁布的第一个有关计算机的法律。1992 年 4 月 6 日机械电子工业部发布了《计算机软件著作权登记办法》,规定了计算机软件著作权管理的细则。

1991 年 12 月 23 日,国防科学技术工业委员会发布了《军队通用计算机系统使用安全要求》,对计算机实体(场地、设备、人身、媒体)的安全,病毒的预防,以及防止信息泄露提出了具体措施。

1994 年 2 月 18 日,国务院令第 147 号发布了《中华人民共和国计算机信息系统安全保护条例》,为保护计算机信息系统的安全,促进计算机的应用和发展,保障经济建设的顺利进行提供了法律保障。这一条例于 1988 年 4 月着手起草,1988 年 8 月完成了条例草案,经过近 4 年的试运行后方才出台。这个条例的最大特点是既有安全管理,又有安全监察,以管理与监察相结合的办法保护计算机资产。

1996 年 3 月 14 日,国家新闻出版署发布了电子出版物暂行规定,加强包括软磁盘(FD)、只读光盘(CD-ROM)、交互式光盘(CD-I)、图文光盘(CD-G)、照片光盘(Photo-CD)、集成电路卡(IC-Card)和其他媒体形态的电子出版物的保护。

针对国际互联网的迅速普及,为保障国际计算机信息交流的健康发展,1996 年 2 月 1 日国务院令第 195 号发布了《中华人民共和国计算机信息网络国际联网管理暂行规定》,提出了对国际联网实行统筹规划、统一标准、分级管理、促进发展的基本原则。1997 年 5 月 20 日,国务院对这一规定进行了修改,设立了国际联网的主管部门,增加了经营许可证制度,并重新发布。

1997 年 6 月 3 日,国务院信息化工作领导小组在北京主持了召开"中国互联网络信息中心成立暨《中国互联网络域名注册暂行管理办法》发布大会",宣布中国互联网络信息中心(CNNIC)成立,并发布了《中国互联网络域名注册暂行管理办法》和《中国互联网络域名注册实施细则》。中国互联网络信息中心将负责我国境内的互联网络域名注册、IP地址分配、自治系统号分配、反向域名登记等注册服务;协助国务院信息化工作领导小组制定我国互联网络的发展、方针、政策,实施对中国互联网络的管理。1997 年 12 月 8 日,国务院信息化工作领导小组根据《中华人民共和国计算机信息网络国际联网管理暂行规定》,制定了《中华人民共和国计算机信息网络国际联网管理暂行规定实施办法》,详细规定国际互联网管理的具体办法。与此同时,原邮电部也出台了《国际互联网出入信道管理办法》,通过严把信息出入关口、与用户签订责任书、设立监测点等方式,加强对国际互联网络使用的监督和管理。

1997 年 10 月 1 日起我国实行的新刑法,第一次增加了计算机犯罪的罪名,包括非法侵入计算机系统罪,破坏计算机系统功能罪,破坏计算机系统数据、程序罪,制作、传播计算机破坏程序罪等。这表明我国计算机法制管理正在步入一个新阶段,并开始和世界接轨,计算机法的时代已经到来。

4. 我国保护计算机网络安全的法律法规

在我国尚无专门计算机网络安全法律的现状下,充分利用已有的行政法规保护计算机网络安全,从而保障电子商务交易的正常进行是非常重要的。国务院颁布的《中华人民共和国信息网络国际联网管理暂行规定》(以下简称《规定》)和公安部颁发的《计算机信息网络国际联网安全保护管理办法》(以下简称《办法》)就是两个对网络安全具有重大影响的重要行政法规。

1) 安全管理新思路

《规定》和《办法》是在总结世界各国计算机信息网络国际联网安全保护管理的实践经

验的基础上,结合我国实际,对计算机信息系统安全保护制度、社会治安制度的进一步完善。其指导思想主要包括以下几个方面:

(1) 体现促进经济发展的原则。国际互联网络是一个高效、大容量的信息资源,充分利用这一资源,有利于生产力的发展,有利于厂商竞争能力的提高,从而促进经济的更快发展。从这一角度出发,《规定》和《办法》特别重视了网络经济活动的规范。

(2) 体现保障安全的原则。加强计算机信息网络国际联网的安全管理,主要体现对从事计算机网络国际联网业务的单位和个人合法权利的保障,体现对计算机信息网络安全运行、建立良好的应用秩序的保障。

(3) 体现严格管理的原则。通过层层落实安全责任,"谁主管,谁负责",确保计算机信息网络国际联网安全管理的有效性。

(4) 体现与国家现行法律体系一致性原则。1994 年 2 月 18 日国务院颁布的《中华人民共和国计算机信息系统安全保护条例》和 1997 年 10 月 1 日实施的新《刑法》是我国进一步建立、完善计算机信息系统安全保护制度和治安管理制度、严厉打击计算机犯罪的重要法律依据。《规定》和《办法》正是以上述法律、法规为依据,延续、细化和补充了具体内容。在立法原则、体系结构、法律概念等方面都体现了与国家现行法律体系的一致性。

2) 作用范围与调整对象

中华人民共和国境内任何单位和个人的计算机信息网络国际联网安全保护均适用于《规定》和《办法》。其中包括在华申请加入我国境内的国际互联网的外国人,在我国境内依法设立的"三资"企业和外国代表机构等单位的网络安全保护管理。香港、澳门特别行政区内计算机信息网络国际联网的安全保护管理,由香港、澳门特别行政区政府另行规定。与台湾、香港、澳门地区的计算机网络联网参照本《规定》和《办法》执行。

《规定》和《办法》的调整对象是中华人民共和国境内从事计算机信息网络国际联网业务的单位和个人。主要包括国际出入口信道提供单位和互联单位的主管部门或主管单位、国际出入口信道提供单位、互联单位、接入单位、适用计算机信息网络国际联网的个人、法人和其他组织。计算机信息网络国际联网业务主要包括提供国际出入口信道、接入服务、信息房屋、适用计算机信息网络提供的各类功能,以及与计算机信息网络国际联网有关的其他业务。

3) 加强国际互联网出入信道的管理

《中华人民共和国计算机网络国际联网管理暂行规定》规定,我国境内的计算机互联网必须使用国家公用电信网提供的国际出入信道进行国际联网。任何单位和个人不得自行建立或者使用其他信道进行国际联网。除国际出入口局作为国家总关口外,邮电部还将中国公用计算机互联网划分为全国骨干网和各省、市、自治区接入网进行分层管理,以便对入网信息进行有效的过滤、隔离和监测。

4) 市场准入制度

《中华人民共和国计算机网络国际联网管理暂行规定》规定了从事国际互联网经营活动和从事非经营活动的接入单位必须具备的条件:

- 是依法设立的企业法人或者事业单位。
- 具备相应的计算机信息网络、装备以及相应的技术人员和管理人员。

- 具备健全的安全保密管理制度和技术保护措施。
- 符合法律和国务院规定的其他条件。

《中华人民共和国计算机信息系统安全保护条例》规定,进行国际联网的计算机信息系统,有计算机信息系统的使用单位报省级以上的人民政府公安机关备案。

5) 安全管理制度与安全责任

《规定》和《办法》对互联单位、接入单位及适用计算机信息网络国际联网的法人和其他组织应建立的基本安全制度作了具体规定,即,网路安全管理制度、信息发布登记制度、信息内容审核制度、电子公告系统审计制度、违法犯罪案件报案制度、备案制度、公用账号登记制度和涉及国家事务、经济建设、国防建设、尖端科学技术等重要领域计算机网络国际联网审批制度等。这些制度是各单位保障计算机网路安全运作的基础。《规定》和《办法》同时明确规定了单位和个人应尽的义务,规定了公安机关计算机管理监察机构在计算机信息网络国际联网安全保护方面的职责。

从事国际互联网业务的单位和个人,应当遵守国家有关法律、行政法规,严格执行安全保密制度,不得利用国际互联网从事危害国家安全、泄露国家秘密等违法犯罪活动,不得制作、查阅、复制和传播妨碍社会治安的信息和淫秽色情等信息。

计算机网络系统运行管理部门必须设有安全组织或安全负责人,其基本职责包括:保障本部门计算机网络的安全运行;制定安全管理的方案和规章制度;定期检察安全规章制度的执行情况,负责系统工作人员的安全教育和管理;收集安全记录,及时发现薄弱环节并提出改进措施;向安全监督机关和上一级主管部门报告本系统的安全情况。

每个工作站和每个终端都要建立健全网络操作的各项制度,加强对内部操作人员的安全教育和监督,严格网络工作人员的操作职责,加强密码、口令和授权的管理,及时更换有关密码、口令;重视软件和数据库的管理和维护工作,加强对磁盘文件和软盘的发放和保管,禁止在网上使用非法软件、软盘。

网络用户也应提高安全意识,注意保守秘密,并应对自己的资金、文件、情报等机要事宜经常检查,杜绝漏洞。

网络系统安全保障是一个复杂的系统工程,它涉及诸多方面,包括技术、设备、各类人员、管理制度、法律调整等,需要在网络硬件及环境、软件和数据、网际通信等不同层次上实施一系列不尽相同的保护措施。只有将技术保障措施和法律保障措施密切结合起来,才能实现安全性,保证我国计算机网络健康发展。

6) 行为处罚

《规定》和《办法》规定了必要的处罚措施,规定了警告、罚款、停止联网、取消联网资格等处罚。通过严格管理,提高全社会对计算机信息网络国际联网安全保护管理工作重要性的认识,自觉依法守法,服从管理,对计算机信息网络国际联网的安全保护得到充分保证。

7.4.4　电子商务中的知识产权问题

第1章曾讲到,电子商务是指通过信息网络以电子数据信息流通的方式在全世界范围内进行并完成的各种商务活动、交易活动、金融活动和相关的综合服务活动。

传统的知识产权是专利权、商标权和版权的总和,由于当代科学技术的迅速发展,不断创造出高新技术的智力成果又给知识产权带来了一系列新的保护客体,因此使传统的知识产权内容也在不断扩展。新技术的发展所带来的知识产权的发展,已经扩大到网络域名、网络版权、商务方法、管理思想等。商业方法专利涉及的是那些借助数字化网络经营的、有创造性的商业方法。电子商务知识产权体现在网络域名、网络版权、商务方法、技术专利等方面。

国际上对于信息化发展带来的知识产权问题已经引起越来越多的关注,企业如何有效保护自己在电子商务中的知识产权,对于促进企业技术的创新和进步,稳定行业发展起了很重要的作用。在面对发达国家和大型跨国公司不断地对自身的技术申请专利和实施保护的同时,对于我国如何能够提高电子商务企业的知识产权保护意识,合理借鉴国外知识产权开发和管理的方法,提升自己的核心技术能力,从而有效地对我们的知识产权进行保护,并防范侵权行为提出了挑战。

1. 域名

域名(Domain name),又称网址,是连接到计算机的地址,代表着厂商在互联网上的身份,也可以讲是上网厂商的名称。任何进行电子商务的企业首先必须注册自己的域名。

由于商标制度的地域性,在全球大市场中也可以有不止一家公司在不同的国家拥有相同的注册商标。而域名的唯一性和全球性决定了域名在全球范围必须是唯一的,不能存在完全相同的域名,但商标不必如此。域名的这一特点与商标分类制度的差别已决定了域名与商标发生冲突的可能。即同一商标的两个合法拥有者都试图以他的商标做域名,同时域名注册的不审查政策,且与知识产权制度相互独立,分别注册、登记,各成体系,在客观上形成了域名与他人商标会出现相同或近似的情形。域名的唯一性与商标的相对不唯一性,即多个商标文字可能与同一域名发生冲突的特性,又加大了这种冲突的范围和强度。一些"聪明人"就利用这些制度上的缺陷专营抢注、囤积域名,然后转卖给商标权人。在域名与商标权的纠纷中,还包括网络域名中包含他人文字注册商标的单词、字母等而引起的纠纷,网络使用人所享有的三级域名与他人著名域名(二级域名)相同而引发的纠纷,等等。由域名的使用中出现的种种纠纷是新兴网络技术挑战现实世界法律秩序的又一次证明。因此,各国相继颁布了域名管理规则,有关国际组织积极寻求改进域名系统的方案。

2. 版权问题

版权是电子商务中涉及最多的知识产权问题。无论是层出不穷的国内外网络版权纠纷,还是各国对网络版权的有关讨论和纷纷制定或修改有关法律法规,可以显见,版权问题在网络环境下的严重程度。而且在电子商务中的版权问题不仅包括所有网络版权问题,还涉及到版权产品的无形交易,从而又增加版权保护的新问题。还有计算机软件的著作权,但是著作权对于软件是一种弱保护,所以需要有更好的方式来保护软件的开发思想。

3. 专利问题

对于专利权应当满足的是新颖性、创造性、实用性。根据参考《专利审查条例》得出的结论,在电子商务的环境下,专利的保护对象主要是技术专利、商业方法等。

4. 计算机程序

根据《计算机程序保护条例》,目前我们国家所生产的软件,主要也是受著作权法的保护,但是这样保护的弱点是:不能保护计算机软件的开发思想。计算机程序通常作为一部作品,受版权保护,一般不受专利法保护。除非它被固定在一定硬件上,以硬件作为专利申请的对象。

5. 技术专利保护

技术专利是电子商务的核心,如网络传输技术,网络传输技术包括通信协议和其他用于网络传输的技术(软件)。通信协议是规范网络信息传输的标准,互联网的迅速发展和广泛应用很大程度上得力于其开放式的网络传输协议——TCP/IP,SMTP,PPP,PAP等。网络传输协议作为信息传输的方法,可以规定通信内容、通信时的速率、安全等级、查错等机制,因此可以作为专利的保护对象。例如,美国 Netdelivery 公司于 1999 年 8 月 4 日获得的第 5790793 号专利,是一种保护在公司之间进行通信、通过网络发送信息的方法,相当于电子邮件信息中嵌入 URL,属于推广技术的一种。还有加密技术,加密技术是信息安全传输的最重要、最常用的技术,以防止信息在传输过程中可能被截取、篡改或删除等。密码技术种类很多,最基本的加密手段是对称密钥加密体制(又称单钥密码体制)和非对称密钥加密体制(又称公钥密码体制)。典型的公钥密码技术 RSA 系统于 1985 年获得专利。

6. 商业方法专利

商业方法专利是目前电子商务领域最热点的问题。将一般的商业方法作为专利的保护对象,是信息革命的产物。商业方法专利涉及的是那些借助数字化网络经营商业的、有创造性的商业方法。计算机和网络的普及使网络经济成为一个新的经济领域,一般的商业方法与计算机软硬件结合在一起,被应用到网络经济中,就成为带有技术性的系统和方法,由此衍生出了一类新的专利——商业方法专利。这类技术进一步促使了电子商务更快捷、便利,已被授权的电子商业方法专利很多,大致分为四类:电子交易类,网络营销类,金融类,信息管理类。

对于不同的电子商务角色,它们所面临的知识产权保护侧重点也不一致,需要根据相应的法律法规进行具体分析。

7.4.5 加强电子商务法律体系的建设

为了保证电子商务的交易安全,世界各国都加强了法律法规建设,利用司法力量,规范电子商务的交易行为。

目前我国急需制定的有关电子商务的法律法规主要有买卖双方身份认证办法、电子合同的合法性程序、电子支付系统安全措施、信息保密规定、知识产权侵权处理规定、税收征收办法,以及广告的管制、网络信息内容过滤等。

1. 买卖双方身份认证办法

参与电子商务的买卖双方互不相识,需要通过一定的手段相互认证。提供交易服务的网络服务中介机构也有一个认证问题。目前急需成立类似于国家工商局之类的机构统一管理认证事务,为参与网络交易的各方提供法律认可的认证办法。而且,目前各网络服务中介机构成立的虚拟交易市场为提高自身的可信度,大都冠以"中国××市场"的头衔。随着电子商务市场的急剧扩大,加强这方面的法律规范也迫在眉睫。

2. 电子合同的合法性程序

电子合同是在网络条件下当事人之间为了实现一定目的,明确相互权利义务关系的协议。它是电子商务安全交易的重要保证。其内容包括:确定和认可通过电子手段形成的合同的规则和范式,规定约束电子合同履行的标准,定义构成有效电子书写文件和原始文件的条件,鼓励政府各部门、厂商认可和接收正式的电子合同、公证文件等。

规定为法律和商业目的而做出的电子签名的可接受程度,鼓励国内和国际规则的协调一致,支持电子签名和其他身份认证手续的可接受性。

推动建立其他形式的、适当的、高效率的、有效的合同纠纷调解机制,支持在法庭上和仲裁过程中使用计算机证据。

3. 电子支付

电子支付是金融电子化必然趋势。美国现在 80% 以上的美元支付是通过电子方式进行的,每天大约有 2 万亿美元通过联储电子资金系统(Fedwire)及清算银行间支付系统(CHIPS)划拨。我国目前尚无有关电子支付的专门立法,仅有中国人民银行出台的有关信用卡的业务管理办法。为了适应电子支付发展的需要,需要用法律的形式详细规定了电子支付命令的签发与接受,接受银行对发送方支付命令的执行,电子支付的当事人的权利和义务,以及责任的承担等。

4. 安全保障

电子商务的迅速发展,对交易安全提出了更高的要求。强化交易安全的法律保护已是立法的一项紧迫任务。

(1)在民法基本法的立法上,应反映出交易安全的理念。为此,要大胆借鉴和移植发达国家电子商务保护交易安全的成功经验和制度,并结合我国的实际情况,构造一套强化交易安全保护的法律制度。

(2)在商事单行法的立法上,可以基于商法的特别法地位及其相对独立性,满足商法中商事行为较高的交易安全要求,在某些方面可以适当突破民法基本法中的某些制度,以期强化这方面的交易安全保护。

(3)在计算机及其网络安全管理的立法上,应针对电子商务交易在虚拟环境中运行的特点,明确提出电子商务交易安全保护的法律措施。

(4)在法律解释上,当务之急是全面清理最高人民法院所做出的司法解释,剔除不利于交易安全的结论,并在以后的解释中注重考虑交易安全的因素。

(5)在条件成熟的时候,指定保护电子商务交易安全的专门法规文件。

此外,对于保密法、知识产权保护法、税法、广告法等,也有一个内容修改和范围扩充的任务。

习 题 7

7.1 思考题

1. 电子商务交易中产生哪些法律新问题？

2. 简述电子商务交易各方的法律关系。

3. 电子商务立法涉及的范围有哪些？

4. 电子商务交易安全的法律保护设计有哪两个基本方面？

5. 自己到互联网上搜索，目前国内外专门针对电子商务交易的法律法规有哪些？

6. 如何加强电子商务法律体系的建设？

7.2 填空题

1. 在电子商务中，虚拟银行同时扮演_____和_____的角色。其基本义务是依照客户的指示，准确、及时地完成电子资金划拨。

2. 银行承担责任的形式通常有三种：(1)返回资金，支付利息；(2)_____；(3)偿还汇率波动导致的损失。

3. 电子商务法要解决的问题是在确保网上交易的主体是_____的，且能够使当事人确认它的_____。

4. 在电子商务条件下，卖方应当承担三项义务：(1)按照合同的规定提交标的物及单据；(2)对标的物的_____承担担保义务；(3)对标的物的_____承担担保义务。

5. 认证中心扮演着一个买卖双方签约、履约的_____的角色，买卖双方有义务接受认证中心的_____。

6. 电子商务交易安全的法律保护问题，涉及到两个基本方面：(1)电子商务交易首先是一种商品交易，其安全问题应当通过民商法加以保护；(2)电子商务交易是通过_____而实现的，其安全与否依赖于计算机及其网络自身的安全程度。

7. 1978 年，佛罗里达州（Florida）制定了世界上第一个计算机犯罪法（Computer Crime Act）。该法将计算机犯罪划分为三种类型：(1)_____、(2)侵犯计算机装置和设备罪、(3)_____。

8. 我国现行的涉及交易安全的法律法规主要有四类：(1)综合性法律；(2)_____；(3)_____；(4)监督交易行为的有关法律。

9. 我国颁布的第一个有关计算机的法律是 1991 年 5 月 24 日，在国务院第八十三次常委会议通过的_____。

10. 2004 年 8 月 28 日，十届全国人大常委会第十一次会议表决通过了_____，并决定于 2005 年 4 月 1 日起施行。这部法律规定，可靠的_____与手写签名或者盖章具有同等的法律效力。

第8章 电子商务应用实例

8.1 世界最大电子商务平台阿里巴巴——B to B 商业模式

8.1.1 网站概况

阿里巴巴网络有限公司为阿里巴巴集团成员,是全球领先的 B2B 电子商务公司,为世界各地的中小型买家及卖家提供有效可靠的平台。阿里巴巴的总部位于中国杭州,在中国超过 30 个城市设有销售中心,以及在香港、瑞士和美国设有办事处。截至 2007 年 12 月 31 日,阿里巴巴拥有超过 5200 名的全职员工。其国际贸易网站(www.alibaba.com)主要针对全球进出口贸易,中文网站(www.alibaba.com.cn)针对国内贸易买家和卖家。截至目前,阿里巴巴的中英文网上交易市场拥有近 3000 万名注册用户,遍及 240 多个国家及地区。据艾瑞咨询的《2007~2008 年中国 B2B 电子商务发展报告》数据显示,2007 年阿里巴巴市场份额由 2006 年的 51% 上升至 2007 年的 57.3%,以绝对优势领先其余 B2B 电子商务平台。

8.1.2 主要服务

阿里巴巴提供的服务如下:

(1) 架设企业站点。阿里巴巴提供从低端到高端所有的站点解决方案。企业注册后可以通过阿里提供的工具迅速建立起符合企业特点的主页。

(2) 站点推广。阿里巴巴提供竞价排名、黄金展位等一系列服务帮助企业推广网站。其"中国供应商"服务专门帮助外贸型企业在英文站上向国际买家展示企业。

(3) 诚信通。诚信通是阿里巴巴中文网站的主打服务,主要用以解决网络贸易信用问题,分为企业版和个人版两种。如图 8-1 所示。2002 年 3 月 10 日阿里巴巴中文网站正式推出诚信通产品(企业版),2008 年 6 月 10 日推出个人版。前者主要适用于各类中小企业(贸易、制造、生产、外贸等),后者适用于企业市场人员、销售主管、职业经理人、个体经营者、事业单位职员或社团会员等。诚信通服务包括线上和线下两部分,线上服务包括查看买家信息、拥有阿里巴巴的网上商铺、发布供应信息享受优先排序等,线下包括展会、采购洽谈会、培训会、社区交流,以及每天 8 小时专业咨询服务。目前,阿里巴巴拥有超过 900 名中国诚信通电话销售专员。

(4) 贸易通。它的功能主要包括和百万商人安全、可靠地进行即时在线沟通、互动;结识、管理自己的商业伙伴,开展一对一的在线营销;强大的商务搜索引擎,搜尽天下商机;"服务热线"为诚信通会员即时解答网络贸易疑问,方便享受高质量的在线客户服务。其界面有点类似于常用的聊天工具 QQ,非常友好且使用简单。

图 8-1　阿里巴巴诚信通会员主界面

8.1.3　经营特色

1. 信用记录

阿里巴巴十分重视诚信体系的建立,它为每个诚信通会员建立了诚信通档案,用来展示会员的一些基本诚信情况,由 A&V 认证信息、阿里巴巴活动记录、会员评价、证书及荣誉四个部分组成。

A&V 认证信息包括公司注册名称、地址,申请人姓名、所在部门和职位,并同时需要出具相应的工商部门颁发的营业执照等。提供商业信息的企业,必须首先通过这个认证。

阿里巴巴活动记录是指某一网商在经营过程中的信用表现,及其与阿里巴巴共同参与诚信体系建设的时间。时间愈久,愈能证明该网商的诚信度。

会员评价是指在商务活动中,合作方的会员对企业进行的评价。为了避免企业会员之间的恶意攻击,阿里巴巴有两大法宝:一是只有诚信通会员才能拥有评价的权力;二是评论以后相互留档案,不可以匿名,必须公开。

另外,诸如 ISO 体系等行业认证也成为诚信通会员重要的参考要素,并且阿里巴巴会用优先排名、向其他客户推荐等方式,来奖励那些诚信记录良好的用户。

2. 个性化增值服务

阿里巴巴不断创新产品,于 2002 年在国际站推出关键词服务,2005 年在中国站推出关键词竞价排名,2007 年推出了黄金展位和阿里贷款,2008 年又推出了阿里旺铺,搭建标准化的商贸沟通平台,以降低中小企业网上交易的门槛。各类客户可以根据需要选择适当的服务或组合。

3. 线下服务

线下活动是 B2B 网站帮助客户寻求贸易合作伙伴的一种有效方式,主要的形式有展会、贸易洽谈会等。目前,以环球资源网为代表的一些 B2B 网站都开展了不同程度的线下活动,以提升行业影响力及盈利能力。2008 年,阿里巴巴在上海为来自欧洲、美洲和澳州的 16 个国际零售巨头举办了非公开的家居装饰行业国际大买家洽谈会,吸引了包括沃尔玛、Sears、Lowe's、家乐福、H&M 等国际巨头的参与。阿里巴巴还专门建立了一支专业的团队提供一系列的买家服务及买家服务工具,例如针对网络采购的培训、供应商配对,及组织线上线下的采购洽谈会以帮助大买家找到高质量的供应商等。

8.2 腾讯拍拍网——C to C 商业模式

8.2.1 网站概况

腾讯拍拍网(ww. paipai. com)是腾讯旗下电子商务交易平台,网站于 2005 年 9 月 12 日上线发布,2006 年 3 月 13 日宣布正式运营。拍拍网目前主要有网游、数码、女人、男人、生活、运动、学生、特惠、明星等几大频道,其中的 QQ 特区还包括 QCC、QQ 宠物、QQ 秀、QQ 公仔等腾讯特色产品及服务。拍拍网拥有功能强大的在线支付平台——财付通,为用户提供安全、便捷的在线交易服务。

依托于腾讯 QQ 超过 7.417 亿的庞大用户群以及 3.002 亿活跃用户的优势资源,拍拍网具备良好的发展基础。2006 年 9 月 12 日,拍拍网上线满一周年。通过短短一年时间的迅速成长,拍拍网已经与易趣、淘宝共同成为中国最有影响力的三大 C2C 平台。2007 年 9 月 12 日,拍拍网上线发布满两周年,在流量、交易、用户数等方面获得了全方位的飞速发展。据易观国际报告显示,2007 年第 2 季度拍拍网获得了20%的增长,并迅速跃居国内 C2C 网站排名第二的领先地位。据艾瑞咨询最新推出的《2007～2008 年中国网络购物发展报告》数据显示,2007 年中国 C2C 电子商务市场交易规模达到 518 亿元,其中拍拍网的成交额首次超越 TOM 易趣,以 8.7%的交易份额位居第二。2008 年第二季度据艾瑞咨询最新数据显示,拍拍充分整合了腾讯客户端资源并在购物体验功能上进一步优化,2008 年第二季度拍拍实现了 30%以上的环比增长,市场份额也得到了明显提升,迅速上升至 9.9%,继续稳居市场第二。凭借丰富多样的商品和高人气的粘性互动社区,拍拍网已发展成为国内成长速度最快、最受网民欢迎的 C2C 电子商务交易平台。

拍拍网一直致力于打造时尚、新潮的品牌文化,作为腾讯"在线生活"战略的重要业务组成并依托于腾讯 QQ 以及腾讯其他业务的整体优势,拍拍网希望打造一个全新的"社区化电子商务交易平台",为广大用户提供诚信、安全的在线网购新体验。

8.2.2 成为拍拍网的卖家

首先您要注册腾讯 QQ 账号,使用该账号即可登录拍拍网。成为拍拍网的卖家必须通过拍拍网的身份认证,其操作步骤如下:

(1) 用户登录后点击"我的拍拍"在个人信息框中单击"点此开始认证"。

(2) 用户进入"卖家须知和用户协议页面",阅读并单击"同意以上条款,进入下一步"。

（3）进入正式的认证页面,选择身份证认证,并单击"马上去认证"。如图 8-2 所示。

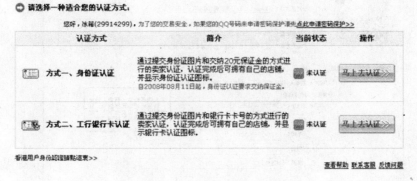

图 8-2 拍拍网认证选择界面

（4）用户阅读和确认《拍拍卖家身份认证中采用交纳保证金方式认证的附加协议》,同意协议并单击"去财付通交纳保证金"按钮。

（5）系统跳转到财付通并输入交易密码,用户需确保财付通账户里至少有 20 元余额,财付通将冻结 20 元作为交纳的认证保证金。如图 8-3 所示。

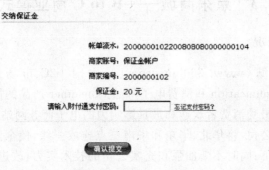

图 8-3 拍拍网交纳保证金

（6）用户填写个人资料,在该页填写的资料必须真实,以便成功通过审核。

（7）用户通过审核后,就可以拥有自己的店铺了。

8.2.3 使用拍拍网购买商品

（1）用户登录拍拍网,搜索自己感兴趣的商品信息。

（2）用户点击进入具体某个商品的页面,查看该商品的详细信息。

（3）用户确认购买该商品,并填写详细的购买信息。如图 8-4 所示。

（4）用户转入相应的付款界面,通过财付通完成支付。

（5）用户等待收货。

（6）用户收到货物并登录网站进行确认和评价。

图 8-4　填写购买信息

8.3　京东商城——B to C 商业模式

8.3.1　网站概况

360buy 京东商城（www. 360buy. com）是中国 B2C 市场最大的 3C（计算机 Computer、通信 Communication 和消费电子产品 Consumer 产品的简称）网购专业平台，是中国电子商务领域最受消费者欢迎和最具影响力的电子商务网站之一。公司先后组建了上海及广州全资子公司，将华北、华东和华南三点连成一线，使全国大部分地区都覆盖在其物流配送网络之下；同时不断加强和充实公司的技术实力，改进并完善售后服务、物流配送及市场推广等各方面的软、硬件设施和服务条件。

2007 年京东商城年销售额达 3.6 亿元，2008 年第一季度中国 B2C 市场规模为 12.82 亿元，当当一季度营业额为 2.05 亿元，京东商城 1.97 亿元，而卓越为 1.88 亿元，京东商城以 15.4％超过卓越 14.7％的市场占有率成为新科榜眼。

8.3.2　业务范围及产品品种

京东商城是国内最大的经营 3C 产品的网络公司，其产品涵盖数码通讯、电脑、家电三个大类多个小类，品种齐全，价格优惠，广受消费者青睐。如图 8-5 所示。

1. 数码通讯产品

数码通讯产品主要包括手机产品和数码产品。

手机产品分为手机通讯和手机配件，包括 GSM 手机、CDMA 手机、双模手机、对讲机、3G 手机、双卡手机等各种手机通讯产品，以及手机电池、手机充电器、手机耳机、蓝牙耳机、车载配件、数据配件、手机皮套、手机贴膜等手机配件。

数码产品分为数码影像、时尚影音和数码配件，包括小型数码相机、单反数码相机、数

图 8-5 京东商城首页

码摄像机、单反镜头、镜头滤镜、闪光灯/手柄、摄影配件等数码影像产品；MP3/MP4、电子词典、录音笔、电子书/点读机、音箱、耳机、PDA、数码相框、麦克风、网络影像设备等时尚影音；以及存储卡、读卡器、数码包、三角架/云台、录像带、数码贴膜、清洁用品、MP3/MP4 配件、PDA 配件、电池/充电器等数码配件。

2. 计算机产品

计算机产品分为计算机整机、核心配件、外设产品、网络产品、计算机软件、计算机附件、办公设备和办公耗材八类。

计算机整机定位为：笔记本电脑，台式计算机，服务器，笔记本电脑附件，服务器配件等。

核心配件定位为：CPU，显卡，内存，主板，散热器，硬盘，刻录机/光驱，声卡/扩展卡等。

外设产品定位为：机箱，显示器，键盘，鼠标，电源，摄像头，移动硬盘，闪存盘，外置盒，游戏设备，电视盒，手写板，鼠标垫等。

网络产品定位为：路由器，网卡，交换机等。

计算机软件定位为：系统软件，杀毒软件，游戏软件，办公软件，工具软件，教育软件等。

计算机附件定位为：线缆，插座，UPS 电源，计算机工具，计算机清洁等。

办公设备定位为：打印机，传真机，复印机，一体机，扫描仪，投影机，碎纸机，考勤机，验钞机，塑封机，电子白板，计算器等。

办公耗材定位为：硒鼓，墨盒，墨粉，色带，刻录碟片，光盘附件，纸类等。

3. 家电产品

家电产品包括电器、个人护理、汽车用品以及电子玩具。

电器分为大家电、日用电器以及厨卫电器等。包括平板电视、家庭音响、空调、冰箱、冷柜、洗衣机、电视周边产品、电热水器、燃气热水器、DVD 播放机、吸尘器、电熨斗、取暖电器、加湿器、电话机、净水设备、清洁机、电风扇、电饭煲、多用途锅、榨汁/搅拌机、豆浆机、电磁炉、微波炉、电烤箱、电水壶、咖啡机、酸奶机、电压力锅、电饼铛、吸油烟机、燃气灶、消毒柜、洗碗机、面包机、浴霸、果蔬机、煮蛋器、净化器、饮水机等。

个人护理产品包括剃须刀、电吹风、电动牙刷、剃毛/脱毛器、美容美发器、按摩器、血压计、足浴盆、健康测量计、健康理疗仪等。

汽车用品包括 GPS 导航仪、GPS 模块、车载冰箱、车载吸尘器/打气泵、车载按摩器、车载充电/转换器 、车载音视设备、车内饰品、汽车护理用品等。

电子玩具包括电子宠物、遥控玩具、时尚玩具、益智/教育玩具、电子琴等。

8.3.3　经营特色

与普通 B2C 网站不同,京东商城提供拍卖和价格保护服务。

1. 拍卖

拍卖是京东商城推出的一项特色服务,也是京东商城的一个全新的销售模式。拍卖形式包括传统拍卖(逐步加价的竞价式拍卖)、激情拍卖(短时间的抢拍活动)、荷兰式拍卖(系统从高价逐步降)。铁牌以上级别会员可以进行出价竞拍,竞价全程保密,拍卖订单中的商品凡是全国联保产品,均附带发票。通过这项服务,京东商城吸引了更多的客户,并有效地提高了会员的活跃指数。

2. 价格保护

京东商城的商品价格随市场价格的波动每日都会有涨价、降价或者优惠等变化。如果下完订单后价格发生了变化,商城将按最低的价格结算,即,若提交订单后商品出现降价行为,货物没有发出则按照新价格结算,多出的钱款将存入客户在京东的账户;若提交订单后商品出现涨价行为(包括惠期结束),商品价格还是按照客户下单时的价格结算,无论客户是否汇款。该服务解决了数码产品价格频繁波动给客户购买带来的不利影响,广泛受到客户的好评。

习　题　8

8.1　思考题

调查一个实际运行的电子商务系统,叙述其结构、功能和开发应用情况。

8.2　上机题

自己尝试到腾讯拍拍网(www. paipai. com)注册成为它的会员并体验一下买、卖流程。

第 9 章　电 子 政 务

电子政务作为一个新兴事物,兴起于全球都在关注信息技术对政府管理和新经济带来变革的大背景中,作为一个发展中的概念,其涵义也随着信息技术的发展和人们认知程度的加深而不断拓展。目前,电子政务已经在全球范围内掀起了建设热潮,各国政府都制定了相应的电子政务发展计划,投入大量的人力物力,在实际操作和理论研究等方面都有了较大的进展。

我国的各级政府以及学术界经过近几年的酝酿和摸索,对于如何在中国建设和发展电子政务有了一定的认识,并逐步明确了符合我国具体情况的电子政务发展目标和发展路线。近两年来我国的电子政务更是朝着以应用促发展、注重提高政府工作效率和监管能力的"务实"路线发展。

9.1　电子政务的概念及发展现状

9.1.1　电子政务的实质和核心

电子政务是指政府机构在其管理和服务职能中运用现代信息技术,实现政府组织结构和工作流程的重组优化,超越时间、空间和部门分隔的制约,建成一个精简、高效、廉洁、公平的政府运作模式。

电子政务模型可简单概括为两方面:政府部门内部利用先进的网络信息技术实现办公自动化、管理信息化、决策科学化;政府部门与社会各界利用网络信息平台充分进行信息共享与服务、加强群众监督、提高办事效率及促进政务公开,等等。

电子政务是在先进技术支撑下的政府服务的变革,它面向的是客户需求而不仅是管理的便利,它是真正的变革,而不仅是流程的自动化。电子政务的核心内容是将传统政府事务中大量频繁的行政管理和日常管理工作,通过优化业务流程,按设定的流程步骤在网上实施,方便社会和公众。

政府实施电子政务的优势在于:

* 政府核心功能电子化。
* 改善政府对公民需求的响应速度。
* 优化公务流程减少政府成本开支。
* 改善内部的工作效率和改善市民服务质量,增加市民满意度。

9.1.2　我国电子政务的发展现状

自从我国政府 1999 年开展"政府上网工程"以来,国内各级政府机关、部门、单位的信息化建设工作得到了快速的发展。全国很多省市已经或正在建设各自的网站,发布、宣传政府的各项法令、法规、政策等，甚至开始在网上为市民办事。电子政务的发展已经经历了从"网上信息发布"到"政府与公众互动"再到"网上事务处理"的几个发展阶段。2008年联合国发布的世界各国电子政务测评结果显示，中国在192个参评国家中排名第65位（数据来源：《United Nations e-Government Survey 2008》，联合国公共行政网，http://www.unpan.org/）。

目前，我国政府主推的"十二金工程"和"政府上网工程"两项重要的电子政务工程的建设已经取得了初步的成效。电子政务建设形成外网、内部网两个物理或逻辑隔离的信息网络为主要模式，其中内部网为涉密网，外网与互联网相连。截至2008年7月，以gov.cn为结尾注册的域名总数达到40831个，目前，我国部委、省级、地级和县级政府网站的拥有率分别为96%、100%、98.5%和83%，初步形成了中央、省、市、县、乡五个层级的政府网站体系。绝大部分政府管理部门建立了内部局域网，完善内部的政务办公系统，进行信息共享。同时我国还制定并颁布了与电子政务相关的重要文件，如《国民经济和社会发展第十个五年计划信息化重点专项规划》《我国电子政务建设指导意见》《电子政务标准化指南》和6项电子政务标准、《中华人民共和国政府采购法》《行政许可法》《电子签名法》等。

9.2　电子政务实例——数字北京的实践

北京作为伟大祖国的首都，是全国的政治中心、文化中心和国家交往的中心，承担着为中央党政军首脑机关正常开展工作服务，为日益扩大的国际交往服务，为国家教育、科技和文化的发展服务的职责。数字北京工程是1999年刘淇市长在"数字地球国际会议"上正式提出的，该工程是数字中国战略的重要组成部分，将为北京实现可持续发展提供重要的信息技术支撑。

数字北京工程的总体结构分为三个层次、十个组成部分。三个层次为基础层、专业和区域应用层和综合决策层。基础层是北京城市空间数据基础设施，专业层是领域数字化框架，区域层指区域数字化框架，综合决策层是跨领域，跨区域的综合性应用框架。十个组成部分为北京空间数据基础设施（BJSDI）、北京信息资源管理中心、政府类应用、企业类应用、公众类应用、区域类应用、城市综合决策指挥系统、政策法规规章及管理制度、技术标准及各种应用规范、信息安全和保密。

目前北京65个市级部门共建成业务应用系统301个，43%的政府业务已实现信息化支撑，其中33%具有决策支持功能。全市各委办局共有800余项行政许可和审批事项实现不同程度的信息化办理。"十一五"期间，北京将加快电子政务"一站式"服务向深入推进。以金财工程建设和完善为主线，建设覆盖全市的、全业务、多功能的财政管理信息系统；加快推进宏观经济管理信息系统建设，提升国民经济预测、预警和监测水平；加快审计信息化步伐，建立适应业务发展需求的审计业务和审计管理信息化操作平台，提高审计效率，增强审计机关在信息化环境下的查错纠弊、遏制腐败的能力；加强网上监察系统建设，促进依法行政；完善网上信访，加强社会监督等。

9.2.1 首都之窗（www.beijing.gov.cn）

首都之窗于 1998 年 7 月 1 日正式开通，是北京市国家机关在互联网上统一建立的网站群，包括北京市政务门户网站（即首都之窗门户网站）和市国家机关各委、办、局和各区县政府等分站点。如图 9-1 所示。通过这些分站点，市民可以进一步了解市国家机关各职能部门提供的特色信息和专门服务，实现了政务公开目录、面向社会和公众的规范性文件、行政许可、下载表格、办事指南等 5 个 100% 完全公开。"首都之窗"群目前有 146 家网站，包含了北京市的各级政府单位。主网站中文版月均点击数接近 7000 万，国际门户月均点击数超过 150 万，居全国领先水平。

图 9-1 "首都之窗"门户网站

9.2.2 北京市信息资源管理中心

北京市信息资源管理中心成立于 2001 年 3 月，是北京市信息化工作办公室所属的事业单位，是为北京市信息资源开发与利用提供保障服务的管理机构。北京市信息资源网是由广泛分布，而又能够互联互通，共享和交换的信息资源群体构成的关系网。它是为政府部门、企事业单位和公众服务的网络化信息资源。它由 1 个北京市信息资源管理中心、130 个北京市属信息中心、1000 个主题数据库、20 000 个重点专题数据、超过 20 万个共享数据项构成，并将与 100 多个国家部委级信息中心和若干个企业级信息中心实现信息交换和共享。

9.2.3 首都公用信息平台

首都公用信息平台（CPIP）是首都信息基础设施的重要组成部分。如图 9-2 所示。它是依托于由公用电信网、有线电视网、计算机互联网所代表的网络平台并在其上建设的。与国内各大专网、公用网实现联结，并与 CHINANET、CHINAGBN、CERNET、

CSTNET、CNCNET、UNINET、CEINET 等实现高速互联。首都信息化的重大应用工程如电子政务、电子商务、社会保障体系、社区服务体系、科教系统、北京空间信息工程、数字图书馆、超级计算中心等信息化应用工程都是在此平台上建立的。CPIP 正在成为信息集散的枢纽,信息网络实现信息互通的信关,首都与国内和国际进行信息交换的出入口。

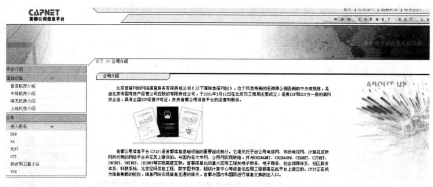

图 9-2　首都公用信息平台

9.2.4　网上办事

首都之窗——网上办事频道是于 2007 年 9 月起正式运行的。该频道本着"聚焦一个中心服务点,形成一个有效服务链"的设计思路,形成了以点带链、由链到点的服务体系。一个中心服务的点是指业务内容咨询和网上申报服务;一个有效服务链是形成申请前咨询服务、网上申请服务、过程和结果查询服务、告知服务、投诉举报服务,以期引导市民快速完成行政事项的网上办事,并为未来各政府部门的联合审批中所需要的信息共享、互联互通建立基础。频道通过建设政府公共服务资源目录体系整合北京市各委办局、区县政府部门的行政服务资源,形成一个行政业务事项集合的主干;以这个主干为基础展开面向公众的各种服务功能。通过多种服务目录的组合,配合优化的搜索技术,引导快速检索与查询模式的使用;建立专用的网上办事工作室,为具备条件的业务提供全程网上办事;实现审批业务在线服务流程分解,分别设置事前的办事指南、办事政策、表格查找服务;事中的网上申请、办理状态的查询、告知服务;事后的办理结果展示、投诉举报服务。频道主要栏目有个人办事、企业办事、热点事项、绿色通道、办事向导、快速服务通道、专项服务、便民服务、在线咨询、区县服务、办事公告、我的工作室、服务事项等。

9.2.5　北京市政府采购中心

北京市政府采购中心成立于 2000 年 5 月,是唯一承担北京市级国家机关、事业单位和团体组织集中采购活动的集中采购机构。

通过网上采购,可以规范政府采购行为,维护公平竞争秩序,加强财政支出管理,提高资金使用效益,将竞争机制引入公共支出的使用过程,提高采购活动的透明度。该网站的开通,使政府采购更为便捷、迅速,将进一步促进政府采购工作的规范化、制度化和经常化,并为在网上直接进行采购交易打下了基础。该网站有"采购法规、成功案例、采购公

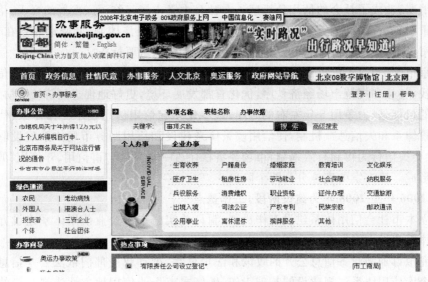

图 9-3　首都之窗——网上办事频道

告、招投标信息、采购信息、专家信息库、国外动态、培训园地、综合信息、机构介绍、用户须知"等栏目。以后,投标人可通过网站报名,并可查询有关情况。发布国家采购与招标政策法规动态,发布经国务院及有关职能部门审批的建设项目的项目招标及项目的工程、设计、施工、设备采购等招标信息,政府行为的办公设备、材料,交通工具,基础设施,公共工程建设,通信等。同时发布全国各行业、各地区以及国际金融组织和外国政府贷款项目的货物、工程、服务采购与招标信息。

图 9-4　北京市政府采购中心

9.2.6　社会信用体系

信用问题的存在,严重冲击着正常的社会经济秩序,使市场信息扭曲,制约了社会的投资与消费,造成了社会的信用危机感。在社会主义市场经济深入发展的今天,恪守信用越来越重要,它已经同能否建立起健康的社会主义市场经济体制,紧密地联系在一起,已经成为市场竞争必须遵循的行为规范,成为现代文明的重要标志。

北京市于 2005 年提出了"北京市社会信用体系建设方案",以加快北京社会信用体系建设步伐,整顿和规范市场经济秩序,优化首都发展环境,更好地促进经济社会协调发展。该方案的目标是,力争用 5 年左右的时间,基本建立起信用信息技术支撑体系、信用服务行业监管体系和失信惩戒机制,使信用政策体系建设和信用服务市场体系建设取得较大进展,社会失信行为得到有效遏制,市场经济秩序进一步好转,"讲信用、守信用"的社会氛围初步形成。该方案的实施分为两个阶段。

1. 2006 年至 2008 年为建设阶段,工作重点

建立本市社会信用体系建设工作机制,制订并实施本市企业信用体系建设方案和个人信用体系建设方案。

研究拟订加强政务信息公开的政策和法规草案,推动政府部门依法公开信息。做好企业和个人信用体系法规建设的基础工作,做好本市企业信用地方性法规制订的研究准备工作,研究个人信用信息采集和使用管理办法,规范信用信息的采集、披露和使用等行为。制订发布信用行业监管和建立失信惩戒制度的政策文件。

推进社会信用标准化和信息化建设,制订统一的信用信息目录、共享交换标准和信用评价体系,促进企业信用信息系统的升级改造,加快完善信用基础信息共享交换机制,为实现信用基础信息依法向社会有序公开提供技术支持。

促进信用信息的市场化应用,大力发展现代信用服务业,鼓励信用服务中介机构有效整合各类信用信息资源,推动信用服务中介机构开展联合征信和增值服务。支持组建信用服务行业协会,充分发挥行业自律和行业服务功能。

加强社会诚信教育和宣传,加大对社会信用的教育培训力度,营造"讲信用、守信用"的社会环境。

2. 2009 年至 2010 年为完善阶段,工作重点

进一步完善信用政策体系。继续推进信用信息市场化应用,形成较为发达的现代信用服务业,既有专业化、公信力强的联合征信服务中介机构,又有为不同领域、不同行业和不同经济行为提供增值服务的企业群体。积极培育信用市场需求,信用产品在政府监管、市场交易中得到广泛使用。

9.3   电子政务的发展趋势和问题

目前,中国电子政务已经进入实施阶段,近 50％的政府机构建立了自己的网站。有专家分析,未来 3~5 年内,电子政务的投入将达到 1800~2000 亿元,市场需求将超过10 000亿元。"政务超市"、"行政审批大厅"、"一站式服务"等政府便民行动,有如春风拂面、细雨润田,给群众带来了很多便利。

随着我国服务型政府建设取得阶段性成果,电子政务公共服务的发展面临新的契机。专家指出,尽管各级政府在推进电子政务、加强公共服务方面做出了努力,但社会关注率低、服务成本高、缺乏长效发展机制等问题一直困扰着电子政务发展,这些都是当前需要解决的问题,同时也是电子政务发展的机遇所在。

通过发展电子政务健全公共服务体系,要从以下三方面入手。第一要推进政府的信息公开,同时积极地推行行政权力的公开,积极地推进政务公开,及时发布行政许可设定的依据、实施的过程、办理结果的信息,从源头上遏制腐败,更好地为社会提供公共服务。《中华人民共和国政府信息公开条例》已经正式施行,这是建设服务型政府的一件大事,为推进政府决策科学化、民主化,加强行政监督,依法保障公民知情权、参与权、监督权提供了法律保障。第二要继续加强部门间的信息共享。一方面要抓紧促进信息共享文件的出台,同时要按照国家信息化领导小组的要求,在一些重点领域会同有关部门继续推动业务协同和信息共享的工作。第三要整合服务资源与服务渠道。要完善并整合一些网站,特别是规划一些门户网站的栏目设计,增强网站的信息发布和网上的办事能力,同时要发挥广播电视在我国城乡普及率非常高的优势,要紧紧抓住数字电视转换这个很好的发展机会,通过各种渠道,利用各种资源来实现公共服务。

习 题 9

9.1 思考题

1. 目前电子商务中存在哪些亟待解决的问题?

2. 发展电子商务的障碍有哪些?

3. 什么是电子政务?

4. 电子政务的实质和核心是什么?

5. 调查本地政府电子政务的现状。

9.2 上机题

1. 登录“首都之窗”门户网站,了解其电子政务流程。

2. 在网上搜索上海市政府网站,了解上海市电子政务建设情况,并体验其电子政务服务功能。

参 考 文 献

[1] 方美琪主编.电子商务概论.第二版.北京：清华大学出版社,2002

[2] 谭浩强主编,蔡翠平编著.计算机网络应用基础.大学文科计算机教程第三分册.北京：清华大学出版社,2000

[3] 蒋汉生,刘红燕主编.电子商务概论.北京：中国财政经济出版社,2001

[4] 甄阜铭编著.电子商务基础教程.大连：东北财经大学出版社,2001

[5] 韩冀东,成栋编著.电子商务概论.北京：中国人民大学出版社,2002

[6] 宋文官编著.电子商务使用教程.第二版.北京：高等教育出版社,2002

[7] 谭浩强主编,黄云森等编著.电子商务基础教程.北京：清华大学出版社,2000

[8] 梅绍祖等编.网络营销.北京：人民邮电出版社,2002

[9] 蒋汉生主编.电子商务在国际贸易中的应用.北京：中国对外经济贸易出版社,2002

[10] 陈恭和主编.管理信息系统——理论与实践.北京：高等教育出版社,2004

[11] 埃弗雷姆·特伯恩.电子商务管理新视角.王理平等译.北京：电子工业出版社,2003

[12] 魏宗燕等译.ebXML—电子商务全球化标准.北京：人民邮电出版社,2002

[13] 宋文官,姜何,华迎编著.网络营销.北京：清华大学出版社,2008

[14] 瞿彭志主编.网络营销.北京：高等教育出版社,2005

[15] 曹淑艳,林政主编.电子商务教程.北京：清华大学出版社,2007

[16] 张宝明,文燕平,陈梅梅编著.电子商务技术基础.北京：清华大学出版社,2007

[17] Rafi Mohammed, Robert Fisher, Bernard Jaworski and Gordon Paddison. Internet Marketing：Building Advantage in a Networked Economy. McGraw-Hill/Irwin/marketspaceU,2004

[18] Gary P. Schneider 著.电子商务(原书第六版).成栋,韩婷婷译.北京：机械工业出版社, 2006

参 考 网 站

[1] 淘宝网 www. taobao. com.

[2] 阿里巴巴 www. alibaba. com、www. alibaba. com. cn

[3] 京东商城 www. 360buy. com

[4] 腾讯拍拍网 www. paipai. com

[5] 互动出版网 www. china-pub. com

[6] 网络分类广告 www. craiglist. com

[7] 专业信息门户 www. ceoexpress. com

[8] 网络银行　招商银行 www. cmbchina. com
　　　　　　　中国工商银行 www. icbc. com. cn/icbc/

[9] 网上支付 Paypal　paypal. ebay. cn/

[10] 首都之窗 www. beijing. gov. cn

[11] DHC 站点 www. dhc. com

[12] 设计精美的站点示例 www. Tiffany. com

[13] 中国物流联盟网 www. chinawuliu. com. cn

[14] 国外搜索引擎Yahoo!　　www. yahoo. com

AltaVista www. altavista. com

Excite www. excite. com

Infoseek infoseek. go. com

Google www. google. com

[15] 国内搜索引擎 搜狐 www. sohu. com

新浪 www. sina. com. cn

网易 www. 163. com

悠游 www. goyoyo. com

搜索客 www. cseek. com

天网 e. pku. edu. cn

读者意见反馈

亲爱的读者：

感谢您一直以来对清华版计算机教材的支持和爱护。为了今后为您提供更优秀的教材，请您抽出宝贵的时间来填写下面的意见反馈表，以便我们更好地对本教材做进一步改进。同时如果您在使用本教材的过程中遇到了什么问题，或者有什么好的建议，也请您来信告诉我们。

地址：北京市海淀区双清路学研大厦 A 座 602　　计算机与信息分社营销室 收

邮编：100084　　　　　　　　　　　　电子邮件：jsjjc@tup.tsinghua.edu.cn

电话：010-62770175-4608/4409　　　　邮购电话：010-62786544

教材名称：　电子商务应用基础（第 2 版）

ISBN：978-7-302-19358-6

个人资料

姓名：＿＿＿＿＿＿＿＿　年龄：＿＿＿＿＿　所在院校/专业：＿＿＿＿＿＿＿＿＿＿

文化程度：＿＿＿＿＿＿＿　通信地址：＿＿＿＿＿＿＿＿＿＿＿＿＿＿＿＿＿＿＿

联系电话：＿＿＿＿＿＿＿　电子信箱：＿＿＿＿＿＿＿＿＿＿＿＿＿＿＿＿＿＿＿

您使用本书是作为： □指定教材 □选用教材 □辅导教材 □自学教材

您对本书封面设计的满意度：

□很满意 □满意 □一般 □不满意　改进建议＿＿＿＿＿＿＿＿＿＿＿＿＿＿＿

您对本书印刷质量的满意度：

□很满意 □满意 □一般 □不满意　改进建议＿＿＿＿＿＿＿＿＿＿＿＿＿＿＿

您对本书的总体满意度：

从语言质量角度看 □很满意 □满意 □一般 □不满意

从科技含量角度看 □很满意 □满意 □一般 □不满意

本书最令您满意的是：

□指导明确 □内容充实 □讲解详尽 □实例丰富

您认为本书在哪些地方应进行修改？（可附页）

＿＿＿＿＿＿＿＿＿＿＿＿＿＿＿＿＿＿＿＿＿＿＿＿＿＿＿＿＿＿＿＿＿＿＿＿＿

＿＿＿＿＿＿＿＿＿＿＿＿＿＿＿＿＿＿＿＿＿＿＿＿＿＿＿＿＿＿＿＿＿＿＿＿＿

您希望本书在哪些方面进行改进？（可附页）

＿＿＿＿＿＿＿＿＿＿＿＿＿＿＿＿＿＿＿＿＿＿＿＿＿＿＿＿＿＿＿＿＿＿＿＿＿

＿＿＿＿＿＿＿＿＿＿＿＿＿＿＿＿＿＿＿＿＿＿＿＿＿＿＿＿＿＿＿＿＿＿＿＿＿

电子教案支持

敬爱的教师：

为了配合本课程的教学需要，本教材配有配套的电子教案（素材），有需求的教师可以与我们联系，我们将向使用本教材进行教学的教师免费赠送电子教案（素材），希望有助于教学活动的开展。相关信息请拨打电话 010-62776969 或发送电子邮件至 jsjjc@tup.tsinghua.edu.cn 咨询，也可以到清华大学出版社主页（http://www.tup.com.cn 或 http://www.tup.tsinghua.edu.cn）上查询。